21 世纪全国高职高专土建系列工学结合型规划教材

建筑构造与设计

主　编　陈玉萍

副主编　张　磊　李新茹

参　编　薛素玲　申　喆　华四良

北京大学出版社

PEKING UNIVERSITY PRESS

内 容 简 介

　　本书主要讲述工业与民用建筑的构造组成、构成原理和构造方法，同时介绍了建筑设计的基本知识，主要内容包括：绪论、民用建筑设计、民用建筑构造设计概述、基础及地下室、墙体、楼地层、垂直交通设施、屋顶、门窗、变形缝、民用建筑工业化体系、工业建筑简介等。

　　本书内容翔实、紧贴工程实际，每章后都有习题可供学生复习和自测。

　　本书可作为高职高专院校建筑工程技术、建筑工程管理、工程监理、建筑装饰技术工程等专业的教学用书，也可供从事土建工程有关专业的技术人员与相关人员参考使用。

图书在版编目(CIP)数据

建筑构造与设计/陈玉萍主编. —北京：北京大学出版社，2014.1
　(21 世纪全国高职高专土建系列工学结合型规划教材)
　ISBN 978-7-301-23506-5

　Ⅰ. ①建… 　Ⅱ. ①陈… 　Ⅲ. ①建筑构造—高等职业教育—教材②建筑设计—高等职业教育—教材
Ⅳ. ①TU2

　中国版本图书馆 CIP 数据核字(2013)第 280372 号

书　　　　名：建筑构造与设计
著作责任者：陈玉萍　主编
策 划 编 辑：赖　青　杨星璐
责 任 编 辑：姜晓楠
标 准 书 号：ISBN 978-7-301-23506-5/TU · 0373
出 版 发 行：北京大学出版社
地　　　　址：北京市海淀区成府路 205 号　100871
网　　　　址：http://www.pup.cn　新浪官方微博：@北京大学出版社
电 子 信 箱：pup_6@163.com
电　　　　话：邮购部 62752015　发行部 62750672　编辑部 62750667　出版部 62754962
印 刷 者：三河市博文印刷厂
经 销 者：新华书店
　　　　　787 毫米×1092 毫米　16 开本　18.75 印张　432 千字
　　　　　2014 年 1 月第 1 版　　2014 年 1 月第 1 次印刷
定　　　　价：38.00 元

前　言

　　"建筑构造与设计"是建筑工程专业一门重要的专业基础课,是研究建造和设计建筑物的一门学科。"建筑构造与设计"课程的内容包括建筑构造和建筑设计原理两部分。它的主要内容为综合研究建筑功能、建筑物质技术、建筑艺术以及三者的相互关系;研究建筑设计方法以及如何综合地运用建筑结构、施工、材料、设备等方面的科学技术成就,建造适合生产和生活需要的建筑物。

　　本书采用国家现行的新标准和新规范,按照高等职业教育的要求和土木工程、建筑工程类专业的培养目标,以及"建筑构造与设计"教学大纲编写而成。本书结合高职高专院校教学特点,强调实用性和适用性,在编写过程中参考了大量文献,在内容取舍上,注重前沿性和先进性;在基本概念的论述中,力求概念准确、条理清晰、层次分明;在论证方法上,注意贯彻理论联系实际的原则,运用深入浅出的表述方法。本书适用教学时数为56~64学时。为方便教学及扩大知识面,每章之后均附有习题,以利于学生复习和自学。

　　本书由焦作大学陈玉萍任主编,焦作大学张磊、焦作大学李新茹任副主编。具体编写分工如下:第1章的第1、2、4节,以及第7、8章由陈玉萍编写;第2章由张磊编写;第5、10章由李新茹编写;第3、6章由焦作大学薛素玲编写;第9、11章由焦作大学申喆编写;第1章的第3节、第5节,以及第4、12章由焦作大学华四良编写。全书由陈玉萍统稿。

　　由于编者水平有限,加之时间仓促,书中不足之处在所难免,欢迎广大读者批评指正。

编　者
2013 年 9 月

CONTENTS
目录

第1章 绪论 1

1.1 建筑概述 3

1.2 建筑设计要求和依据 6

1.3 建筑模数有关知识 10

1.4 建筑的分类与分级 16

1.5 建筑设计的内容与程序 19

本章小结 21

习题 22

第2章 民用建筑设计 23

2.1 建筑平面设计 24

2.2 建筑剖面设计 48

2.3 建筑体型与立面设计 53

2.4 建筑构图基本法则 55

本章小结 62

习题 62

第3章 民用建筑构造设计概述 65

3.1 民用建筑的构成组成 66

3.2 影响建筑设计的因素 68

3.3 建筑构造设计原则 69

3.4 建筑节能 70

本章小结 75

习题 75

第4章 基础及地下室 76

4.1 地基与基础简介 77

4.2 基础的类型与构造 80

4.3 地下室构造 84

本章小结 86

习题 86

第5章 墙体 88

5.1 墙体的作用、类型、承重方案与
设计要求 89

5.2 砌体墙的构造 93

5.3 隔墙的构造 106

5.4 幕墙构造 110

5.5 墙面装修 114

本章小结 121

习题 121

第6章 楼地层 124

6.1 楼地层概述 125

6.2 钢筋混凝土楼板构造 127

6.3 楼地层构造 139

6.4 顶棚构造 147

6.5 阳台与雨篷基本知识 153

本章小结 159

习题 159

第7章 垂直交通设施 161

7.1 概述 163

7.2 楼梯的设计 165

7.3 钢筋混凝土楼梯构造 171

7.4 室外台阶与坡道 181

7.5 电梯与自动扶梯 183

本章小结 186

习题 187

建筑构造与设计

第8章　屋顶 188

　　8.1　概述 190

　　8.2　平屋顶 195

　　8.3　坡屋顶 210

　　本章小结 218

　　习题 218

第9章　门窗 220

　　9.1　门窗的作用、分类、尺寸、构造

　　　　　要求 221

　　9.2　门的构造 225

　　9.3　窗的构造 233

　　9.4　遮阳构造 237

　　本章小结 239

　　习题 240

第10章　变形缝 241

　　10.1　概述 242

　　10.2　伸缩缝 242

　　10.3　沉降缝 247

　　10.4　防震缝 250

本章小结 251

习题 251

第11章　民用建筑工业化体系 253

　　11.1　民用建筑工业化的意义和类型 254

　　11.2　砌块建筑 255

　　11.3　板材装配式建筑 257

　　11.4　框架轻板建筑 262

　　11.5　大模板建筑 265

　　11.6　滑模建筑 267

　　11.7　升板升层建筑 268

　　11.8　盒子建筑 269

　　本章小结 271

　　习题 271

第12章　工业建筑简介 272

　　12.1　工业建筑概述 273

　　12.2　多层厂房简介 283

　　本章小结 284

　　习题 285

参考文献 287

第1章

绪　　论

学习目标

通过本章的学习，使学生了解建筑的概念；掌握建筑的构成要素和组成；熟悉建筑的类型和等级；了解建筑设计的基本要求和设计依据；熟悉建筑设计内容和设计程序。

学习要求

能力目标	知识要点	权重
了解建筑的概念	建筑的产生与发展、建筑的基本构成要素	15
掌握建筑设计的基本要求和设计依据	建筑设计的基本要求和设计依据	25
了解建筑的类型和等级划分	建筑物的分类和建筑的分级	15
掌握建筑模数、定位轴线有关知识	建筑模数、定位轴线等基本知识	20
熟悉建筑设计的内容和设计程序	建筑设计的内容和设计程序	25

引 例

什么是建筑

  我国的建筑是以长江黄河一带为中心，受此地区影响，其建筑形式类似，使用材料、工法、营造语言、空间、艺术表现与此地区相同或雷同的建筑，皆可统称为中国建筑。我国古代建筑的形成和发展具有悠久的历史。由于幅员辽阔，各处的气候、人文、地质等条件各不相同，而形成了我国各具特色的建筑风格。尤其民居形式更为丰富多彩，如南方的干阑式建筑、西北的窑洞建筑、游牧民族的毡包建筑、北方的四合院建筑等，如图1.1所示。

(a) 干阑式建筑   (b) 窑洞建筑

(c) 蒙古毡包建筑   (d) 北方四合院

图 1.1   我国各地建筑

  "建筑"的内涵相当丰富，广义的建筑泛指采用一定物质技术手段、遵循美的规律、满足人们物质生活及精神生活需要、具有固定工程形态的人工造物或认为环境。一般来讲，建筑是对建筑物和构筑物的统称。建筑物是供人们在其中从事生产、生活和进行各种社会活动的房屋场所，例如，写字楼、住宅、厂房、影剧院、会堂；构筑物是为满足生产、生活的某一方面需要而建造的某些工程设施，如烟囱、桥梁、水坝、陵塔、水池等，如图 1.2 所示。建筑具有实用性，属于社会物质产品；建筑又具有艺术性，并反映特定的社会思想意识、民族习俗、地方特色，所以建筑又是一种精神产品。

低层居住建筑   高层办公建筑

             工业建筑

奥运建筑——鸟巢(外观模型)   国家大剧院(外观)

图 1.2   建筑物与构筑物

1.1　建　筑　概　述

1.1.1　建筑的起源与发展

　　房屋建造是人类最早的生产活动之一，从新石器时代发展至今，从穴居、巢居到现代的摩天大厦，经历了漫长的岁月。从陕西西安半坡遗址发掘的方形或圆形浅穴式房屋发展到现在，已约有六千年的历史。修建在崇山峻岭之上、蜿蜒万里的长城，是人类建筑史上的奇迹；建于隋代的河北赵县的安济桥，在科学技术同艺术的完美结合上，早已走在世界桥梁科学的前列；现存的高达 67.1 米的山西应县佛宫寺木塔，是世界现存最高的木结构建筑；北京明、清两代的故宫，则是世界上现存规模最大、建筑精美、保存完整的大规模建筑群。至于我国的古典园林，它的独特的艺术风格，使它成为我国文化遗产中的一颗明珠，如图 1.3 所示。

(a) 西安半坡遗址

(b) 长城

(c) 安济桥

(d) 山西应县木塔

(e) 故宫

(f) 园林

图 1.3　我国古代建筑

　　这一系列现存的技术高超、艺术精湛、风格独特的建筑，在世界建筑史上自成系统，独树一帜，是我国古代灿烂文化的重要组成部分。它们像一部部石刻的史书，让人们重温着祖国的历史文化，激发起人们的爱国热情和民族自信心。

　　我国的封建社会在城市规划、园林、民居、建筑技术与艺术方面都取得了很大的成就，并逐步发展成独特的建筑体系。

　　在国外，奴隶社会的代表建筑是古埃及建筑、古希腊建筑、古罗马建筑。如金字塔是古埃及最著名的建筑，它是国王的陵墓，距今约有五千年。散布在尼罗河下游西岸的金字塔共有 70 多座，最著名的是吉萨的三大金字塔群。古希腊建筑最著名的是帕提农神庙，是古希腊雅典娜女神的神庙，兴建于公元前 5 世纪的雅典卫城。它是现存至今最重要的古希

腊时代建筑物，一般被认为是多立克柱式发展的顶端；雕像装饰是古希腊艺术的顶点，此外还被尊为古希腊与雅典民主制度的象征，是举世闻名的文化遗产之一。古罗马建筑最著名的是罗马万神庙，万神庙位于意大利首都罗马圆形广场的北部，是罗马最古老的建筑之一，也是古罗马建筑的代表作。万神庙采用了穹顶覆盖的集中式形制，重建后的万神庙是单一空间、集中式构图的建筑物的代表，它也是罗马穹顶技术的最高代表，如图1.4所示。

(a) 埃及金字塔　　　　　　　(b) 帕提农神庙　　　　　　　　(c) 万神庙

图 1.4　外国古代建筑

随着社会的进步，建筑除了用来满足个人或家庭生活的需求外，还用来满足整个社会的各种物质生活及精神生活的需求，这些需求促使各类公共建筑类型不断产生。同时，随着人类对物质生活及精神生活的需求，特别是现代生产力的突飞猛进的发展，建筑的类型越来越多，建筑规模也不断扩大，建筑的功能日趋完善，建筑外观形象也发生了巨大变化。比如流水别墅、悉尼歌剧院、鸟巢、上海世博会中国馆、上海金茂大厦、埃菲尔铁塔等，如图1.5所示。

(a) 流水别墅　　　　　　　(b) 悉尼歌剧院　　　　　　　　(c) 鸟巢

(d) 上海世博会中国馆　　　　(e) 上海金茂大厦　　　　　　(f) 埃菲尔铁塔

图 1.5　国内外著名建筑

回顾一下建筑的发展过程，对更好地学习前人的经验是有益的。

1.1.2　建筑的基本属性

建筑具有物质的及精神的双重属性，是技术与艺术融合、渗透、统一的结晶。

建筑是"形象的诗"。因为与诗一样，建筑也追求艺术意境，例如，当人们登上长城，看到这崔嵬的英姿、磅礴的气势，会有一种民族自豪感。在感叹古代劳动人民伟大的同时，也会激发着人们"不到长城非好汉"的开拓精神。

建筑是"凝固的音乐"。因为与音乐一样，建筑也讲求节奏与旋律。不管是群体中的个体建筑，还是个体建筑中的众多建筑构件，或重复形成节奏，或变换构成韵律，宛如一首首动听的乐曲。

建筑是"立体的画"。建筑也是利用线条、色彩、质感、光影来描绘或创造视觉形象的。只是建筑是三维空间，要比平面上展示的绘画更富于形象性、真实性及生动性。

建筑是"石头写的诗书"。因为建筑是时代的产物，它反映着一定时代的社会思想及美学观念，反映着一定时代的建筑材料及建筑结构的发展水平，与史书一样，建筑总是留下时代的永恒烙印。

特别提示

建筑与诗、乐、画、史是相通的，建筑具有使用价值，还具有审美价值，建筑具有双重社会功能，只强调其一面是片面的。我国的长城，它不具有宽敞的室内空间，但是谁能否认它在古代作为军事上防御建筑的作用！谁又能否认长城的气派带给中华民族的精神作用！

1.1.3　建筑的构成要素

建筑从根本上看是由三个基本要素构成，即建筑功能、建筑物质技术条件和建筑形象，简称"建筑三要素"。

1. 建筑功能

建筑功能是指建筑物在物质和精神方面必须满足的使用要求。当人们说某个建筑物适用或者不适用时，一般是指它能否满足某种功能要求。所以建筑的功能要求是建筑物最基本的要求，也是人们建造房屋的主要目的。在人类社会，建筑的功能除了满足人的物质生活要求之外，还有社会生活和精神生活方面的功能要求，因此，具有一定的社会性。

不同的功能要求产生了不同的建筑类型，例如各种生产性建筑、居住建筑、公共建筑等。而不同的建筑类型又有不同的建筑特点。所以建筑功能是决定各种建筑物性质、类型和特点的主要因素。

2. 建筑的物质技术条件

建筑的物质技术条件包括材料、结构、设备和建筑生产技术(施工)等重要内容。材料和结构是构成建筑空间环境的骨架；设备是保证建筑物达到某种要求的技术条件；而建筑生产技术则是实现建筑生产的过程和方法。

3. 建筑形象

根据建筑的功能和艺术审美要求，并考虑民族传统和自然环境条件，通过物质技术条件的创造，构成一定的建筑形象。构成建筑形象的因素，包括建筑群体和单体的体形、内部和外部的空间组合、立面构图、细部处理、材料的色彩和质感，以及光影和装饰的处理等。

特 别 提 示

在上述三个基本构成要素中，满足功能要求是建筑的首要目的；材料、结构、设备等物质技术条件是达到建筑目的的手段；而建筑形象则是建筑功能、技术和艺术内容的综合表现。这三者之中，功能常常是主导的，对技术和建筑形象起决定作用；物质技术条件是实现建筑的手段，因而建筑功能和建筑形象在一定程度上受到它的制约；建筑形象也不完全是被动的；在同样的条件下，根据同样的功能和艺术要求，使用同样的建筑材料和结构，也可创造出不同的建筑形象，达到不同的美学要求。在优秀的建筑作品中，这三者是辩证统一的。

1.2 建筑设计要求和依据

1.2.1 建筑设计的要求

1. 满足建筑功能要求

满足建筑物的功能要求，为人们的生产和生活活动创造良好的环境，是建筑设计的首要任务。

2. 采用合理的技术措施

正确选用建筑材料，根据建筑空间组合的特点，选择合理的结构、施工方案，使房屋坚固耐久、建造方便。

3. 具有良好的经济效益

设计和建造房屋要有周密的计划和核算，重视经济领域的客观规律，讲究经济效益。房屋设计的使用要求和技术措施，要和相应的造价、建筑标准统一起来。

4. 考虑建筑美观要求

建筑物是社会的物质和文化财富，它在满足使用要求的同时，还需要考虑人们对建筑物在美观方面的要求，考虑建筑物所赋予人们精神上的感受。

5. 符合总体规划要求

单体建筑是总体规划中的组成部分，单体建筑应符合总体规划提出的要求。建筑物的设计，还要充分考虑和周围环境的关系，例如原有建筑的状况、道路的走向、基地面积大小，以及绿化等方面和拟建建筑物的关系。新设计的单体建筑，应使所在基地形成协调的外部空间组合和良好的室外环境。

1.2.2 建筑设计的依据

1. 人体尺度和人体活动所需的空间尺度

人体尺度及人体活动所占的空间尺度是确定民用建筑内部各种空间尺度的主要依据，如图 1.6 所示。

2. 家具、设备的尺寸和使用它们的必要空间

家具、设备的尺寸，以及人们在使用家具和设备时所必需的活动空间，设计时一定要考虑。民用建筑中常用的家具尺寸如图 1.7 所示。

3．温度、湿度、日照、雨雪、风向、风速等气候条件

气候条件对建筑物的设计有较大影响。例如寒冷地区，房屋设计要很好地考虑保温节能，一般会把房屋的体型尽可能设计得紧凑一些，以减少外围护面的散热，有利于室内的采暖和保温；而对于湿热地区，主要考虑隔热、通风和遮阳等问题。

日照和主导风向，通常是确定房屋朝向和间距的主要因素，而风速是确定高层建筑、电视塔等设计中考虑结构布置和建筑体型的重要因素，降雨量的多少对地区屋顶形式和构造也有一定影响。

在设计前，需要收集当地上述有关的气象资料，作为设计的依据。

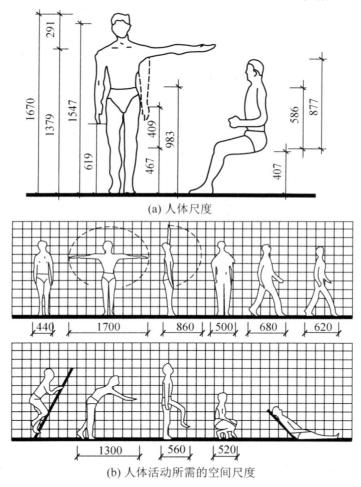

(a) 人体尺度

(b) 人体活动所需的空间尺度

图 1.6　人体尺度及人体活动所需的空间尺度

图 1.7　民用建筑常用家具尺度

图 1.8 是我国部分城市的全年及夏季风向频率玫瑰图。风向频率玫瑰图，即风玫瑰图，是根据某一地区多年平均统计的各个方向吹风次数的百分数值，并按一定比例绘制，一般多用 8 个或 16 个罗盘方位表示。玫瑰图上所表示风的吹向，是指从外面吹向地区中心。

主要城镇的玫瑰图:
玫瑰图上所表示的风的吹向，是自
外吹向中心
中心圈内的数值为全年的静风频率
玫瑰图中每圆圈的间隔为频率5%
玫瑰图上图形线条为:

———————— 表示为全年
———————— 表示为冬季
- - - - - - - - 表示为夏季

夏季系6、7、8三个月风速平均值
冬季系12、1、2三个月风速平均值
全年系历年年风速的平均值

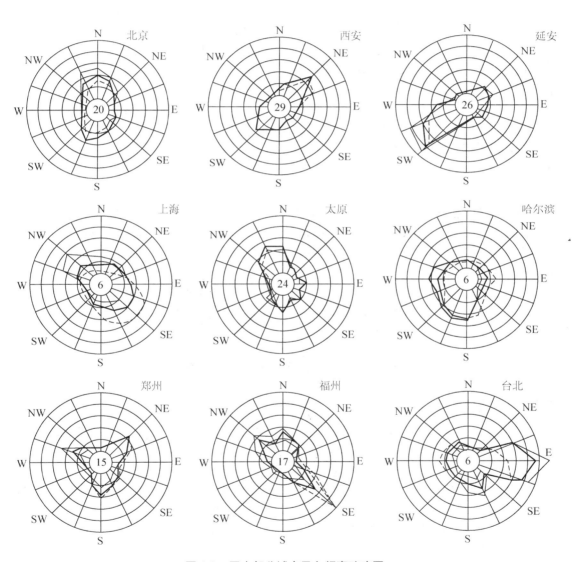

图 1.8　国内部分城市风向频率玫瑰图

4. 地形、地质条件和地震烈度

基地地形的平缓或起伏，基地的地质构成、土壤特性和地耐力的大小，对建筑物的平面组合、结构布置和建筑体型都有明显的影响。坡度较陡的地形，常使房屋结合地形错层建造，复杂的地质条件，要求房屋的构成和基础的设置采取相应的结构构造措施。

地震烈度是表示地面及房屋建筑遭受地震破坏的程度。地震烈度为 6 度及以下地区，地震对建筑物的损坏影响较小。9 度以上地区，由于地震很强烈，从经济因素及耗用材料考虑，除特殊情况外，一般应尽可能避免在这些地区建设房屋。房屋抗震设防的重点，是对 7、8、9 度地震烈度的地区。

地震区的房屋设计，主要应考虑以下内容。

(1) 选择对抗震有利的场地和地基，例如应选择地势平坦、较为开阔的场地，避免在陡坡、深沟、峡谷地带，以及处于断层上下的地段建造房屋。

(2) 房屋设计的体型，应尽可能规整、简洁，避免在建筑平面及体型上的凹凸。例如住宅设计中，地震区应避免采用突出的楼梯间和凹阳台等。

(3) 采取必要的加强房屋整体性的构造措施，不做或少做地震时容易倒塌或脱落的建筑附属物，如女儿墙、附加的花饰等须作加固处理。

(4) 从材料选用和构造做法上尽可能减轻建筑物的自重，特别需要减轻屋顶和围护墙的重量。

5. 技术要求

建筑设计应遵循国家制定的标准、规范、规程，以及各地或各部门颁发的标准，如：《建筑设计防火规范》(GB 50016—2006)、《住宅设计规范》(GB 50096—2011)、《建筑采光设计标准》(GB 50033—2013)等。以提高建筑科学管理水平，保证建筑工程质量，加快基本建设步伐，这体现了国家的现行政策和我国的经济技术水平。

另外，设计标准化是实现建筑工业化的前提。只有设计标准化，做到构件定型化，减少构配件规格、类型，才有利于大规模采用工厂生产及施工的工业化，从而提高工业化水平。为此，建筑设计应实行国家规定的建筑模数协调统一标准。

1.3 建筑模数有关知识

1.3.1 建筑模数

为了实现建筑工业化大规模生产，设计要标准化、生产要工厂化、施工要机械化和组织管理要科学化。使不同材料、不同形状和不同制造方法的建筑构配件具有一定的通用性和互换性，在建筑业中必须遵守《建筑模数协调统一标准》。

模数是一个选定单位，作为尺寸协调中的增值单位，也就是要求尺寸都能被这个单位整除，以减少构配件的规格和型号。我国采用如下模数制。

(1) 基本模数：选定的标准尺寸单位，用 M 表示，1M=100mm。整个建筑物或其一部分以及建筑组合件的模数化尺寸都应该是基本模数的倍数。

(2) 扩大模数：指基本模数的整数倍，3M、6M、12M、15M、30M、60M 等，其相应的尺寸分别为 300mm、600mm、1200mm、1500mm、3000mm、6000mm。在砖混结构住宅中，必要时可采用 3400mm、3600mm 作为建筑参数。

(3) 分模数：1/10M、1/5M、1/2M，其相应的尺寸为 10mm、20mm、50mm。

(4) 模数数列：指由基本模数、扩大模数、分模数为基础扩展成一系列尺寸，见表 1-1。

表 1-1　模数数列(单位：mm)

基本模数	扩大模数						分模数		
1M	3M	6M	12M	15M	30M	60M	1/10M	1/5M	1/2M
100	300	600	1200	1500	3000	6000	10	20	50
100	300						10		
200	600	600					20	20	
300	900						30		
400	1200	1200	1200				40	40	
500	1500			1500			50		50
600	1800	1800					60	60	
700	2100						70		
800	2400	2400	2400				80	80	
900	2700						90		
1000	3000	3000		3000	3000		100	100	100
1100	3300						110		
1200	3600	3600	3600				120	120	
1300	3900						130		
1400	4200	4200					140	140	
1500	4500			4500			150		150
1600	4800	4800	4800				160	160	
1700	5100						170		
1800	5400	5400					180	180	
1900	5700						190		
2000	6000	6000	6000	6000	6000	6000	200	200	200
2100	6300								220
2200	6600	6600							240
2300	6900								250
2400	7200	7200	7200						260
2500	7500			7500					280
2600		7800							300
2700		8400	8400						320
2800		9000		9000	9000				340
2900		9600	9600						350
3000				10500					360
3100			10800						380
3200			12000	12000	12000	12000		400	400
3300				15000					450
3400				18000	18000				500
3500				21000					550
3600				24000	24000				600

模数数列的幅度如下。

① 水平基本模数的数列幅度为 1M～20M。

② 竖向基本模数的数列幅度为 1M～36M。

③ 水平扩大模数数列的幅度：3M 为 3M～75M；6M 为 6M～96M；12M 为 12M～120M；15M 为 15M～120M；30M 为 30M～360M；60M 为 60M～360M，必要时幅度不限。

④ 竖向扩大模数数列的幅度不受限制。

⑤ 分模数数列的幅度：M/10 为 M/10～2M；M/5 为 M/5～4M；M/2 为 M/2～10M。

模数数列的适用范围如下。

① 水平基本模数数列：主要用于门窗洞口和构配件断面尺寸。

② 竖向基本模数数列：主要用于建筑物的层高、门窗洞口、构配件等尺寸。

③ 水平扩大模数数列：主要用于建筑物的开间或柱距、进深或跨度、构配件尺寸和门窗洞口尺寸。

④ 竖向扩大模数数列：主要用于建筑物的高度、层高、门窗洞口尺寸。

⑤ 分模数数列：主要用于缝隙、构造节点、构配件断面尺寸。

模数数列是以选定的模数基数为基础而展开的数值系统，它可以确保不同类型的建筑物及其各组成部分间的尺寸统一与协调，减少尺寸的范围，并使尺寸的叠加和分割有较大的灵活性。

1.3.2 几种尺寸

为保证建筑制品、构配件等有关尺寸间的相互协调特规定了标志尺寸、构造尺寸、实际尺寸及其相互间的关系，如图 1.9 所示。

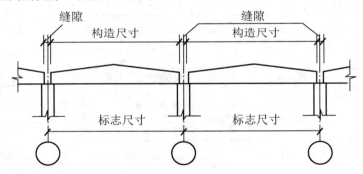

图 1.9　几种尺寸间的关系

1. 标志尺寸

标志尺寸应符合模数数列的规定，用以标注建筑物定位轴线之间的距离(如跨度、柱距、层高等)，以及建筑制品、构配件、有关设备位置界限之间的尺寸。

2. 构造尺寸

构造尺寸是建筑制品、构配件等生产的设计尺寸。一般情况下，构造尺寸加上缝隙尺寸等于标志尺寸。缝隙尺寸的大小，宜符合模数数列的规定。

3. 实际尺寸

实际尺寸是建筑制品、建筑构配件等的实有尺寸。实际尺寸与构造尺寸之间的差数，应由允许偏差值加以限制。

1.3.3　定位轴线

定位轴线是用来确定建筑物主要承重构件(墙、柱、梁)位置及尺寸标注的基准线，同时也是施工放线的基线。用于平面时称为平面定位轴线；用于竖向时称为竖向定位轴线。

1. 平面定位轴线及编号

平面定位轴线应设横向定位轴线和纵向定位轴线。横向定位轴线的编号用阿拉伯数字从左至右顺序编写；纵向定位轴线的编号用大写的拉丁字母从下至上顺序编写，如图 1.10 所示。

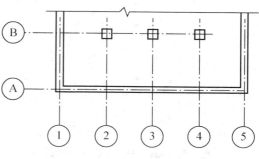

图 1.10　定位轴线的编号顺序

当建筑规模较大时，定位轴线也可分区编号，注写形式为"分区号–该区轴线号"，如图 1.11 所示。

当平面为圆形或折线形时，轴线的编写分别按图示方法进行(如图 1.12 所示、图 1.13 所示)。

附加轴线的编号用分数表示，分母表示前一轴线的编号，分子表示附加轴线的编号，附加轴线的编号用阿拉伯数字顺序编号。

● 特　别　提　示

字母 I、O、Z 不得用作轴线编号，以免与数字 1、0、2 混淆。

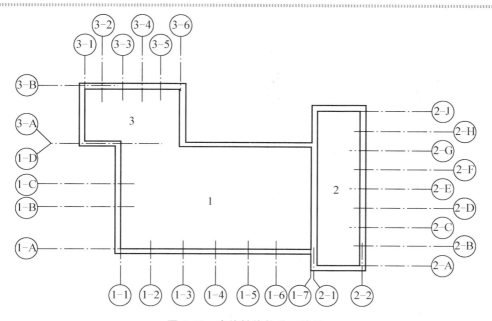

图 1.11　定位轴线的分区编号

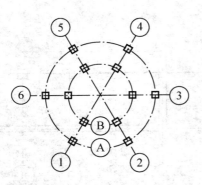

图 1.12　圆形平面定位轴线的编号

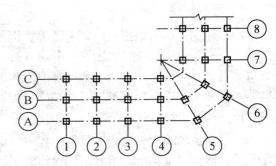

图 1.13　折线形平面定位轴线的编号

2.　平面定位轴线的标定

1)　混合结构建筑

承重外墙顶层墙身内缘与定位轴线的距离应为 120mm，如图 1.14(a)所示；承重内墙顶层墙身中心线应与定位轴线相重合，如图 1.14(b)所示。

楼梯间墙的定位轴线与楼梯的梯段净宽、平台净宽有关，可有三种标定方法：楼梯间墙内缘与定位轴线的距离为 120mm，如图 1.14(c)所示；楼梯间墙外缘与定位轴线的距离为120mm；楼梯间墙的中心线与定位轴线相重合。

2)　框架结构建筑

中柱定位轴线一般与顶层柱截面中心线相重合，如图 1.15(a)所示。边柱定位轴线一般与顶层柱截面中心线相重合或距柱外缘 250mm 处，如图 1.15(b)所示。

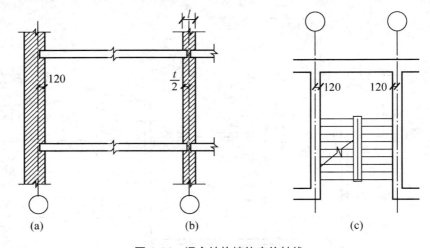

(a)　　　　　　　　(b)　　　　　　　　(c)

图 1.14　混合结构墙体定位轴线

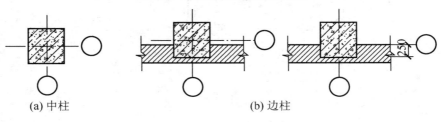

(a) 中柱　　　　　　　　(b) 边柱

图 1.15　框架结构柱定位轴线

3. 标高及构件的竖向定位轴线

建筑物在竖向对结构构件的定位，用标高标注。

1) 标高的种类及关系

标高按不同的方法分为绝对标高与相对标高；建筑标高与结构标高。

(1) 绝对标高：又称绝对高程或海拔高度。

(2) 相对标高：根据工程需要而自行选定的基准面。

(3) 建筑标高：楼地层装修面层的标高。

(4) 结构标高：楼地层结构表面的标高。

2) 建筑构件的竖向定位

(1) 楼地面的竖向定位。楼地面的竖向定位应与楼地面的上表面重合，即用建筑标高标注，如图 1.16 所示。

(2) 屋面的竖向定位。屋面的竖向定位应为屋面结构层的上表面与距墙内缘 120mm 处，或与墙内缘重合处的外墙定位轴线的相交处，即用结构标高标注，如图 1.17 所示。

(3) 门窗洞口的竖向定位。门窗洞口的竖向定位与洞口结构层表面重合，为结构标高，如图 1.16 所示。

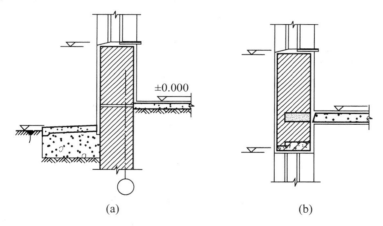

(a)　　　　　　　　　　　　　(b)

图 1.16　楼地面、门窗洞口的竖向定位

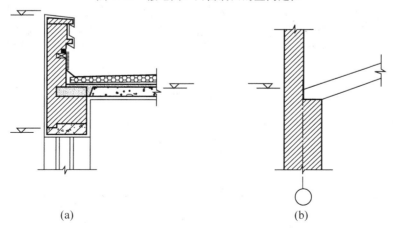

(a)　　　　　　　　　　　　　(b)

图 1.17　屋面、檐口的竖向定位

1.4 建筑的分类与分级

建筑的类型习惯分为民用建筑、工业建筑和农业建筑。民用建筑按照使用功能、修建数量和规模大小、层数多少、耐火等级、耐久年限有不同的分类方法。不同类型的建筑又有不同的构造特点和要求。

1.4.1 民用建筑的分类

1. 按建筑使用功能分类

1) 民用建筑

(1) 居住建筑：住宅、公寓和宿舍。

(2) 公共建筑：医疗建筑、教育建筑、办公建筑、文化娱乐建筑、商业建筑、交通运输建筑、体育建筑、旅馆建筑、博览建筑、园林建筑、广播电视通信建筑、纪念性建筑、生活服务性建筑、司法建筑、福利建筑和集会建筑，如图 1.18 所示。

(a) 低层居住建筑   (b) 高层办公建筑

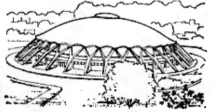

(c) 生活服务性建筑   (d) 体育建筑

图 1.18 建筑类型

2) 工业建筑

它是供人们进行生产活动的建筑物，包括生产用建筑及辅助用房，如机修车间、锅炉房等。

3) 农业建筑

它是供人们进行农牧业的种植、养殖、储存等用途的建筑物，如温室、畜禽饲养场、农产品仓库等。

2. 按建筑修建量和规模大小分类

1) 大量性建筑

指建造数量较多但规模不大的中小型民用建筑，如住宅、幼儿园。

2) 大型性建筑

指建造数量较少，但体量较大的公共建筑，这类建筑一般是单独设计的。它们的功能要求高、结构和构造复杂、设备考究、外观突出个性、单方造价高，用料以钢材、料石、混凝土及高档装饰材料为主。如大城市火车站、机场候机厅、大型体育场馆、大型影剧场、大型展览馆等建筑。

3. 按建筑的层数或总高度分类

1) 住宅建筑

(1) 低层：1～3 层，如幼儿园、敬老院、园林建筑和体育建筑。

(2) 多层：一般指高度在 24m 以下 3 层以上的建筑，应用广泛。

(3) 中高层：7～9 层的居住建筑。

(4) 高层：10 层及 10 层以上的住宅建筑。

2) 公共建筑

(1) 建筑高度不大于 24m 为多层建筑。

(2) 建筑高度大于 24m 的非单层民用建筑为高层建筑。

特 别 提 示

由于中高层不经济，建议少用或不用；建筑高度大于 100m 时，无论是住宅或公共建筑均为超高层建筑。

4. 按建筑的结构形式分类

1) 墙承式

它是由墙体承受建筑全部荷载，主要适用于建筑高度小、内部空间小的建筑。

2) 框架式

它是指由梁、板、柱组成的框架来承受建筑全部荷载，墙体仅起到维护和分隔的作用，主要适用于跨度大、荷载大、高度大的建筑。

3) 内框架式

它是指建筑内部由梁柱体系承重，四周用外墙承重，适用于局部设有较大空间的建筑。

4) 空间结构式

它是由钢筋混凝土或钢组成的空间结构承受建筑的全部荷载，如网架结构、悬索结构、壳体结构等，适用于大跨度空间。

5. 按主要承重结构材料分类

1) 木结构建筑

它是指建筑主要承重构件均用圆木、方木、木材等制作，多用于古建筑和旅游性建筑。

2) 混合结构建筑

它是指建筑的主要承重构件由两种以上不同材料组成，如砖墙和木楼板的砖木结构、砖墙和钢筋混凝土楼板的砖混结构。

特别提示

目前混合结构建筑用得最多的是砖混结构，多用于六层及以下的多层建筑。

3) 钢筋混凝土结构建筑

它是指用钢筋混凝土作建筑的主要承重构件，属于骨架承重结构体系，多用于大型公共建筑、大跨度建筑中。

4) 钢结构建筑

它是指建筑的主要承重构件用钢材做成，而维护外墙和分隔内墙用轻质块材、板材等，多用于高层建筑和大跨度的公共建筑。

5) 其他类型建筑

其他类型的建筑还有充气建筑、塑料建筑等。

6. 按施工方法分类

1) 全装配式建筑

指主要构件都在工厂或施工现场预制，然后全部在施工现场进行装配的建筑。

2) 全现浇式建筑

指主要承重构件都在施工现场浇注的建筑。

3) 部分现浇、部分装配式建筑

指一部分构件在工厂预制(如楼板、屋面板、楼梯等)，另一部分构件(如梁、柱)为现场浇注的建筑。

4) 砌筑类建筑

指由砖、石及各类砌块砌筑的建筑。

1.4.2 建筑的等级划分

民用建筑的等级，一般按耐久性和耐火性进行划分。

1. 建筑物的耐久等级

建筑物的耐久等级主要根据建筑物的重要性和规模大小划分，并以此作为基建投资和建筑设计的重要依据。耐久等级的指标是使用年限，使用年限的长短是依据建筑物的性质决定的。影响建筑寿命长短的主要因素是结构构件的选材和结构体系。耐久等级一般分为四级。

(1) 一级：耐久年限为 100 年以上，适用于重要的建筑和高层建筑。

(2) 二级：耐久年限为 50～100 年，适用于一般性建筑。

(3) 三级：耐久年限为 25～50 年，适用于次要建筑。

(4) 四级：耐久年限为 15 年以下，适用于临时性建筑。

2. 建筑物的耐火等级

现行《建筑设计防火规范》根据建筑物构件的燃烧性能和耐火极限将普通建筑的耐火等级划分为四级，随级数的增加，防火性能越来越差。建筑物的耐火等级是衡量建筑物耐火程度的标准。

燃烧性能是指组成建筑物的主要构件在明火或高温作用下燃烧与否，以及燃烧的难易。建筑构件按燃烧性能分为三类，即不燃烧体、难燃烧体和燃烧体。

耐火极限是指建筑构件从受到火的作用起，到失去支持能力或完整性被破坏或失去隔火作用为止的这段时间，用小时表示。

不同耐火等级的建筑物所用构件的燃烧性能和耐火极限见表 1-2。对性质重要的或规模宏大的或具有代表性的建筑，通常按一、二级耐火等级进行建筑设计；大量性的或一般建筑按二、三级耐火等级进行设计；很次要的或临时建筑按四级耐火等级设计。

表 1-2 建筑物构件的燃烧性能和耐火极限

燃烧性能和耐火极限(h) 构件名称		耐火等级			
		一级	二级	三级	四级
墙柱	防火墙	非燃烧体 4.00	非燃烧体 4.00	非燃烧体 4.00	非燃烧体 4.00
	承重墙、楼梯间、电梯井墙	非燃烧体 3.00	非燃烧体 2.50	非燃烧体 2.50	难燃烧体 0.50
	非承重外墙、疏散走道两侧的隔墙	非燃烧体 1.00	非燃烧体 1.00	非燃烧体 0.50	难燃烧体 0.25
	房间隔墙	非燃烧体 0.75	非燃烧体 0.50	难燃烧体 2.50	难燃烧体 0.25
	支承多层的柱	非燃烧体 3.00	非燃烧体 2.50	非燃烧体 2.00	难燃烧体 0.50
	支承单层的柱	非燃烧体 2.50	非燃烧体 2.00	非燃烧体 2.00	燃烧体
梁		非燃烧体 2.00	非燃烧体 1.50	非燃烧体 1.00	难燃烧体 0.50
楼板		非燃烧体 1.50	非燃烧体 1.00	非燃烧体 0.50	难燃烧体 0.25
屋顶承重构件		非燃烧体 1.50	非燃烧体 0.50	燃烧体	燃烧体
疏散楼梯		非燃烧体 1.50	非燃烧体 1.00	非燃烧体 1.00	燃烧体
吊顶(包括吊顶搁栅)		非燃烧体 0.25	难燃烧体 0.25	难燃烧体 0.15	燃烧体

1.5 建筑设计的内容与程序

1.5.1 建筑设计的内容

每一项建筑工程从拟定计划到建成使用都要经过下列几个环节：编制设计任务书、设计指标及方案审定、选址及场地勘测、建筑工程设计、施工招标与组织、配套及装修工程、试运行及交付使用和回访总结。

建筑工程设计是指设计一幢建筑物或建筑群所要做的全部工作，包括建筑设计、结构设计、设备设计等三个方面的内容。人们习惯上将这三部分统称为建筑设计。从专业分工的角度确切地说，建筑设计是指建筑工程设计中由建筑师承担的那一部分设计工作。

1. 建筑设计

建筑设计包括总体和个体设计两方面，一般是由注册建筑师来完成。

1) 建筑空间环境的组合设计

通过建筑空间的规定、塑造和组合，综合解决建筑物的功能、技术、经济和美观等问题。主要通过建筑总平面设计、建筑平面设计、建筑剖面设计、建筑体型与立面设计来完成。

2) 建筑空间环境的构造设计

主要是确定建筑物各构造组成部分的材料及构造方式，包括对基础、墙体、楼地层、楼梯、屋顶、门窗等构配件进行详细的构造设计，也是建筑空间环境组合设计的继续和深入。

2. 结构设计

结构设计是根据建筑设计选择切实可行的结构布置方案，进行结构计算及构件设计，一般由结构工程师完成。

3. 设备设计

设备设计主要包括给水排水、电气照明、采暖通风空调、动力等方面的设计，由有关专业的工程师配合建筑设计来完成。

1.5.2 建筑设计程序

1. 设计前的准备工作

1) 熟悉设计任务书

具体着手设计前，首先需要熟悉设计任务书，以明确建设项目的设计要求。设计任务书的内容具体如下。

(1) 建设项目总的要求和建造目的的说明。

(2) 建筑物的具体使用要求、建筑面积，以及各类用途房间之间的面积分配。

(3) 建设项目的总投资和单方造价，并说明原有建筑、道路等室外设施费用情况。

(4) 建设基地范围、大小，原有建筑、道路、地段环境的描述，并附地形测量图。

(5) 供电、供水和采暖、空调等设备方面的要求，并附水源、电源的接用许可文件。

(6) 设计期限和项目的建设进程要求。

2) 收集必要的设计原始数据

通常建设单位提出的设计任务，主要是从使用要求、建设规模、造价和建设进度方面考虑的，房屋的设计和建造，还需要收集下列有关原始数据和设计资料。

(1) 气象资料：所在地区的温度、湿度、日照、雨雪、风向、风速，以及冻土深度等。

(2) 地形、地质、水文资料：基地地形及标高，土壤种类及承载力，地下水位以及地震烈度等。

(3) 水电等设备管线资料：基地地下的给水、排水、电缆等管线布置，以及基地上的架空线等供电线路情况。

(4) 设计项目的有关定额指标：国家或所在省市地区有关设计项目的定额指标，例如住宅的每户面积或每人面积定额、学校教室的面积定额，以及建筑用地、用材等指标。

3) 设计前的调查研究

设计前调查研究的主要内容如下。

(1) 建筑物的使用要求：深入访问使用单位中有实践经验的人员，认真调查同类已建房屋的实际使用情况，通过分析和总结，对所设计房屋的使用要求，做到"胸中有丘壑"。

(2) 建筑材料供应和结构施工等技术条件：了解设计房屋所在地区建筑材料供应的品种、规格、价格等情况，预制混凝土制品以及门窗的种类规格，新型建筑材料的性能、价格以及采用的可能性。结合房屋使用要求和建筑空间组合的特点，了解并分析不同结构方案的选型、当地施工技术和起重、运输等设备条件。

(3) 基地踏勘：根据城建部门所划定的建筑红线进行现场踏勘，深入了解现场的地形、地貌，以及基地周围原有的建筑、道路、绿化等，考虑拟建房屋的位置和总平面布局的可能性。

(4) 当地建筑传统经验和生活习惯：传统建筑中有许多结合当地地理、气候条件的设计布局和创作经验，可以借鉴。同时在建筑设计中，也要考虑到当地的生活习惯，以及人们喜闻乐见的建筑形象。

2．初步设计阶段

初步设计的图纸和设计文件具体如下。

(1) 建筑总平面：常采用的比例是 1∶500 或 1∶1000，应表示出用地范围，建筑物位置、大小、层数、朝向、设计标高，道路、绿化布置及经济技术指标。地形复杂时，应表示粗略的竖向设计意图。

(2) 各层平面及主要剖面、立面：常用的比例是 1∶100 或 1∶200，应标出建筑物的总尺寸、开间、进深、层高等各主要控制尺寸，同时要标出门窗位置，各层标高，部分室内家具和设备的布置、立面处理等。

(3) 说明书：设计方案的主要意图及优缺点、主要结构方案及构造特点、建筑材料及装修标准，主要技术经济指标等。

(4) 工程概算书：建筑物投资估算、主要材料用量及单位消耗量。

(5) 根据设计任务的需要，可能辅以鸟瞰图、透视图或建筑模型。

3．技术设计阶段

技术设计是三阶段设计的中间阶段，它的主要任务是在初步设计的基础上，进一步确定房屋各工种之间的技术问题。技术设计的内容为各工种相互提供资料、提出要求，并共同研究和协调编制拟建工程各工种的图纸和说明书，为各工种编制施工图打下基础。经批准后的技术图纸和说明书即为编制施工图、主要材料设备订货，以及基建拨款的依据文件。

4．施工图设计阶段

施工图设计的图纸及设计文件具体如下。

(1) 建筑总平面：常用比例是 1∶500、1∶1000、1∶2000，应详细标明基地上建筑物、道路、设施等所在位置的尺寸、标高，并附说明。

(2) 各层建筑平面、各个立面及必要的剖面：常用比例是 1∶100、1∶200。除表达初步设计或技术设计内容以外，还应详细标出墙段、门窗洞口及一些细部尺寸、详细索引符号等。

(3) 建筑构造节点详图：根据需要可采用 1∶1、1∶2、1∶5、1∶20 等比例尺。主要包括檐口、墙身和各构件的连接点，楼梯、门窗以及各部分的装饰大样等。

(4) 各工种相应配套的施工图纸：如基础平面图和基础详图、楼板及屋顶平面图和详图、结构构造节点详图等结构施工图；给排水、电器照明以及暖气或空气调节等设备施工图。

(5) 建筑、结构及设备等的说明书。

(6) 结构及设备设计的计算书。

(7) 工程预算书。

本章小结

(1) 建筑是指建筑物与构筑物的总称,是人工创造的空间环境,直接供人使用的建筑称为建筑物,不直接供人使用的建筑称为构筑物。建筑是科学,同时又是艺术。

(2) 建筑功能、建筑技术和建筑形象构成建筑的三个基本要素,三者之间是辩证统一的关系。

(3) 建筑物按照它的使用性质分为工业建筑、农业建筑和民用建筑。按照民用建筑的使用功能分为居住建筑和公共建筑,按规模和数量大小分为大量性建筑和大型性建筑,按层数分为低层、多层和高层建筑。建筑按耐火等级分类分为四级,分级确定的依据是组成房屋构件的耐火极限和燃烧性能。而按建筑的耐久年限分类同样分为四级,分级的依据是主体结构确定的耐久年限。

(4)《建筑模数协调统一标准》是为了实现建筑工业化大规模生产，推进建筑工业化的发展。其主要内容包括建筑模数、基本模数、导出模数、模数数列，以及模数数列的适用范围。

(5) 建筑设计是指设计一个建筑物或建筑群体所做的工作，一般包括建筑设计、结构设计、设备设计等几方面的内容，建筑设计由建筑师完成，常常处于主导地位。

(6) 建筑设计是有一定程序和要求的工作，因此设计工作必须按照其设计程序和设计要求做好设计的全过程工作，对收集资料、初步设计、技术设计、施工图设计等几个阶段，应根据工程规模大小和难易程度而定。

(7) 建筑设计的依据是做好建筑设计的关键，既满足使用功能，体现以人为本的原则，同时又是创造良好的室内外空间环境、满足合理技术经济指标的基础。这些依据主要有使用功能和自然条件两方面的因素。

 推荐阅读资料

1.《民用建筑设计通则》(GB 50352—2005)
2.《建筑设计防火规范》(GB 50016—2006)
3.《建筑设计资料集》

习 题

一、单项或多项选择题

1. 建筑是建筑物和构筑物的统称，(   )属于建筑物。
   A. 住宅、堤坝等　　　　　　　　B. 学校、电塔等
   C. 工厂、展览馆等　　　　　　　D. 烟囱、办公楼等
2. 建筑物的耐久等级为二级时其耐久年限为(   )年。
   A. 50～100　　　B. 80～150　　　C. 25～50　　　D. 15～25
3. 建筑的构成三要素中，(   )是建筑的目的，起着主导作用。
   A. 建筑功能　　　　　　　　　　B. 建筑的物质技术条件
   C. 建筑形象　　　　　　　　　　D. 建筑的经济性

二、填空题

1. 建筑物的耐火等级是由构件的_____和_____两个方面来决定的，共分为_____级。
2. 建筑模数是_____，作为_____的基础。基本建筑模数的数值为_____。
3. 公共建筑及综合性建筑总高度超过_____ m者为高层(不包括单层主体建筑)；高度超过_____ m时，为超高层建筑。
4. 建筑设计的主要依据有_____、_____、_____、_____、_____等五方面。

三、简答题

1. 建筑基本构成三要素是什么？哪个要素是主要因素？为什么？
2. 建筑按主要承重结构的材料分为哪几类？当前采用量最大的是哪一类？
3. 建筑按使用性质分为哪几类？其中民用建筑分为哪两大类？
4. 标志尺寸、构造尺寸和实际尺寸的相互关系是什么？
5. 建筑按结构形式分为哪几类？各自适用范围如何？

第 2 章

民用建筑设计

学习目标

通过本章的学习，使学生理解民用建筑设计的内容和特点；理解民用建筑的平面、剖面、体型与立面设计方法；掌握建筑构图基本法则。

学习要求

能力目标	知识要点	权重
掌握使用功能的平面设计	使用房间、辅助房间和交通联系部分平面设计	25
熟悉功能组织与平面组合设计	功能的组织原则；平面组合设计	15
掌握建筑剖面设计	房间的高度和剖面形式；建筑层数和剖面形式；建筑空间的组合和利用	25
掌握建筑体型与立面设计	建筑体型组合的原则	20
熟悉建筑构图基本法则	构图基本法则	15

引 例

作为一名设计人员，如何才能设计出不同风格的建筑呢？

我国疆域辽阔，不同的地理条件、气候条件以及不同的生活方式，再加上经济、文化等方面的影响，造成各地居住房屋样式以及风格的不同。北京四合院如图 2.1(a)所示，严格按照中轴线布局，主要建筑都分布在中轴线上，左右对称布局。这一布局方式，严格遵循了封建社会的宗法和礼教制度。在房间的使用上家庭成员从尊卑、长幼等进行分配。广东骑楼如图 2.1(b)所示。何为骑楼？简而言之，在街上看到沿街部分二层以上出挑至街道标志线处，用立柱支撑，形成内部的人行道的建筑，就是骑楼。骑楼既扩大了居住面积，又可防雨遮晒，方便顾客自由选购商品，特别适合商业发达但雨晴无常的广东，所以受到民众特别是商家们的欢迎。

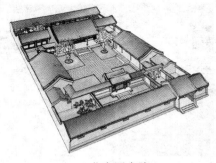

(a) 北京四合院　　　　　　　　　　　　　　(b) 广东骑楼

图 2.1　南北建筑对比

任何一幢建筑都是由长、宽、高三个方向构成的立体，成为三度空间体系。因此，在进行建筑设计时，通常从平面、剖面、立面三个不同方向的投影来综合分析建筑物的各种特征，并通过相应的图示来表达设计意图。同时，建筑平、立、剖面设计是密切联系又相互制约的。

2.1　建筑平面设计

建筑平面设计主要表示建筑物在水平方向上房屋各部分之间的组合关系。在进行方案设计时，多是先从平面设计入手，同时认真分析剖面设计及立面设计的可能性和合理性，不断调整修改平面，反复深入。

建筑平面图是用假想的一个水平切面，如图 2.2(a)所示。在窗台高度以上、门洞高度以下的位置将房屋剖切后，作切面以下部分的水平面投影图。其中剖切到的房屋内部的墙、柱等实体截面用粗实线表示，其余未剖切到的实体，如窗台、散水、台阶踏步等实体的轮廓线则用细实线表示。

2.1.1　使用部分的平面设计

各种类型的民用建筑，从组成平面各部分面积的使用功能分析，主要可以归纳为使用部分和交通联系部分两类。使用部分是指各类建筑物的使用房间和辅助房间，其中使用房间，如住宅中的起居室、卧室，学校建筑中的教室、实验室等；辅助房间，如厨房、厕所、储藏室等。交通联系部分是建筑物中各个房间之间、楼层之间和房间内外之间联系通行的面积，即各类建筑物中的走廊、门厅、过厅、楼梯、坡道，以及电梯和自动扶梯等所占的面积，如图 2.2(b)所示。

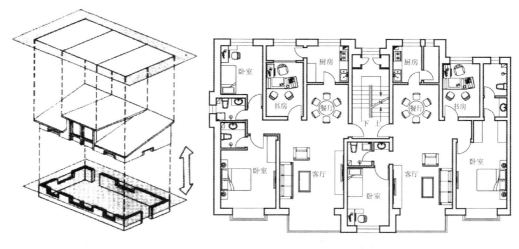

(a) 平面图的概念　　　　　　　(b) 某住宅单元平面的各组成部分

图 2.2　平面图

设计时要尽量增加使用面积，减少交通面积，以提高平面利用系数。

知　识　链　接

平面利用系数在数值上等于使用面积与建筑面积的百分比。其中使用面积是指除交通面积和结构面积之外的所有空间净面积之和；建筑面积是指外墙包围的(含外墙)各楼层面积总和。民用建筑中平面利用系数越大，说明使用面积在建筑面积中占的比重越大，即使用面积在总建筑面积中的利用率高。用同样的投资、同样的建筑面积，不同的平面布置方案，会产生不同的平面系数。从建筑平面空间布局的经济性来说，在满足功能使用的前提下尽可能提高面积利用率。

1．使用房间的设计

1) 使用房间的分类和设计要求

从房间的使用功能要求来分，主要有以下几种。

(1) 生活用房间：如住宅的起居室、卧室；宿舍和宾馆的客房等。

(2) 工作、学习用房间：如各类建筑中的办公室、值班室；学校中的教室、实验室等。

(3) 公共活动房间：如商场中的营业厅；剧场、影院的观众厅、休息厅等。

通常，生活、工作和学习用的房间要求安静，少干扰，由于人们在其中停留的时间相对较长，因此希望能有较好的朝向；公共活动房间的主要特点是人流比较集中，通常进出频繁，因此室内人们活动和通行面积的组织比较重要，特别是人流的疏散问题较为突出。对使用房间的分类，有助于平面组合中对不同房间进行分组和功能分区。

对使用房间平面设计的要求主要有以下几个。

(1) 房间的面积、形状和尺寸要满足室内使用、活动和家具、设备的布置要求。

(2) 门窗的大小和位置，必须使房间出入方便，疏散安全，采光、通风良好。

(3) 房间的构成应使结构布置合理，施工方便，要有利于房间之间的组合，所用材料要符合建筑标准。

(4) 要考虑人们的使用和审美要求。

2) 使用房间的面积

使用房间面积的大小，主要是由房间内部活动特点、使用人数的多少、家具设备的多

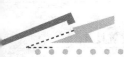

少等因素决定的，例如住宅的起居室、卧室，使用人数少、家具少，面积相对较少；剧院、电影院的观众厅，除了人多、坐椅多外，还要考虑人流迅速疏散的要求，所需的面积就大；室内游泳池和健身房，由于使用活动的特点，要求有较大的面积。

为了深入分析房间内部的使用要求，把一个房间内部的面积，根据它们的使用特点分为以下几个部分。

(1) 家具或设备所占面积。

(2) 人们在室内的使用活动面积(包括使用家具及设备所需的面积)。

(3) 房间内部的交通面积。

如图 2.3(a)、图 2.3(b)所示，分别是学校中一个教室和住宅中一间卧室的室内使用面积分析示意图，按实际情况，室内使用面积和室内交通面积也可能有重合或互换，但这并不影响对使用房间面积的基本确定。

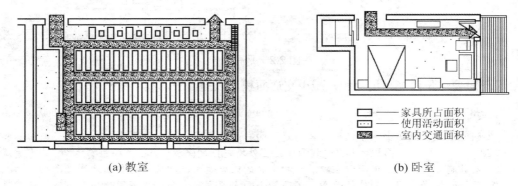

(a) 教室　　　　　　　　　　　　　　(b) 卧室

图 2.3　教室及卧室的室内使用面积分析示意图

从图例中可以看到，为了确定房间使用面积的大小，除了需要掌握室内家具、设备的数量和尺寸外，还需要了解室内活动和交通面积的大小，这些面积的确定又都和人体活动的基本尺度有关。例如教室中学生就座、起立时桌椅近旁必要的使用活动面积，入座、离座时通行的最小宽度，以及教师讲课时黑板前的活动面积等，如图 2.4 所示。

在实际设计工作中，国家或所在地区设计的主管部门，对住宅、学校、商店、医院、剧院等各种类型的建筑物，通过大量调查研究和设计资料的积累，结合我国经济条件和各地具体情况，编制出一系列面积定额指标，用以控制各类建筑中使用面积的限额，并作为确定房间使用面积的依据，见表 2-1。

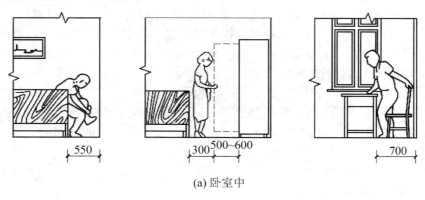

(a) 卧室中

图 2.4　卧室、教室、营业厅中家具近旁必要尺寸

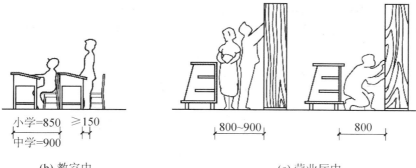

(b) 教室中　　　　　　　　　　　　　　　(c) 营业厅中

图 2.4　卧室、教室、营业厅中家具近旁必要尺寸(续)

表 2-1　部分民用建筑房间面积定额参考指标

建筑类型	房间名称	面积定额/(平方米·人)	备注
中小学	普通教室	1～1.2	小学取下限
办公楼	一般办公室	3.5	不包括走道
	会议室	0.5	无会议桌
		2.3	有会议桌
铁路旅客站	普通候车室	1.1～1.3	—
图书馆	普通阅览室	1.8～2.5	46 座双面阅览室

　　具体进行设计时，在已有面积定额的基础上，仍然需要分析各类房间中家具布置、人们的活动和通行情况，深入分析房间内部的使用要求，方能确定各类房间合理的平面形状和尺寸，或对同类使用性质的房间进行合理的分间。

　　3) 使用房间的平面形状和尺寸

　　房间的平面形状和尺寸，与室内使用活动特点、家具布置方式，以及采光、通风等因素有关。有时还要考虑人们对室内空间的直观感觉。

　　民用建筑常见的房间形状有矩形、方形、多边形、圆形等。在具体设计中，应从使用要求、结构形式与结构布置、经济条件、美观等方面综合考虑，选择合适的房间形状。一般功能要求的民用建筑房屋形状多采用矩形，其主要原因如下。

　　(1) 矩形平面体型简单，墙体平直，便于家具和设备的安排，使用上能充分利用室内有效面积，有较大的灵活性。

　　(2) 结构布置简单，便于施工。一般功能要求的民用建筑，常采用墙体承重的梁板构件布置。以中小学教室为例，矩形平面的教室由于进深和面宽较大，如采用预制构件，结构布置方式通常有两种：一种是纵墙搁梁，楼板支承在大梁和横墙上；另一种是采用长板直接支承在纵墙上，取消大梁。以上两种方式均便于统一构件类型，简化施工。对于面积较小的房间，则结构布置更为简单，可将同一长度的板直接支承在横墙或纵墙上。

　　(3) 矩形平面便于统一开间、进深，有利于平面及空间的组合。如学校、办公楼、旅馆等建筑常采用矩形房间沿走道一侧或两侧布置，统一的开间和进深使建筑平面布置紧凑，用地经济。当房间面积较大时，为保证良好的采光和通风，常采用沿外墙长向布置的组合方式。

　　当然，矩形平面也不是唯一的形式。就中小学教室而言，在满足视、听及其他要求的条件下，也可采用方形及六角形平面，如图 2.5 所示。方形教室的优点是进深加大，长度

缩短，外墙减少，相应交通线路缩短，用地经济。同时，方形教室缩短了最后一排的视距，视听条件有所改善，但为了保证水平视角的要求，前排两侧均不能布置课桌椅。

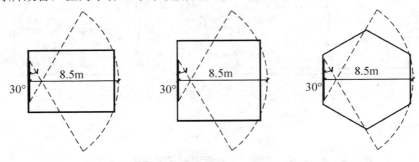

图2.5　教室中基本满足视听要求的平面范围和形状的几种可能

对于一些有特殊功能和视听要求的房间如观众厅、杂技场、体育馆等房间，它的形状则首先应满足这类建筑的单个使用房间的功能要求。如杂技场常采用圆形平面以满足表演马戏时动物跑弧线的需要。观众厅要满足良好的视听条件，既要看得清，也要听得好。影剧院观众厅的平面形状一般有矩形、钟形、扇形、六角形、圆形，如图2.6所示。

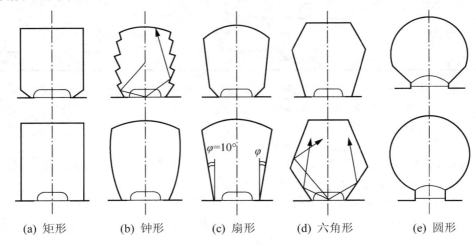

| (a) 矩形 | (b) 钟形 | (c) 扇形 | (d) 六角形 | (e) 圆形 |

图2.6　影剧院观众厅平面形状

房间尺寸是指房间的面宽和进深，而面宽常常是由一个或多个开间组成。在初步确定了房间面积和形状之后，便需要考虑以下几个方面以确定合适的房间平面尺寸。

(1) 满足家具设备布置及人们活动要求。如卧室的平面尺寸应考虑床的大小、家具的相互关系，提高床位布置的灵活性。主要卧室要求床能两个方向布置，因此开间尺寸应保证床横放以后剩余的墙面还能开一扇门，开间尺寸常取 3.30m，深度方向应考虑床位之外再加两个床头柜或衣柜，进深尺寸常取 3.90～4.50m。小卧室开间考虑床竖放以后能开一扇门，开间尺寸常取 2.70～3.00m，深度方向应考虑床位之外再加一个学习桌，进深尺寸常取 3.30～3.90m，如图2.7所示。医院病房主要是满足病床的布置及医护活动的要求，3～4人的病房开间尺寸常取 3.30～3.60m，6～8人的病房开间尺寸常取 5.70～6.00m，如图2.8所示。

(2) 满足视听要求。有的房间如教室、会堂、观众厅等的平面尺寸除满足家具设备布置及人们活动要求外，还应保证有良好的视听条件。为使前排两侧座位不致太偏，后面座位不致太远，必须根据水平视角、视距、垂直视角的要求，充分研究座位的排列，确定适合的房间尺寸。

从视听的功能考虑，教室的平面尺寸应满足以下的要求，如图 2.9 所示。

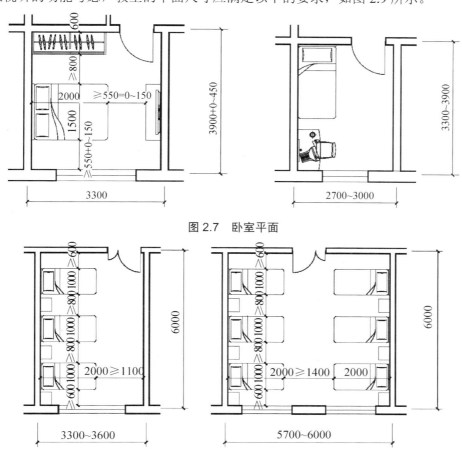

图 2.7 卧室平面

图 2.8 病房的开间和进深

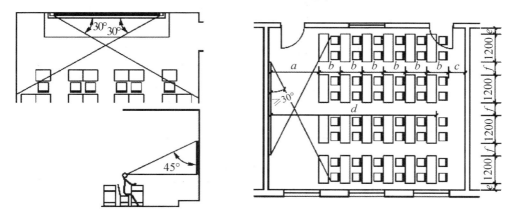

$a \geqslant 2000mm$；b 小学 $\geqslant 850mm$、中学 $\geqslant 900mm$；$c \geqslant 600mm$；

d 小学 $\leqslant 8000mm$、中学 $\leqslant 8500mm$；$e \geqslant 120mm$；$f \geqslant 550mm$

图 2.9 48 座矩形平面教室的布置

① 为防止第一排座位距黑板太近，垂直视角太小易造成学生近视，因此，第一排座位距黑板的距离必须大于或等于 2m，以保证垂直视角大于 45°。

② 为防止最后一排座位距黑板太远，影响学生的视觉和听觉，后排距黑板的距离不宜大于 8.5m。

③ 为避免学生过于斜视而影响视力，水平视角(即前排边座与黑板远端的视线夹角)应大于或等于 30°。

4) 门的布置

房间平面设计中，门窗的大小和数量是否恰当，它们的位置和开启方式是否合适，对房间的平面使用效果也有很大影响。同时，窗的形式和组合方式又和建筑立面设计的关系极为密切，门窗的宽度在平面中表示，它们的高度在剖面中确定。而窗和外门的组合形式又只能在立面中看到全貌。因此在平、立、剖面的设计过程中，门窗的布置须要多方面综合考虑，反复推敲。下面先从门窗的布置和单个房间平面设计的关系进行分析。

(1) 门的宽度。门的宽度指门洞口的宽度。门的净宽即门的通行宽度，是指两侧门框内缘之间的水平距离。房间平面中门的最小宽度，是由通过人流多少、搬进房间家具设备的大小以及防火等的要求决定的。

根据人体尺度，每股人流通行所需宽度一般不小于 550mm，所以门的最小宽度为 600～700mm。对于通行人数不多的房间，门的宽度可按单股人流考虑，一般为 700～1000mm；通行人数较多时，可按两股人流确定门的宽度，一般为 1200～1500mm；通行人数很多时，可按三股或三股以上人流确定门的宽度，一般不小于 1800mm。例如，住宅中由于房间面积较小，人数较少，为了减少开启时门所占用的室内使用面积，卫生间门和阳台门的宽度为 700mm，厨房门的宽度为 800mm，即略大于单股人流的通行宽度，这对平面紧凑的住宅建筑，尤其显得重要。

有些房间的门，虽供少量人流通行，但要求搬运一定的家具设备，如住宅中分户门和居室的门，要考虑到一个人携带东西出入或可能搬运床、柜等尺寸较大的家具，所以其宽度要宽些，要求不应小于 900mm，住宅中公用外门则更宽些，为 1200mm；医院病房的门，考虑担架或手推车出入，其净宽不应小于 1100mm，如图 2.10 所示。

有大量人流出入的房间，如剧院、电影院、礼堂、体育馆等场所，门的宽度及门的总宽度应符合《建筑设计防火规范》(GB 50016—2006)中的有关规定，见表 2-2 和表 2-3。

表 2-2　剧院、电影院、礼堂等场所每 100 人所需最小疏散净宽度(m)

观众厅座位数(座)	≤2500	≤1200
耐火等级	一、二级	三级
平坡地面	0.65	0.85
阶梯地面	0.75	1.00

表 2-3　体育馆每 100 人所需最小疏散净宽度(m)

观众厅座位数档次(座)	3000～5000	5001～10000	10001～20000
平坡地面	0.43	0.37	0.32
阶梯地面	0.50	0.43	0.37

为便于开启，门扇的宽度通常在 1000mm 以内。因此，门的宽度不超过 1000mm 时，一般采用单扇门；1200～1800mm 时，一般采用双扇门；超过 1800mm 时，一般不少于四扇门。

(2) 门的数量。门的数量根据房间人数的多少、面积的大小等因素决定。同时应符合防火要求。按防火要求，当室内人数多于 50 人，房间面积大于 60m² 时，最少应设两个门，分设在房间两端，相邻两个门最近边缘之间的水平距离不应小于 5m。

(3) 门的位置。房间平面中门的位置应考虑室内交通路线简捷和安全疏散的要求，门的位置还对室内使用面积能否充分利用、家具布置是否方便，以及组织室内穿堂风等关系很大。

剧院观众厅一些门的位置，通常较均匀地分设，并应布置在人行通道的尽端，使观众能尽快到达室外，如图 2.11 所示。

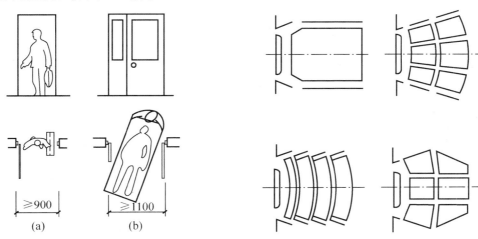

图 2.10　家具设备的搬运对门宽度的影响　　　图 2.11　剧院观众厅中门的位置

对于面积小、人数少，只需设一个门的房间，门的位置首先需要考虑家具的合理布置。一般情况下，为了使室内留有较完整的空间和墙面布置家具设备，门常设在端部，如旅馆客房门和集体宿舍门，如图 2.12 所示。

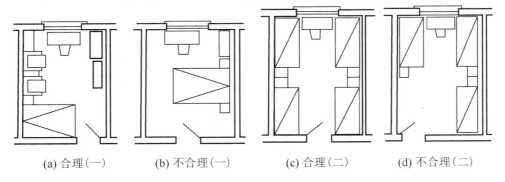

(a) 合理(一)　　(b) 不合理(一)　　(c) 合理(二)　　(d) 不合理(二)

图 2.12　旅馆客房、集体宿舍门位置的比较

(a)、(b)—旅馆客房；(c)、(d)—集体宿舍

(4) 门的开启方式。门的开启方式类型很多，有平开门、弹簧门、推拉门等，如图 2.13 所示。在民用建筑中用得最普遍的是普通平开门。一般房间的门宜向内开启。人数较多的房间，考虑到疏散安全的问题，门应开向疏散方向，如影剧场、体育场馆观众厅的疏散门。对有风沙、保温要求或人员出入频繁的房间，如会议室、建筑物出入口可采用转门或弹簧门。

特 别 提 示

我国有关规范规定，对于幼儿园建筑，为确保安全，不宜设弹簧门。影剧院建筑的观众厅疏散门严禁用推拉门、卷帘门、折叠门、转门等，应采用双扇外开门，门的净宽不应小于1.4m。

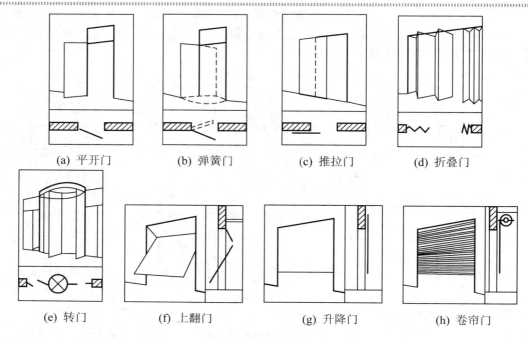

| (a) 平开门 | (b) 弹簧门 | (c) 推拉门 | (d) 折叠门 |
| (e) 转门 | (f) 上翻门 | (g) 升降门 | (h) 卷帘门 |

图2.13　门的开启形式

有的房间由于平面组合的需要，几个房间门位置比较集中，要考虑到同时开启发生碰撞的可能性，要协调好几个门的开启方向，防止门扇碰撞或交通不便，如图2.14所示。

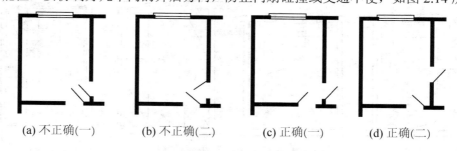

(a) 不正确(一)　　(b) 不正确(二)　　(c) 正确(一)　　(d) 正确(二)

图2.14　房间中两个门靠近时的开启方式

房间平面中门的开启方式，主要根据房间内部的使用特点来考虑。进行平面中门开启方式设计时的一般原则：内门内开，外门外开，小空间内开，大空间外开，注意当门较集中时，必须精心协调。

5) 窗的布置

窗的主要作用是采光和通风，同时也起围护、分隔和观望作用。采光和通风效果主要取决于窗面积的大小和位置。

(1) 采光方面。窗面积的大小直接影响到室内照度是否足够，窗的位置关系到室内照度是否均匀。各类房间照度要求，是由室内使用要求上精确细密的程度来确定的，用采光系数标准值表示，视觉作业场所工作面上的采光系数标准值，应符合《建筑采光设计标准》(GB 50033—2013)中的规定，见表 2-4。

表 2-4　视觉作业场所工作面上的采光等级及采光系数标准值

采光等级	视觉工作特征		侧面采光	顶部采光
	作业要求精细度	识别对象的最小尺寸 d/mm	采光系数最低值/(%)	采光系数平均值/(%)
I	特别精细	$d \leq 0.15$	5	7
II	很精细	$0.15 < d \leq 0.3$	3	4.5
III	精细	$0.3 < d \leq 1.0$	2	3
IV	一般	$1.0 < d \leq 5.0$	1	1.5
V	粗糙	$d > 5.0$	0.5	0.7

●特　别　提　示●

侧面采光应取采光系数的最低值，顶部采光应取采光系数的平均值。

由于影响室内照度强弱的因素，主要是窗面积的大小。因此，设计时，常采用窗地面积比来初步确定窗面积的大小。窗地面积比简称窗地比，是指窗洞口面积与房间地面面积之比。窗在离地面高度 0.5m 以下的部分不应计入有效采光面积，窗上部有宽度超过 1m 以上的外廊、阳台等遮挡物时，其有效采光面积可按窗面积的 70% 计算。

不同使用性质的房间对采光的要求不同，对于采光要求较高的房间，应根据采光标准及采光系数标准值通过计算来确定窗的面积大小。表 2-5 是《建筑采光设计标准》(GB 50033—2013)中对部分民用建筑根据房间使用性质确定的采光等级和房间采用侧面采光时的窗地比。

表 2-5　部分民用建筑的采光等级和房间的窗地比

建筑类型	房间名称	采光等级	窗地比
住宅	卧室、起居室(厅)、书房	IV	1/7
学校	教室、阶梯教室、实验室、报告厅	III	1/5
办公楼	设计室、绘图室	II	1/3.5
	办公室、会议室、视屏工作室	III	1/5
医院	诊室、药房、治疗室、化验室	III	1/5
	候诊室、挂号处、病房、医护办公室	IV	1/7
图书馆	阅览室、开架书库	III	1/5
	目录室、陈列室	IV	1/7

在确定窗的面积大小时，还应考虑通风要求、气候条件、立面处理和建筑经济等因素，如炎热地区和南方地区，有时为了取得良好的通风效果，往往加大开窗面积；寒冷地区和北方地区，考虑保温和节能要求，应控制窗墙面积比。

窗的平面位置，主要影响到房间沿外墙(开间)方向来的照度是否均匀、有无暗角和眩光。因此，在设计时，窗的位置应使房间的光线均匀，避免产生暗角和眩光。例如，房间的进深较大，同样面积的矩形窗户竖向设置，可使房间进深方向的照度比较均匀；中小学教室在一侧采光的条件下，窗户应位于学生左侧，窗间墙的宽度不应大于 1200mm(具体窗间墙尺寸的确定需要综合考虑房屋结构或抗震要求等因素)，以免产生暗角，同时，窗户和

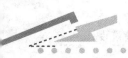
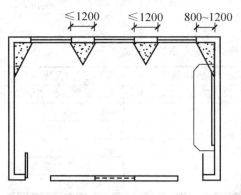

图 2.15　教室窗的位置

挂黑板墙面之间的距离要适当,这段距离太小会使黑板上产生眩光,距离太大又会形成暗角,通常取800~1200mm,如图 2.15 所示。

(2) 通风方面。建筑物室内的自然通风,除了和建筑朝向、间距、平面布局等因素有关外,房间中窗户的位置,对室内通风效果的影响也非常关键。在实际工程设计中,一般将窗和门的位置结合考虑来解决房间的自然通风问题。房间门窗位置影响着室内的气流走向和通风范围的大小。为取得良好的通风效果,门窗位置统一设计时的原则是将门窗在房间两侧相对布置,以便组织穿堂风通过室内使用活动部分的空间,并使气流经过室内的路线尽可能长,影响范围尽可能大,尽量减少涡流即空气不流动地带的面积。图 2.16(a)所示为不同门窗位置所产生的房间通风效果。

为了不影响房间的家具布置和使用,经常借助于高窗来解决室内通风问题。例如学校教室平面中,常在靠走廊一侧距地面为 2m 左右开设高窗,以改善教室内通风条件。如果不设高窗,教室内局部区域通风不好,会形成空气涡流现象,如图 2.16(b)所示。

窗的设计对室内的采光、通风都起着决定性的作用,同时,它还是一个建筑装饰构件,建筑物造型、建筑风格往往也要通过窗的位置和形式加以体现,所以在进行窗的布置时,既要充分考虑到它的实用性,还要很好地重视它的美观性。

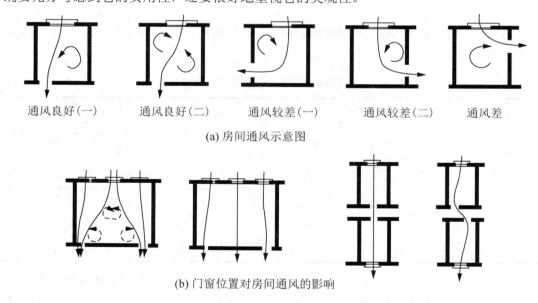

通风良好(一)　　通风良好(二)　　通风较差(一)　　通风较差(二)　　通风差

(a) 房间通风示意图

(b) 门窗位置对房间通风的影响

图 2.16　门窗的相互位置

2. 辅助房间的平面设计

辅助房间随着建筑物的使用性质不同而不同,如学校中的厕所、储藏室等,住宅中的卫生间、厨房,办公楼中的盥洗室、更衣室、洗衣房、锅炉房等都属于辅助房间。这类房间的平面设计原理和方法与使用房间基本相同。但对于室内有固定设备的辅助房间,如厕所、盥洗室、浴室、卫生间和厨房等,通常由固定设备的类型、数量和布置来控制房间的形式。平面设计时，可按照下面三个基本步骤进行。

（1）根据各种建筑物的使用特点和使用人数的多少，先确定所需设备的个数(表2-6)。

（2）根据计算所得的设备数量，考虑在整幢建筑物中厕所、盥洗室的分布情况。

（3）最后在建筑平面组合中，根据整幢房屋的使用要求适当调整并确定这些辅助房间的面积、平面形式和尺寸。

表 2-6　部分建筑类型厕所设备个数参考指标

建筑类型		男小便器(人/个)	男大便器(人/个)	女大便器(人/个)	洗手盆或水龙头(人/个)	男女比例	备　注
中小学校	小学	40	40	20	90	1：1	一个小便器折合1m长小便槽
	中学	50	50	25	90	1：1	
综合医院	门诊部	60	120	75		6：4	一个小便器折合0.7m长小便槽
	病房	16	16	12	12～15	6：4	
火车站		80	80	40	150	7：3	
剧场		40	100	25	150	1：1	一个小便器折合0.6m长小便槽
办公楼		30	40	20	40	按实际情况	

1）厕所(卫生间)的布置

一般建筑物中公共服务的厕所应设置前室，这样使厕所既较隐蔽，又有利于改善通向厕所的走廊或过厅处的卫生条件。有盥洗室的公共服务厕所，为了节省交通面积并使管道集中，通常采用套间布置，以节省前室所需的面积，图2.17所示为附有前室的男女厕所的平面和室内透视图。图2.18所示是住宅中的浴厕的平面和室内透视图。

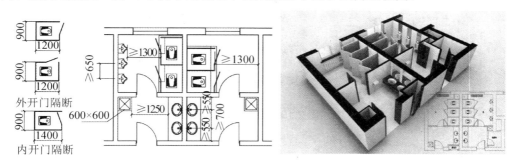

图 2.17　卫生隔断及卫生间平面

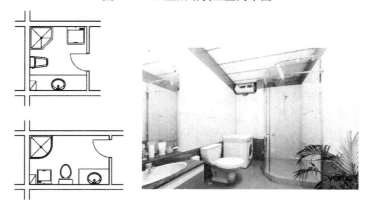

图 2.18　住宅中的卫生间

2) 厨房的布置

厨房的主要功能是炊事，有时兼有进餐或洗涤功能。住宅建筑中的厨房是家务劳动的中心所在，所以厨房设计的好坏是影响住宅使用的重要因素，如图 2.19 所示。通常根据厨房操作的程序布置台板、水池、炉灶，并充分利用空间解决储藏问题。

3. 交通联系部分的设计

一幢建筑物除了有满足使用功能的各种房间外，还需要有交通联系部分把各个房间之间以及室内外之间联系起来。建筑物内部的交通联系部分包括：水平交通空间——走道；垂直交通空间——楼梯、电梯、自动扶梯、坡道；交通枢纽空间——门厅、过厅等。

交通联系部分的设计要求做到以下几点。

(1) 交通路线简捷明确，人流通畅，联系通行方便。

(2) 紧急疏散时迅速安全。

(3) 满足一定的采光、通风要求。

(4) 力求节省交通面积，同时综合考虑空间造型问题。

图 2.19　厨房布置举例

下面分述各种交通联系部分的平面设计。

1) 过道(走廊)

过道又称走廊，主要功能是联系建筑物同层内的各个房间、楼梯和门厅等各部分，以解决房屋中的水平联系和疏散问题。同时还兼有其他的使用功能。例如教学楼中过道，兼有学生课间休息活动的功能；医院门诊过道，兼有病人候诊的功能。

过道的平面设计主要是确定过道的宽度和长度，解决过道的采光和通风。

(1) 过道的宽度。过道的宽度主要应符合人流通畅、家具设备运行和建筑防火要求。

走道宽度一般情况下根据人体尺度及人体活动所需空间尺寸确定，单股人流走道宽度净尺寸为 550～600mm；在通行人数少的住宅过道中，考虑到两人相对通过和搬运家具的需要，过道的最小宽度也不宜小于 1100～1200mm；在通行人数较多的公共建筑中，应考虑三股人流通行，其净宽为 1500～1800mm。对于考虑房间门向走道一侧开启的情况，视其具体情况加宽，例如公共建筑门扇开向过道时，过道宽度通常不小于1500mm，如图 2.20所示。

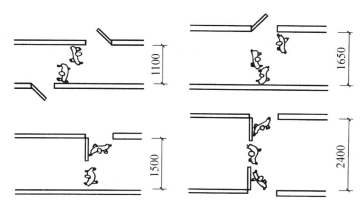

图 2.20 门的开启方向对走道宽度的影响

设计过道的宽度，应根据建筑物的耐火等级、层数和过道中通行人数的多少，进行防火要求最小宽度的校核，见表 2-7。必须满足防火要求，以保证紧急状态下的人流疏散。

表 2-7 过道的宽度(米/100 人)

楼层位置	房间耐火等级		
	一、二级	三级	四级
地上一、二层	0.65	0.75	1.00
地上三层	0.75	1.00	—
地上四层及四层以上各层	1.00	1.25	—
与地面出入口地面的高差不超过 10 米的地下建筑	0.75	—	—
与地面出入口地面的高差超过 10 米的地下建筑	1.00	—	—

一般民用建筑的过道宽度，有关规范中做了规定，如中小学校教学楼过道的净宽度，当两侧布置教室时，不应小于 2100mm，当一侧布置教室时不应小于 1800mm，行政及教师办公用房不应小于 1500mm；办公楼当过道长度小于 40m 单侧布置房间时，过道净宽不应小于 1300mm，两侧布置房间时不应小于 1500mm，当长度大于 40m 时，单侧布置房间过道净宽不应小于 1500mm，双侧布置房间不应小于 1800mm；医院建筑需利用过道单侧候诊时，过道净宽不应小于 2100mm，两侧候诊时，净宽不应小于 2700mm。

(2) 过道的长度。过道的长度主要是根据建筑物的使用要求、平面布局的实际需要以及防火疏散的安全等要求来确定。房间门到疏散口的疏散方向有单向和双向之分，双向疏散的走道称为普通走道，单向疏散的走道称为袋形走道，如图 2.21 所示。这两种过道从房间门到楼梯间或外门的最大距离，根据建筑物的性质和耐火等级，《建筑设计防火规范》(GB 50016—2006)中做了规定和限制(表 2-8)。

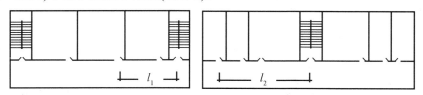

图 2.21 房间到楼梯间的最大距离

表 2-8　房间到外部出口或楼梯间的最大距离(m)

建筑类型	位于两个外部出口或楼梯间之间的房间			位于袋形过道两侧或尽端的房间		
	耐火等级			耐火等级		
	一、二级	三级	四级	一、二级	三级	四级
托儿所、幼儿园	25	20	—	20	15	—
医院、疗养院	35	30	—	20	15	—
学校	35	30	25	22	20	15
其他民用建筑	40	35	25	22	20	15

(3) 过道的采光。为了使用安全、方便和减少过道的空间封闭感，除了某些公共建筑过道可用人工照明外，一般过道应有直接的天然采光，窗地面积比不低于 1/12 为宜。

单面过道可直接采光，易获得较好的采光通风效果。中间过道即两侧布置房间的过道常用的采光方式是在走道两端开窗直接采光；利用门厅、过厅、开敞式楼梯间来采光；在办公楼、学校建筑中常利用房间两侧高窗或门上亮子直接采光。

2) 楼梯和坡道

楼梯是建筑物各层间的垂直交通联系部分，是楼层人流疏散必经的通路。楼梯的宽度取决于通行人数的多少和建筑防火要求，通常应大于 1100mm。一些辅助楼梯也应该大于 800mm，楼梯梯段和平台的通行宽度如图 2.22 所示。

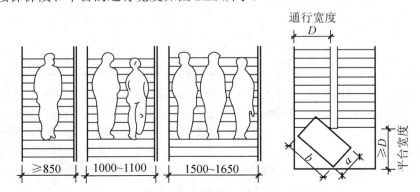

图 2.22　楼梯梯段和平台的通行宽度

楼梯的数量应根据楼层人数的多少和建筑防火要求而定。如耐火等级为三级，二至三层建筑，当楼层面积超过 200m^2，或楼层人数超过 50 人时，都需要布置两个或两个以上的楼梯。楼梯间必须有自然采光，但可以布置在建筑物朝向较差的一面。

建筑物垂直交通联系部分除楼梯外，还有坡道、电梯和自动扶梯等。一些人流大量集中的建筑物，如大型体育馆常在人流疏散集中的地方设置坡道，以利于安全和快速地疏散人流；一些医院为了病人上下和手推车通行的方便也可采用坡道。电梯通常使用在多层或高层建筑中，如旅馆、办公大楼、高层住宅楼等；一些有特殊使用要求的建筑物，如医院、商场等也常采用电梯。自动扶梯具有连续不断地乘载大量人流的特点，因而适用于具有频繁而连续人流的大型建筑物中，如百货大楼、展览馆、火车站、地铁站、航空港等建筑物中。

3) 门厅、过厅

门厅是建筑物主要出入口处的内外过渡空间，也是人流集散的交通枢纽。此外，一些建筑物中，门厅常兼有服务、等候、展览等功能，如图 2.23 所示。

门厅对外出入口的总宽度，应不小于通向该门厅的过道、楼梯宽度的总和。人流比较集中的建筑物，门厅对外出入口的宽度，可按每100人0.6m计算。外门必须向外开启或尽可能采用弹簧门内外开启。

门厅的设计必须做到导向明确，避免人流的交叉和干扰。门厅的导向明确是指人们在进入门厅后，能够比较容易找到各过道口和楼梯口，并易于辨别这些过道和楼梯的主次。如图2.24所示，门厅的布局通常分为对称式和非对称式两种。对称式门厅有明显的轴线，如起主要交通联系作用的过道或主要楼梯沿轴线布置，主导方向较为明确；非对称式门厅中没有明显的轴线和交通联系的导向，往往需要通过对走廊口门洞的大小、墙面的透空和装饰处理，以及楼梯踏步的引导等设计手法，使人们易于辨别交通联系的主导方向。

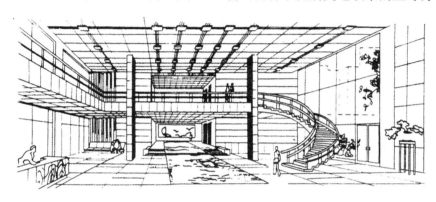

图2.23 某写字楼门厅空间

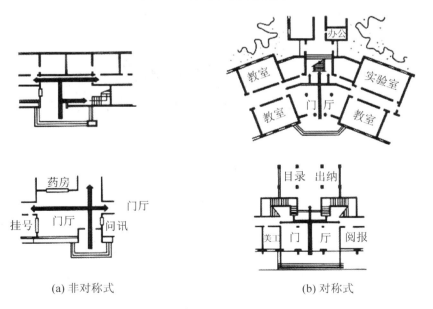

(a) 非对称式   (b) 对称式

图2.24 建筑平面中的门厅设置

过厅通常设置在过道与过道之间或过道与楼梯的连接处。它起到交通路线的转折和过渡的作用。为了改善过道的采光、通风条件，有时也可以在过道的中部设置过厅。

4) 雨篷、门廊、门斗

在建筑物的出入口处，为了给人们进出室内外时有一个过渡的地方，常在出入口前设置雨篷、门廊或门斗，以防止风雨或寒气的侵袭。开敞式的做法称为门廊，封闭式的做法称为门斗。

2.1.2　平面组合设计

平面组合设计一方面需要考虑建筑物本身的使用功能、技术经济和建筑艺术方面的要求，另一方面，还要考虑总体规划、基地环境对单体建筑提出的要求。

在进行建筑平面功能分析时，要根据具体设计要求，把握好以下几个关系。

1) 房间的主次关系

一幢建筑物，根据它的功能特点，平面中各个房间相对来说总是有主有次。通常将使用房间放在朝向好、比较安静的位置，以取得较好的日照、通风条件；公共活动的主要房间的位置应在出入和疏散方便，人流导向比较明确的部位。例如学校教学楼中的教室、实验室等，应是主要的使用房间，其余的管理、办公、储藏、厕所等，属于次要房间，如图 2.25 所示。

2) 房间的内外关系

在各种使用空间中，有的部分对外性强，直接为公众使用，有的部分对内性强，主要是内部工作人员使用。按照人流活动的特点，将对外性较强的部分尽量布置在交通枢纽附近，将对内性较强的部分布置在较隐蔽的部位，并使之靠近内部交通区域。如商业建筑营业厅是对外的，人流量大，应布置在交通方便、位置明显处，而将库房、办公等管理用房布置在后部次要入口处(图 2.26)。

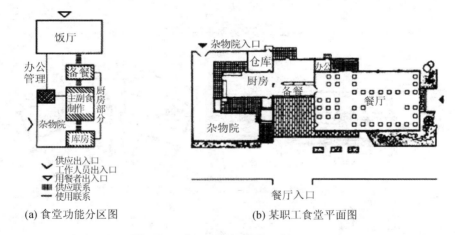

(a) 食堂功能分区图　　　　　(b) 某职工食堂平面图

图 2.25　主、次房间位置示意图

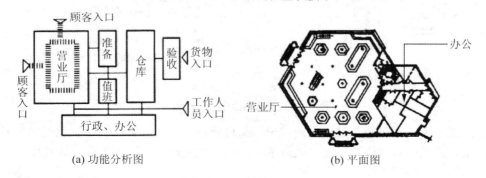

(a) 功能分析图　　　　　　(b) 平面图

图 2.26　某商店平面布置

3）房间的联系与分隔

在建筑物中那些供学习、工作、休息用的主要使用部分希望获得比较安静的环境，因此应与其他使用部分适当分隔。在进行建筑平面组合时，首先将组成建筑物的各个使用房间进行功能分区，以确定各部分的联系与分隔，使平面组合更趋合理。例如学校建筑，可以分为教学活动、行政办公以及生活后勤等几部分，教学活动和行政办公部分既要分区明确、避免干扰，又要考虑分属两个部分的教室和教师办公室之间的联系方便，它们的平面位置应适当靠近一些；对于使用性质同样属于教学活动部分的普通教室和音乐教室，由于音乐教室上课时对普通教室有一定的声响干扰，它们虽属同一个功能区中，但是在平面组合中却又要求有一定的分隔，如图 2.27 所示。

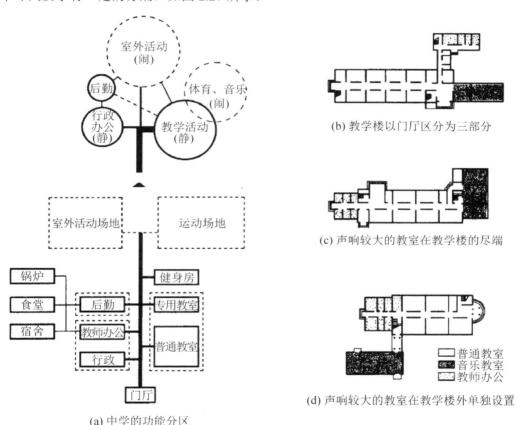

(b) 教学楼以门厅区分为三部分

(c) 声响较大的教室在教学楼的尽端

普通教室
音乐教室
教师办公

(d) 声响较大的教室在教学楼外单独设置

(a) 中学的功能分区

图 2.27　学校建筑的功能分区和平面组合

4）房间使用顺序及交通路线的组织

在建筑物中不同使用性质的房间或各个部分，在使用过程中通常有一定的先后顺序，这将影响到建筑平面的布局方式，如图 2.28 所示，火车站建筑中有人流和货流之分，人流又有问讯、售票、候车、检票、进入站台上车的上车流线，以及由站台经过检票出站的下车流线等。平面组合时要很好地考虑这些前后顺序，应以公共人流交通路线为主导线，不同性质的交通流线应明确分开。有些建筑物对房间的使用顺序没有严格的要求，但是也要安排好室内的人流通行面积，尽量避免不必要的往返交叉或相互干扰。

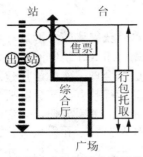

(a) 小型火车站流线关系示意图

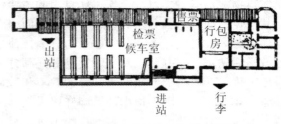

(b) 400人火车站设计方案平面图

图 2.28　平面组合房间的使用顺序

2.1.3　平面组合的几种方式

建筑物的平面组合，是综合考虑房屋设计中内外多方面因素，反复推敲所得的结果。建筑功能分析和交通路线的组织，是形成各种平面组合方式的内在的主要根据，通过功能分析初步形成的平面组合方式大致有以下几种。

1. 走廊式组合

走廊式组合是通过走廊联系各使用房间的组合方式，其特点是把使用空间和交通联系空间明确分开，以保持各使用房间的安静和不受干扰。适用于学校、医院、办公楼、集体宿舍等建筑物中，如图 2.29 所示。

走廊两侧布置房间的为内廊式。这种组合方式平面紧凑，走廊所占面积较小，建筑深度较大，节省用地，但是有一侧的房间朝向差，走廊较长时，采光、通风条件较差，需要开设高窗或设置过厅以改善采光和通风条件。

走廊一侧布置房间的为外廊式。房间的朝向、采光和通风都较内廊式好，但建筑深度较小，辅助交通面积增大，故占地较多，相应造价增加。

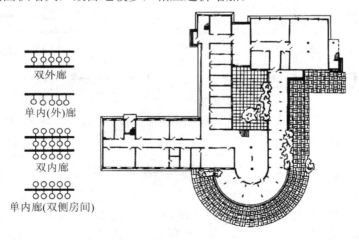

图 2.29　走廊式组合

2. 单元式组合

单元式组合是以竖向交通空间(楼、电梯)连接各使用房间，使之成为一个相对独立的整体的组合方式，其特点是功能分区明确，单元之间相对独立，组合布局灵活，适应不同的地形，广泛用于住宅建筑、学生宿舍、托幼建筑中。图 2.30 为住宅单元式组合方式。

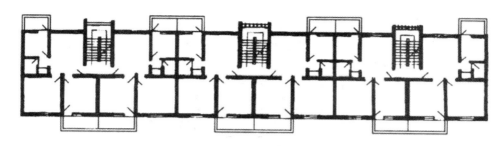

图 2.30   住宅单元式组合方式

3. 套间式组合

套间式组合是将各使用房间相互串联贯通，以保证建筑物中各使用部分的连续性的组合方式。其特点是交通部分和使用部分结合起来设计，平面紧凑，面积利用率高，适用于展览馆、商场、火车站等建筑物，如图 2.31 所示。

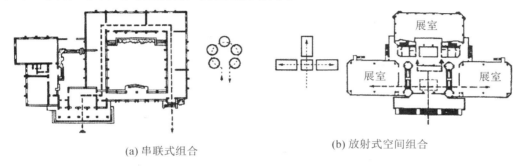

(a) 串联式组合

(b) 放射式空间组合

图 2.31   套间式平面组合

4. 大厅式组合

大厅式组合是在人流集中、厅内具有一定活动特点并需要较大空间时形成的组合方式。这种组合方式常以一个面积较大，活动人数较多，有一定的视、听等使用特点的大厅为主，辅以其他的辅助房间。例如剧院、会场、体育馆等建筑物类型的平面组合，如图 2.32 所示。在大厅式组合中，交通路线组织问题比较突出，应使人流的通行通畅安全、导向明确。

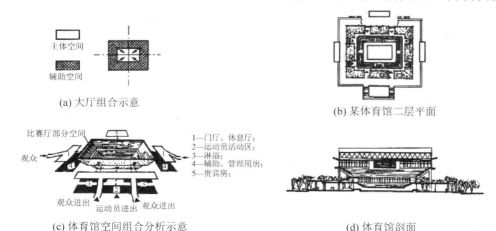

(a) 大厅组合示意

(b) 某体育馆二层平面

(c) 体育馆空间组合分析示意

(d) 体育馆剖面

图 2.32   大厅式平面组合

5. 混合式组合

使用以上几种方法，根据需要，在建筑物的某一个局部采用一种组合方式，而在整体上以另一种组合方式为主，如图 2.33 所示。

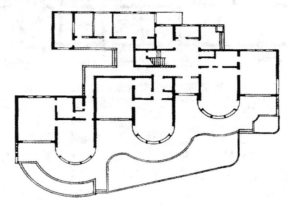

图 2.33　混合式平面组合

2.1.4　建筑平面组合与结构布置关系

进行建筑平面组合设计时，要根据不同建筑的组合方式采取相应的结构形式来满足，以达到经济、合理的效果。目前民用建筑常用的结构类型有三种，即墙承重结构、框架结构和空间结构。

首先要了解横墙和纵墙。横墙指沿建筑物短轴布置的墙，纵墙指沿建筑物长轴方向布置的墙，开间指两横墙间距离，进深指两纵墙间距离。有些结构设计横墙不全在短轴，这种情况不能把开间简单看做两横墙间距离，而一般根据房间门的朝向来区分，房门进入的方向的距离为进深，左右两边距离为开间。

1. 墙承重结构

墙承重结构是以墙体、钢筋混凝土梁板等构件构成的承重结构系统，建筑的主要承重构件是墙、梁板、基础等。墙承重结构分为横墙承重、纵墙承重、纵横墙混合承重三种。

1) 横墙承重

房间的开间大部分相同，开间的尺寸符合钢筋混凝土板经济跨度时，常采用横墙承重的结构布置，如图 2.34(a)所示。横墙承重的结构布置，建筑横向刚度好，立面处理比较灵活，但由于横墙间距受梁板跨度限制，房间的开间不大，因此，适用于有大量相同开间，而房间面积较小的建筑，如宿舍、门诊所和住宅建筑。

2) 纵墙承重

房间的进深基本相同，进深的尺寸符合钢筋混凝土板的经济跨度时，常采用纵向承重的结构布置，如图 2.34(c)所示。纵墙承重的主要特点是平面布置时房间大小比较灵活，建筑在使用过程中，可以根据需要改变横向隔断的位置，以调整使用房间面积的大小，但建筑整体刚度和抗震性能差，立面开窗受限制，适用于一些开间尺寸比较多样的办公楼，以及房间布置比较灵活的住宅建筑中采用。

3) 纵横墙混合承重

在建筑平面组合中，一部分房间的开间尺寸和另一部分房间的进深尺寸符合钢筋混凝土板的经济跨度时，建筑平面可以采用纵横墙承重的结构布置，如图 2.34(b)所示。这种布置方式，平面中房间安排比较灵活，建筑刚度相对也较好，但是由于楼板铺设的方向不同，平面形状较复杂，因此施工时比上述两种布置方式麻烦。一些开间进深都较大的教学楼，可采用有梁板等水平构件的纵横墙承重的结构布置，如图 2.34(d)所示。

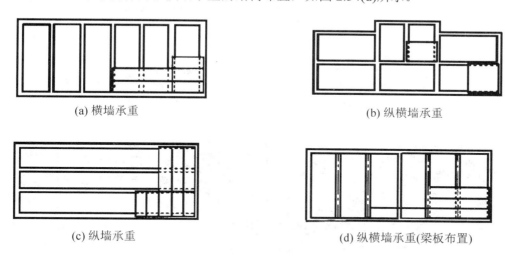

(a) 横墙承重 　　　　　　　　　　　　(b) 纵横墙承重

(c) 纵墙承重 　　　　　　　　　(d) 纵横墙承重(梁板布置)

图 2.34　墙体承重的结构布置

墙体承重的结构系统，对建筑平面的要求主要有以下几个。

(1) 房间的开间或进深基本统一，并符合预应力板的经济跨度。

(2) 承重墙的布置要均匀、闭合，以保证结构布置的刚性要求，上下层承重墙要对齐。

(3) 承重墙上如果开门窗洞口，要符合墙体承载力的要求。

(4) 个别面积较大的房间应设置在房屋的顶层，或单独的附属体中，以便结构上另行处理。

2. 框架结构

框架结构是以钢筋混凝土梁柱或钢梁柱联结的结构布置。框架结构布置的特点是梁柱承重，墙体只起分隔、围护的作用，房间布置比较灵活，门窗开置的大小、形状都较自由，但造价比墙承重结构高。在走廊式和套间式的平面组合中，当房间的面积较大、层高较高、荷载较重，或建筑物的层数较多时，通常采用钢筋混凝土框架或钢框架结构，如实验楼、大型商店、多层或高层旅馆等建筑物。

框架结构系统对建筑平面组合的要求主要有以下几个。

(1) 建筑体型应齐整，平面组合应尽量符合柱网尺寸的规格、模数以及梁的经济跨度的要求。

(2) 楼梯间和电梯间应布置在有利于加强框架结构整体刚度的位置。

(3) 为保证框架结构的刚性要求，梁柱连接应采用刚性节点处理。

3. 空间结构

在大厅式平面组合中，对面积和体积都很大的厅室，例如剧院的观众厅、体育馆的比赛大厅等，它的覆盖和围护问题是大厅式平面组合结构布置的关键。

当大厅的跨度较小、平面为矩形时，可以采用柱和屋架组成的排架结构系统；当大厅的跨度较大、平面形状为矩形或其他形状时，可以采用空间结构形式，能更好地发挥材料的力学性能，并使建筑物的形象具有良好的表现力，如图 2.35 所示。

建筑构造与设计

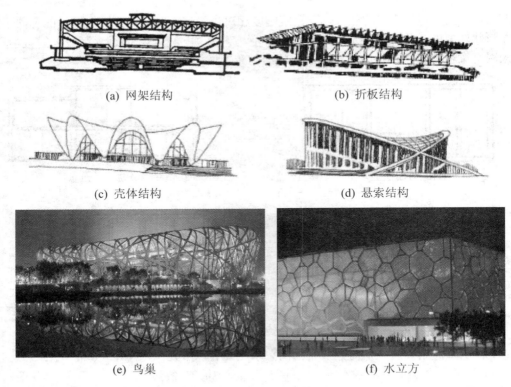

(a) 网架结构　　　　　(b) 折板结构

(c) 壳体结构　　　　　(d) 悬索结构

(e) 鸟巢　　　　　　(f) 水立方

图 2.35　空间结构

2.1.5　建筑平面组合与场地环境的关系

任何建筑物都不是孤立存在的，它与周围的建筑物、道路、绿化、建筑小区等密切联系，并受到它们及其他自然条件如地形、地貌等的限制。

1. 场地大小、形状和道路走向

场地的大小和形状，对建筑物的层数、平面组合有极大影响，如图 2.36 所示。在同样能满足使用要求的情况下，建筑功能分区可采用较为集中紧凑的布置方式，或采用分散的布置方式，这方面除了和气候条件、节约用地以及管道设施等因素有关外，还和基地大小和形状有关。同时，基地内人流、车流的主要走向，又是确定建筑平面中出入口和门厅位置的重要因素。

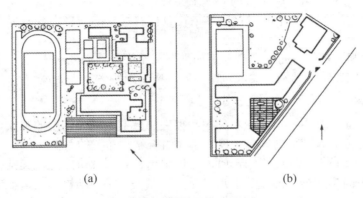

(a)　　　　　　　(b)

图 2.36　不同基地条件的中学教学楼平面组合

2．建筑物的朝向和间距

影响建筑物朝向的因素主要有日照和风向。不同季节，太阳的位置、高度都在发生着有规律的变化。根据我国所处的地理位置，建筑物采取南向或南偏东、南偏西向能获得良好的日照。

日照间距通常是确定建筑物间距的主要因素。建筑物日照间距的要求，是使后排建筑物在底层窗台高度处，保证冬季能有一定的日照时间。房间日照时间的长短，是由房间和太阳相对位置的变化关系决定的，这个相对位置以太阳的高度角和方位角表示，如图 2.37(a)所示，它和建筑物所在的地理纬度、建筑方位以及季节、时间有关。通常以当地冬至日正午十二时太阳高度角，作为确定建筑物日照间距的依据，如图 2.37(b)所示，日照间距的计算公式为

$$L=H/\tan\alpha$$

式中　L——建筑间距；

　　　H——前排建筑物檐口和后排建筑物底层窗台的高差；

　　　α——冬至日正午的太阳高度角(当建筑物为正南向时)。

在实际建筑总平面设计中，建筑的间距通常是结合日照间距、卫生要求和地区用地情况，做出对建筑间距 L 和前排建筑的高度 H 比值的规定，如 L/H 等于 0.8、1.2、1.5 等，L/H 称为间距系数。图 2.37(b)所示为日照和建筑物的间距。

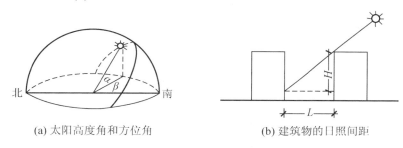

(a) 太阳高度角和方位角　　　　　　(b) 建筑物的日照间距

图 2.37　日照和建筑物的间距

3．基地的地形条件

在坡地上进行平面组合应依山就势，充分利用地势的变化，减少土方工程量，处理好建筑朝向、道路、排水和景观等要求。坡地建筑主要有平行于等高线和垂直于等高线两种布置方式。当基地坡度小于 25% 时，建筑物平行于等高线布置，土方量少，造价经济。当基地坡度大于 25% 时，建筑物采用平行于等高线布置，对朝向、通风采光、排水不利，且土方量大，造价高。因此，宜采用垂直于等高线或斜交于等高线布置，如图 2.38 所示。

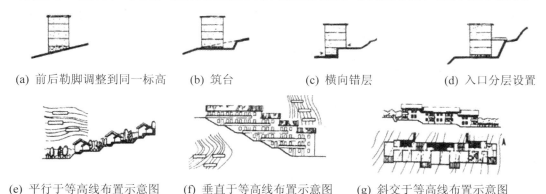

(a) 前后勒脚调整到同一标高　　(b) 筑台　　(c) 横向错层　　(d) 入口分层设置

(e) 平行于等高线布置示意图　　(f) 垂直于等高线布置示意图　　(g) 斜交于等高线布置示意图

图 2.38　建筑物的布置

2.2 建筑剖面设计

　　建筑平面图是立体空间的平面化表达,平面图表现了空间的长度与深度或宽度的关系。空间的第三维度(即高度)同样也是由平面视图来表现的,这就是剖面图的设计内容。因此,从空间设计的角度来看,平面图与剖面图的对应关系是不言而喻的。

　　同平面图一样,剖面图也是空间的投影图,是建筑设计的基本语言之一。剖面图的概念可以这样理解,即用一个假想的垂直于外墙轴线的切平面把建筑物切开,对切面以后部分的建筑体型作正投影图。在表现方面,为了把切到的体型轮廓与看到的体型投影轮廓区别开来,切到的实体轮廓线用粗实线表示,如室内外地面线、墙体、楼梯板、楼面板和梁,以及屋顶内外轮廓线等。看到的投影轮廓用细实线表示,如门窗洞口的侧墙、空间中的柱子以及平行于剖切面的梁等。由于剖面图的轮廓及其表现内容均与剖切面的位置有关,剖面图又分为横剖面图与纵剖面图,它们是互相垂直的两个视图。在复杂的建筑平面中,为了充分表现体形轮廓及空间高度上的变化情况,建筑物的剖面图一般不少于两个,剖切面的位置以剖切线来表示,每个位置上的剖面图应与剖切线的标注相对应,以方便人们的读图需要,剖面概念如图 2.39 所示。

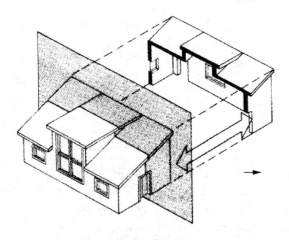

图 2.39　剖面图的概念

　　建筑剖面设计要根据房间的功能要求确定房间的剖面形状,同时必须考虑剖面形状与在垂直方向房屋各部分的组合关系、具体的物质技术、经济条件和空间的艺术效果等方面的影响,既要适用又要美观,才能使设计更加完善、合理。具体要求如下。

　　(1) 确定建筑物的各部分高度和剖面形式。

　　(2) 确定建筑的层数。

　　(3) 分析建筑空间的组合和利用。

　　(4) 在建筑剖面中研究有关的结构、构造关系。

2.2.1　房间的高度和剖面形式

　　1. 房间的高度

　　房间的高度包括层高和净高。层高通常指下层地板面或楼板面到上层楼板面之间的距离。层高是国家对各类建筑房间高度的控制指标。各类建筑的常用层高见表 2-9。

表 2-9　各类建筑的常用层高值(单位：m)

类别　　房间名称	教室、实验室	风雨操场	办公、辅助用房	传达室	居室、卧室
中学	3.30～3.60	3.80～4.00	3.00～3.30	3.00～3.30	—
小学	3.20～3.40	3.80～4.00	3.00～3.30	3.00～3.30	—
住宅	—	—	—	—	2.70
办公楼	—	—	3.00～3.30	—	—
宿舍楼	—	—	—	—	2.80～3.30
幼儿园	3.00～3.20	—	—	—	3.00～3.20

层高减去楼板的厚度的差，叫做净高。净高是供人们直接使用的有效室内高度，与人体的活动及家具设备的要求、采光通风要求、结构高度及布置方式、建筑经济效果、室内空间比例等因素有关，如图 2.40 所示。净高的常用数值如下：卧室、起居室大于或等于 2.50m；办公、工作用房大于或等于 2.70m；教学、会议、文娱用房大于或等于 3.00m；走廊大于或等于 2.10m；教室：小学为 3.10m，中学为 3.40m；幼儿园活动室为 2.80m，音体室为 3.60m。

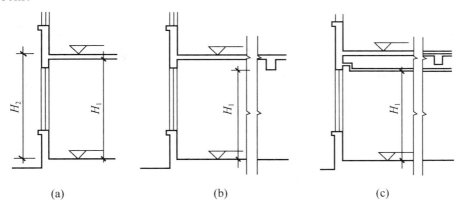

(a)　　　　　　　　　　(b)　　　　　　　　　　(c)

图 2.40　房间的净高和层高(H_1 为净高；H_2 为层高)

2. **房间的剖面形式**

房间的剖面形状与以下因素有关。

1) 室内使用性质和活动特点

对于使用人数较少、面积较小的房间，应以矩形为主；对于使用人数较多、面积较大且有视听要求的房间，应做成阶梯形或斜坡形。

2) 采光和通风要求

采光应该以自然光线为主。室内光线的强弱和照度是否均匀，与窗的宽度、位置和高度有关。单面采光时，窗的上沿离地面的高度，必须大于房间进深的 1/2；双面采光时，窗的上沿离地面的高度应大于或等于房间进深的 1/4。窗台的高度与使用要求、人体尺度和家具高度有关，通常为 900mm 左右，但应不小于 450mm。窗上墙应尽可能小，以避免顶棚出现

暗角。房间内的通风要求与室内进出风口在剖面上的位置有关，也与房间净高有一定的关系。温湿和炎热地区的民用建筑，常利用空气的气压差来组织室内穿堂风，如图 2.41 所示。

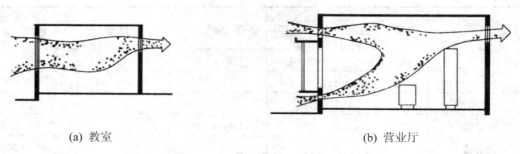

(a) 教室   (b) 营业厅

图 2.41　房间剖面中进出风口的位置和通风线路示意图

3) 结构类型的要求

在砌体结构中，现浇梁板比预制梁板的净空大。为减小梁的高度，还可以把矩形截面改作 T 形或十字形。空间结构的选择可以与剖面形状的选择结合起来。常用的空间结构有悬索、壳体、网架等类型。

4) 设备位置的要求

室内设备，如手术室的无影灯、舞台的吊景设备等，其布置都直接影响到剖面的形状与高度，如图 2.42 所示。

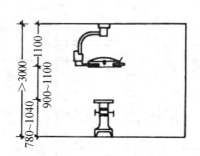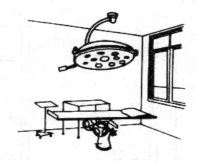

图 2.42　医院手术室中照明设备和房间净高的关系

5) 室内空间比例关系

室内空间宽而低通常会给人以压抑的感觉，狭而高的房间又会使人感到拘谨。一般应根据房间面积、室内顶棚的处理方式、窗子的比例关系等因素来考虑室内空间比例，进而创造出感觉舒适的空间。

2.2.2　建筑层数和剖面形式

影响建筑层数的因素很多，主要有建筑本身的使用要求、城市规划要求、结构类型特点、建筑防火等。

不同性质的建筑对层数的要求不同。如幼儿园、中小学校等以单层或低层为主。

城市规划从改善城市面貌和节约用地角度考虑，也对建筑层数作了具体的规定。以北京地区为例：是以故宫为中心呈"盆形"向四周发展。即故宫两侧，必须保留部分平房，新建建筑应该以 2～3 层为主，二环路以内以建造多层为主，通常为 4～6 层。二环路以外可以适当建造些高层，但层数也不宜过高。

砌体结构以建造多层为主，其他结构可以建造多、高层。特种结构应该以建造低层为主。

建筑防火也是影响结构和建筑层数的重要因素，必须按有关规定确定层数。

钢筋混凝土框架结构、剪力墙结构及筒体结构则可用于建多层或高层建筑，如高层办公楼、宾馆、住宅等。

空间结构体系，如折板、薄壳、网架等，适用于低层、单层、大跨度建筑，常用于剧院、体育馆等建筑。

2.2.3　建筑空间的组合和利用

1. 剖面组合方式

剖面组合可以采用单一的方式，也可以采用混合的方式。常用的组合方式有：高层加裙房、错层和跃层等方式。图 2.43 和图 2.44 所示为错层和跃层的平面和剖面。

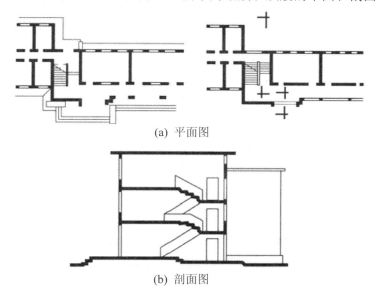

(a) 平面图

(b) 剖面图

图 2.43　用楼梯间解决错层高差的教学楼

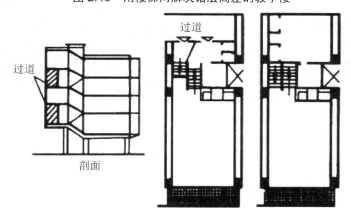

(a) 外廊式跃层住宅

图 2.44　跃层做法

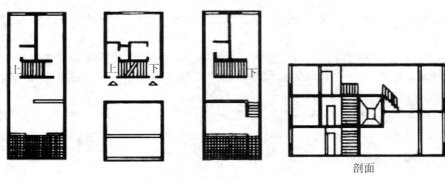

(b) 内廊式跃层住宅

图 2.44 跃层做法(续)

(1) 高层加裙房：在高层建筑的底层部位建造的高度小于 24m 的房屋称为裙房。裙房只能在高层建筑的三面兴建，另一面用作消防通道。裙房大多数用做服务性建筑。

(2) 错层：错层是在建筑物的纵、横剖面中，建筑几部分之间的楼地面，高低错开，以节约空间。其过渡方式有台阶、楼梯等。

(3) 跃层：跃层常用于住宅中，每个住户有上下层的房间，并用户内专用楼梯联系。这样做的优点是节约公共交通面积，彼此干扰较少，通风条件较好，但结构较为复杂。

2. 建筑空间的利用

充分利用建筑物内部的空间，实际上是在建筑占地面积和平面布置基本不变的情况下，起到了扩大使用面积、节约投资的效果。同时，如果处理得当还可以改善室内空间比例，丰富室内空间。

1) 夹层空间的利用

一些建筑，由于功能要求其主体空间与辅助空间在面积和层高要求上大小不一致，如体育馆比赛大厅、图书馆阅览室、宾馆大厅等，常采用在大厅周围布置夹层空间的方式，以达到充分利用室内空间及丰富室内空间效果的目的，如图 2.45 所示。

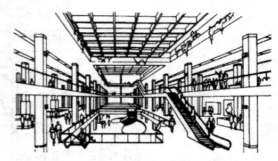

(a) 杭州机场候机大厅   (b) 前苏联德罗拜莱夫"现代波兰"商店

图 2.45 夹层空间的利用

2) 房间内的空间利用

在人们室内活动和家具设备布置等必需的空间范围以外，可以充分利用房间内其余部分的空间，如住宅建筑卧室中的吊柜、厨房中的搁板和储物柜等储藏空间，如图 2.46 所示。

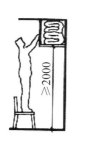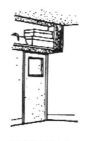

(a) 居室设悬挑搁板　　　　(b) 居室设吊柜　　　　(c) 厨房设吊柜

图 2.46　房间内的空间利用

3) 走道及楼梯间的空间利用

由于建筑物整体结构布置的需要，建筑物中的走道，通常和层高较高的房间高度相同，这时走道顶部，可以作为设置通风、照明设备和铺设管线的空间。一般建筑物中，楼梯间的底部和顶部，通常都有可以利用的空间，当楼梯间底层平台下不用做出入口时，平台以下的空间可做贮藏或厕所的辅助房间，如图 2.47 所示。

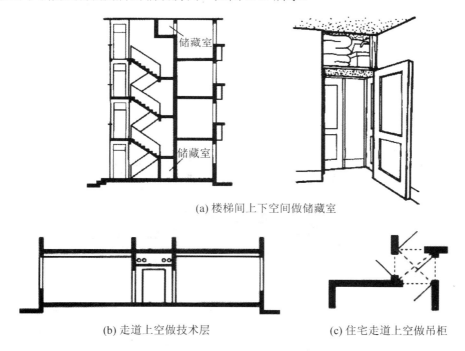

(a) 楼梯间上下空间做储藏室

(b) 走道上空做技术层　　　　(c) 住宅走道上空做吊柜

图 2.47　走道及楼梯间的空间利用

2.3　建筑体型与立面设计

建筑的体型用透视图或轴侧图等立体图画来表达，而建筑的立面图是对建筑物的外观所作的正投影图，它是一种平行视图，如图 2.48 所示。习惯上，人们把反映建筑物主要出入口或反映建筑物面向主要街道那一面的立面图称为正立面图，其余的立面图相应地称为

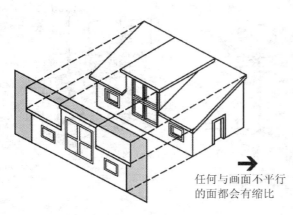

图 2.48　立面图的概念

任何与画面不平行
的面都会有缩比

侧立面图和背立面图。其实，严格地说，立面图是以建筑物的朝向来标定的，例如南立面图、北立面图、东立面图、西立面图。立面图主要反映建筑物的整体轮廓、外观特征、屋顶形式、楼层层数，以及门窗、雨篷、阳台、台阶等局部构件的位置和形状等内容。

建筑物的体型和立面，必然受内部使用功能和技术经济条件的制约，并受基地环境、整体规划等外界因素的影响。建筑物体型的大小、高低，体型组合的简单或复杂，通常是以房屋内部使用空间的组合要求为依据，以立面上门窗的开启和排列方式，墙面上构件的设置与划分为前提的。

建筑体型和立面设计，并不等于房屋内部空间组合的直接表现，它必须符合建筑造型和立面构图方面的规律性，如均衡、韵律、对比、统一等，把适用、经济、美观三者有机地结合起来。本章将在第 2.4 节着重分析建筑构图与建筑体型的美观问题。

建筑体型组合的原则如下。

1. 反映建筑功能和建筑类型的特征

建筑物的外部体型是内部空间合乎逻辑的反映，有什么样的内部空间，就有什么样的外部体型，如图 2.49 所示。设计者充分利用这种特点，使不同类型的建筑各具独特的个性特征，这就是为什么人们所看到的建筑物并没有贴上标签，表明"这是一幢幼儿园"或"这是一幢医院"，却能区分它们的类型，如住宅、教学楼、电影院的外部体型完全不同，因而易于区别。

(a) 剧院建筑

(b) 商业建筑

(c) 城市住宅建筑

图 2.49　建筑外部体型反映内部空间

2. 符合材料性能、结构、构造和施工技术的特点

由于建筑物内部空间组合和外部体型的构成,只能通过一定的物质技术手段来实现,所以建筑物的体型和所用材料、结构形式,以及采用的施工技术、构造措施关系极为密切。同时随着建筑材料的改进和施工技术的发展,建筑结构形式产生了飞跃性的进步,如图 2.50 所示。

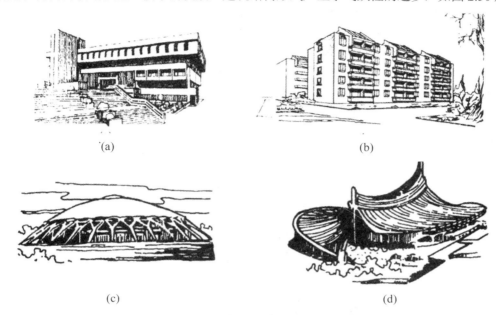

(a)

(b)

(c)

(d)

图 2.50   不同的结构形式产生不同的建筑造型

3. 符合国家建筑标准和相应的经济指标

各种不同类型的建筑物,根据其使用性质和规模,必须严格把握国家规定的建筑标准和相应的经济指标。在建筑标准、所用材料、造型要求和外观装饰等方面要区别对待,防止片面强调建筑的艺术性而忽略建筑设计的经济性。应在合理满足使用要求的前提下,用较少的投资建造美观、简洁、朴素、大方的建筑物。

4. 适应基地环境和城市规划要求

任何一幢建筑都处于一定的外部环境之中,它是构成该处景观的重要因素。因此,建筑外形不可避免地要受外部空间的制约,建筑和立面设计要与所在地区的地形、气候、道路,以及原有建筑物等基地环境相协调,同时也要满足城市总体规划的要求。

2.4 建筑构图基本法则

建筑构图法则既是指导建筑造型设计的原则,又是检验建筑造型美观与否的标准。在建筑设计中,除了满足功能要求、技术经济条件以及总体规划和基地环境等因素外,还要符合一些美学法则。

多样统一,既是建筑艺术形式的普遍法则,同样也是建筑创作中的重要原则。达到多样统一的手段是多方面的,如对比、主从、韵律、重点等形式美的规律。另外,建筑物是由各种不同用途的空间组成的,它们的形状、大小、色彩、质感等各不相同,这些客观存在着的千差万别的因素,是构成建筑形式美多样变化的物质基础。然而,它们之间又有一

定的内在联系，诸如结构、设备的系统性与功能、美观要求的一致性等。这些又是建筑艺术形式能够达到统一的内在依据。所以，建筑艺术形式的构图任务，要求在建筑空间组合中，结合一定的创作意境，巧妙地运用这些内在因素的差别性和一致性，加以有规律、有节奏的处理，使建筑的艺术形式达到多样统一的效果。

这些规律的形成，是人们通过较长时期的实践，反复总结和认识得来的，也是大家公认的、客观的美的法则，如统一与变化、对比与微差、均衡与稳定、比例与尺度、视觉与视差等构图规律。建筑工作者在建筑创作中，应当善于运用这些形式美的构图规律，更加完美地体现出一定的设计意图和艺术构思。

建筑设计中常用的一些构图法则如下。

1. 以简单的几何形状求统一

古代一些美学家认为简单、肯定的几何形状可以引起人的美感，他们特别推崇圆、球等几何形状，认为是完整的象征——具有抽象的一致性。以上美学观点可以从古今中外的许多建筑实例中得到证实。古代杰出的建筑如位于梵蒂冈的圣彼得大教堂(图 2.51)、我国的天坛[图 2.52(a)]、埃及的金字塔[图 2.52(b)]、印度的泰姬·马哈尔陵等(图 2.53)，均因采用上述简单、肯定的几何形状构图而达到了高度完整、统一的境地。

图 2.51　圣彼得大教堂

(a) 天坛

(b) 埃及的金字塔

图 2.52　简单几何体型建筑

图 2.53　泰姬·马哈尔陵

2．主从与重点

在由若干要素组成的整体中，每一个要素在整体中所占的比重和所处的地位，都会影响到整体的统一性。倘使所有要素都竞相突出自己，或者都处于同等重要的地位，不分主次，这些都会削弱整体的完整统一性。在一个有机统一的整体中，各组成部分是不能不加以区别而一律对待的。它们应当有主与从的差别；有重点与一般的差别；有核心与外围组织的差别。否则，各要素平均分布、同等对待，即使排列得整整齐齐、很有秩序，也难免会流于松散、单调而失去统一性。

从历史和现实的情况中看，主从处理采用左右对称构图形式的建筑较为普遍。对称的构图形式通常呈一主两从的关系，主体部分位于中央，不仅地位突出，而且可以借助两翼部分次要要素的对比、衬托，从而形成主从关系异常分明的有机统一整体，如美国驻印度大使馆(图 2.54)。

图 2.54　美国驻印度大使馆

近现代建筑，由于功能日趋复杂或受地形条件的限制，采用对称构图形式的不多，多采用一主一从的形式使次要部分从一侧依附于主体。除此之外，还可以用突出重点的方法来体现主从关系。所谓突出重点就是指在设计中充分利用功能特点，有意识地突出其中的某个部分并以此为重点或中心，而使其他部分明显地处于从属地位，这也同样可以达到主从分明、完整统一的要求。如乌鲁木齐候机楼(图 2.55)，就是运用瞭望塔高耸敦实的体量与候机大厅低矮平缓的体量，瞭望塔的横线条与候机大厅的竖线条，以及大片玻璃与实墙面之间等一系列的对比手法，使体量组合极为丰富，主从关系的处理颇为得体。

图 2.55 乌鲁木齐候机楼

3. 均衡与稳定

存在决定意识，也决定着人们的审美观念。在古代，人们崇拜重力，并从与重力作斗争的过程中逐渐地形成了一整套与重力有联系的审美观念，这就是均衡与稳定。以静态均衡来讲，有两种基本形式：一种是对称的形式，如列宁墓(图 2.56)和我国的革命历史博物馆(图 2.57)；另一种是非对称的形式，例如荷兰的希尔佛逊市政厅(图 2.58)。对称的形式天然就是均衡的，加之它本身又体现出一种严格的制约关系，因而具有一种完整统一性。

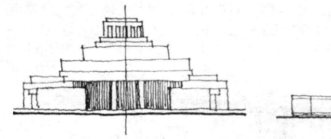

图 2.56 莫斯科列宁墓图   图 2.57 北京革命历史博物馆

尽管对称的形式天然就是均衡的，但是人们并不满足于这一种均衡形式，而且还要用不对称的形式来体现均衡。不对称形式的均衡虽然相互之间的制约关系不像对称形式那样明显、严格，但要保持均衡的本身也就是一种制约关系。而且与对称形式的均衡相比较，不对称形式的均衡显然要轻巧活泼得多，例如美国的古根海姆美术馆(图 2.59)。

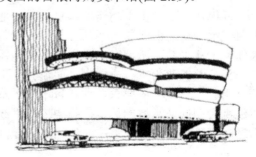

图 2.58 荷兰的希尔佛逊市政厅   图 2.59 美国的古根海姆美术馆

除静态均衡外，有很多现象是依靠运动来求得平衡的，这种形式的均衡称为动态均衡。如美国的肯尼迪国际机场 TWA 航站楼似大鸟展翅的体型(图 2.60)，表明了建筑体型的稳定感与动态感的高度统一，这也是一种从静中求动的建筑形式美。

图 2.60　美国的肯尼迪国际机场 TWA 航站楼

和均衡相连的是稳定。如果说均衡所涉及的主要是建筑构图中各要素左与右、前与后之间相对轻重关系的处理，那么稳定所涉及的则是建筑物整体上下之间的轻重关系处理。

4. 对比与微差

对比指的是要素之间显著的差异，微差指的是不显著的差异。就形式美而言，这两者都是不可缺少的：对比可以借彼此之间的烘托陪衬来突出各自的特点以求得变化；微差则可以借相互之间的共同性以求得和谐。没有对比会使人感到单调，过分地强调对比以致失去了相互之间的协调一致性，则可能造成混乱，只有把这两者巧妙地结合在一起，才能达到既有变化又有和谐一致，既多样又统一。

对比和微差只限于同一性质的差异之间，如大与小、直与曲、虚与实，以及不同形状、不同色调、不同质地等。在建筑设计领域中，无论是整体还是局部，单体还是群体，内部空间还是外部体型，为了求得统一和变化，都离不开对比与微差手法的运用。

5. 韵律与节奏

建筑的体型处理，还存在着节奏与韵律的问题。所谓韵律，常指建筑构图中的有组织的变化和有规律的重复，使变化与重复形成有节奏的韵律感，从而可以给人以美的感受。在建筑中，常用的韵律手法有连续的韵律、渐变的韵律、起伏的韵律、交错的韵律等，以下分别予以介绍。

1) 连续的韵律

这种手法是在建筑构图中，一种或几种组成部分的连续运用和有组织排列所产生的韵律感。例如某火车站设计的体型设计(图 2.61)，整个体型是由等距离的壁柱和玻璃窗组成的重复韵律，增强了节奏感。

2) 渐变的韵律

这种韵律的构图特点是：常将某些组成部分，如体量的高低、大小，色彩的冷暖、浓淡，质感的粗细、轻重等，作有规律的增减，以造成统一和谐的韵律感，例如我国古代塔身的变化[图 2.62(a)]，就是运用相似的每层檐部与墙身的重复与变化而形成的渐变韵律，使人感到既和谐统一又富于变化。上海金茂大厦[图 2.62(b)]上小下大，逐节加快，似摩天宝塔一尊，巍峨屹立，兼有保俶塔和大雁塔的视觉意象。从正方形轴线上看，金茂大厦两边垂直，又似通天丰碑，顶天立地，兼有东岳秦王碑的永恒和乾陵无字碑的丰富。环顾仰望，金茂大厦似塔似碑，体型不断变化，母体不断重复。层层向上收的体型使得它充满我

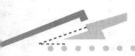

国古塔的神韵。又如现代建筑中的某大型商场屋顶设计的韵律处理(图 2.63)，顶部大小薄壳的曲线变化，其中有连续的韵律及彼此相似渐变的韵律，给人以新颖感和时代感。

图 2.61　我国某城市火车站的体型设计

(a) 我国古代塔身的韵律处理

(b) 上海金茂大厦

图 2.62　渐变的韵律应用

图 2.63　现代某大型商场屋顶的韵律处理

3) 起伏的韵律

这种手法虽然也是将某些组成部分作有规律的增减变化形成韵律感，但是它与渐变的韵律有所不同，而是在体型处理中，更加强调某一因素的变化，使组合或细部处理高低错落，起伏生动。例如天津的电信大楼(图 2.64)，整个轮廓逐渐向上起伏，因此增加了建筑体型及街景面貌的表现力。

4) 交错的韵律

交错的韵律是指在建筑构图中，运用各种造型因素，如体型的大小，空间的虚实，细部的疏密等手法，作有规律的纵横交错、相互穿插的处理，形成一种丰富的韵律感。例如西班牙巴塞罗那博览会德国馆(图 2.65)，无论是空间布局、体型组合，还是在运用交错韵律而取得的丰富空间上都是非常突出的。

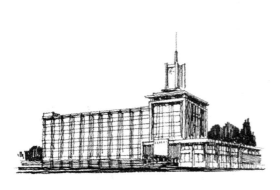

图 2.64　天津电信大楼

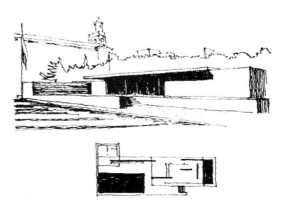

图 2.65　巴塞罗那博览会德国馆

6. 比例与尺度

所谓建筑体型处理中的"比例"，一般包含两个方面的概念：一是建筑整体或它的某个细部本身的长、宽、高之间的大小关系；二是建筑物整体与局部或局部与局部之间的大小关系。而建筑物的"尺度"，则是建筑整体和某些细部与人或人们所习见的某些建筑细部之间的关系。例如杭州影剧院的造型设计(图 2.66)，以大面积的玻璃厅、高大体积的后台及观众厅显示它们之间的比例，并在恰当的体量比例中，巧妙地应用宽大的台阶、平台、栏杆，以及适度的门扇处理，表明其尺度感。这种比例尺度的处理手法，给人以通透明朗、简洁大方的感受，这是与现代的生活方式和新型的城市面貌相适应的。

图 2.66　杭州影剧院

日本九州大学会堂(图 2.67)，是以较大体量组合的，其体量之间若不加以处理，则会导致整体尺度比原有的尺度感要小。但是，由于该建筑在挑出部分开了一排较小的窗洞，对比之下粗壮尺度的体量被衬托出来。加之入口处的踏步、栏杆等处理得当，使得建筑物的体型显得异常雄伟有力。

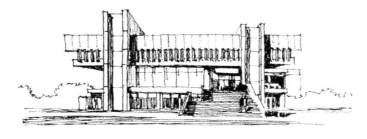

图 2.67　日本九州大学会堂

本章小结

(1) 本章主要介绍民用建筑设计，内容包括建筑平面设计、剖面设计、建筑体型与立面设计、建筑构图基本法则。

(2) 建筑平面表示的是建筑物在水平方向上的房屋各个部分的组合关系，并集中反映建筑物的使用功能关系，是建筑设计中的重要一环。因此，从学习和设计的先后顺序考虑，首先从建筑平面设计的分析入手。但是在平面设计过程中，还需要从建筑三度空间的整体来考虑，紧密联系建筑的剖面和立面，调整修改平面设计，最终达到平面、立面、剖面的协调统一。

(3) 同平面图一样，剖面图也是空间的投影图，是建筑设计的基本语言之一。建筑剖面设计要根据房间的功能要求确定房间的剖面形状，同时必须考虑剖面形状与在垂直方向上房屋各部分的组合关系、具体的物质技术、经济条件和空间的艺术效果等方面的影响，既要适用又要美观，才能使设计更加完善、合理。

(4) 建筑的体型用透视图或轴侧图等立体图画来表达，而建筑的立面图是对建筑物的外观所作的正投影图。习惯上，人们把反映建筑物主要出入口或反映建筑物面向主要街道那一面的立面图称为正立面图，其余的立面图相应地称为侧立面图和背立面图。立面图主要反映建筑物的整体轮廓、外观特征、屋顶形式、楼层层数，以及门窗、雨篷、阳台、台阶等局部构件的位置和形状等内容。

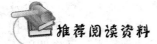推荐阅读资料

1.《民用建筑设计通则》(GB 50352—2005)
2.《建筑设计防火规范》(GB 50016—2006)
3.《建筑设计资料集》

习 题

一、填空题

1. 房屋平面图的剖切高度位置是_____。

2. 民用建筑，从组成平面各部分面积的使用功能分析，主要可以归纳为_____和_____。

3. 一般功能要求的民用建筑房屋平面形状多采用_____。

4. 民用建筑中房间的面积一般是由_____、_____和_____三个部分组成。

5. 为满足采光要求，一般单侧采光的房间深度不大于窗上口至地面距离的_____倍，双侧采光的房间深度不大于窗上口至地面距离的_____倍。

6. 一般单股人流通行的最小宽度为_____mm。

7. 一般公共建筑中楼梯的数量不少于_____个。

8. 采光面积比是指_____与_____之比。

9. 走道宽度一般情况下根据_____及_____确定。

10. 墙承重结构按承重墙的布置不同可分为_____、_____和_____三种类型。

二、选择题

1. 为防止最后一排座位距黑板太远，影响学生的视觉和听觉，后排距黑板的距离不宜大于(　　)m。

　　A. 8　　　　　　B. 8.5　　　　　　C. 9　　　　　　D. 9.5

2. 住宅中分户门和居室的门，要考虑到一个人携带东西出入或可能搬运床、柜等尺寸较大的家具，所以其宽度要宽些，要求不应小于(　　)mm。

　　A. 800　　　　　B. 850　　　　　　C. 900　　　　　D. 950

3. 耐火等级为二级的一般民用建筑位于袋形过道两侧房间到外部出口或楼梯间的最大距离为(　　)m。

　　A. 15　　　　　B. 20　　　　　　C. 22　　　　　　D. 25

4. 一般供三股人流通行的楼梯净宽度不应小于(　　)mm。

　　A. 800　　　　　B. 1000　　　　　C. 1200　　　　　D. 1500

三、名词解释

1. 开间　2. 进深　3. 窗地比　4. 走廊式组合　5. 套间式组合　6. 层高　7. 房间净高　8. 袋形走道　9. 日照间距　10. 尺度　11. 韵律

四、简答题

1. 建筑平面设计包括哪些基本内容？

2. 房间的面积由哪几部分组成？并举例说明。

3. 影响房间平面形状的因素有哪些？为什么矩形平面被广泛采用？

4. 墙承重结构有哪几种布置方式？分别阐明它们各自的特点。

5. 建筑中常用的平面组合形式有哪几种？它们各自的特点和适用范围是什么？

6. 如何确定建筑物的日照间距？并用简图和公式表示。

7. 影响房间剖面形状的因素主要有哪些？

8. 房间的高度的影响因素有哪些？

9. 如何确定建筑物层数？

10. 建筑空间利用有哪些处理手法？

11. 建筑体型组合的原则是什么？

12. 建筑设计中常用的一些构图法则是什么？

五、设计题

1. 小学普通教室和厕所平面设计。教室和厕所位置如图 2.68 所示。已知教室的学生人数为 45 人，面积为 50～57m²，双人课桌长为 1100(或 1200)mm、宽为 400mm，单人课桌长为 550(或 600)mm、宽为 400mm。每层 6 间普通教室，男女生比例为 1∶1。教室的采光面积比不小于 1/6，厕所的采光面积比不小于 1/10，窗的透光率为 75%～80%，窗高为 2100mm(或 2400mm)。要求确定教室和厕所的平面尺寸，以及门窗的宽度和位置等，绘制教室和厕所的平面布置图。

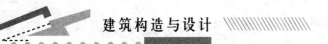

图 2.68 教室和厕所的位置

图纸要求:

(1) 比例为 1:50,A3 图纸一张。

(2) 画出家具设备,并标注有关尺寸。

(3) 外部标注两道尺寸(即轴线尺寸和细部尺寸)。

(4) 设计说明(教室的面积、窗宽的确定、设备数量的确定等,要求列式表示)。

2. 已知:某中学教学楼采用内廊式组合,教学楼的普通教室容纳学生 50 人,教室中双人课桌尺寸为 1100mm×400mm,单人课桌尺寸为 550mm×400mm,黑板长度不小于 4000mm,课桌椅的排距不小于 900mm,纵向走道宽度不小于 550mm,教室后部横向走道宽度不小于 600mm,课桌端部与墙的净距不小于 120mm,教室的采光面积比不小于 1/6,窗的透光率为 75%,窗的高度为 2.4m。

要求:(1) 确定普通教室的平面形状和尺寸,并设置门窗。

(2) 绘制一间普通教室的平面布置图,标注教室的开间、进深和课桌椅的布置尺寸,以及门窗的宽度和位置尺寸。

第3章

民用建筑构造设计概述

引 例

解剖任何一幢建筑，不难发现它都是由长、宽、高三个方向构成的立体，称为三度空间体系。因此，从平面、剖面、立面三个不同方向的投影来分析，建筑物是由许多部分所组成。这些组成部分在建筑工程上被称为构件或配件，在进行建筑设计时，如何综合多方面的技术知识，合理地设计好每个构件以满足建筑使用功能的要求呢？这就是建筑构造设计。

建筑构造是研究什么的？主要由哪些部分构成？这些构件分别都是什么呢？有什么作用和要求呢？

3.1　民用建筑的构成组成

建筑构造是建筑设计不可分割的一部分，主要研究建筑物的构成以及各组成部分的组成原理和构造方法，具有很强的实践性和综合性，其内容涉及建筑材料、建筑物理、建筑力学、建筑结构、建筑施工及建筑经济等有关方面的知识。研究建筑构造的主要目的是根据建筑物的功能要求，提供适用、安全、经济、美观的构造方案，以此作为建筑设计中综合解决技术问题、进行施工图设计、绘制大样图等的依据。由此可见，建筑构造是建筑设计的继续和深入，主要解决建筑设计中的技术问题。

建筑构造原理是综合多方面的技术知识，根据各种客观条件，以选材、造型、工艺、安装等为依据，研究这些构配件及其细部构造的合理性和经济性，更有效地满足建筑使用功能的理论。

构造方法是指运用各种材料，有机地制造、组合各种构配件，并提出解决各构配件之间互相组合的技术措施。

3.1.1　民用建筑构造组成

常见的民用建筑，一般都是由基础、墙和柱、楼地层、屋顶、楼梯和电梯、门窗六部分组成，如图 3.1 所示。除了上述几个主要组成部分之外，对不同使用功能的建筑还有一些附属的构件和配件，如通风道、设备道、烟道、壁橱、电梯间、阳台、雨篷、台阶等设施，这些构配件也可称为建筑的次要组成部分。

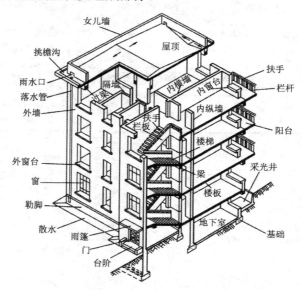

图 3.1　民用建筑构造组成

1. 基础

基础位于建筑物的最下部，埋于自然地坪以下，承受上部传来的所有荷载，并把这些荷载传给下面的地基。基础是房屋的主要受力构件，其构造要求是坚固、稳定、耐久，且能经受冰冻、地下水及所含化学物质的侵蚀，保证足够的使用年限。

2. 墙和柱

墙和柱是建筑物的竖向承重构件，承受着由屋盖和各楼层传来的各种荷载，并把这些荷载可靠地传给基础。这些构件的设计必须满足强度、刚度和耐久性要求。作为承重构件的外墙，具有围护的功能，可抵御自然界各种因素对室内的侵袭；内墙主要起分隔空间及保证舒适环境的作用，因此要求墙体具有足够的强度、稳定性、保温、隔热、隔声、防水、防火等功能。框架或排架结构的建筑物中，柱起承重作用，墙仅起围护作用。

3. 楼地层

楼地层包括楼板层和地坪层。楼板层是水平承重构件和竖向分隔构件，将整个建筑物在垂直方向上分成若干层。楼板层直接承受着各楼层上的家具、设备、人的重量和楼层自重；同时楼层对墙或柱有水平支撑的作用，传递着风、地震等侧向水平荷载，并把上述各种荷载传递给墙或柱。

地坪层是建筑物首层与土层直接相接或接近的水平构件，承受作用其上的全部荷载，并将它们通过垫层传到地基。因此楼地层要求有足够的强度和刚度，以及良好的防水、防火、隔声、保温等性能，由于人们的活动直接作用在楼地层上，对其面层要求还包括美观、耐磨损、易清洁、防潮、防尘等性能。

4. 屋顶

屋顶是建筑物顶部的承重构件和围护构件。承受着直接作用于屋顶的各种荷载，同时在房屋顶部起着水平传力构件的作用，并把本身承受的各种荷载直接传给墙或柱，同时可以抵御自然界的风、霜、雪、雨和太阳辐射的影响。屋顶应有足够的强度和刚度，还要满足保温、隔热、防水、隔汽等要求。

5. 楼梯和电梯

楼梯是建筑中楼层间的垂直交通设施，也是发生火灾、地震等紧急事故时的疏散通道。楼梯应有足够的通行能力和足够的承载能力，并且应满足坚固、耐磨、防滑等要求。高层建筑中，除设置楼梯外还设置电梯，用于平时疏散人流，但不能用于消防疏散，消防电梯应满足消防安全的要求。

6. 门窗

门窗属于非承重构件。门的主要功能是联系通行和分隔房间，兼有采光通风之用，门应有足够的宽度、高度、数量和合理的位置，以满足交通、消防疏散和家具搬运之用；窗的主要作用是采光通风，还有建立室内外视线联系的作用。门窗属于围护构件，要求满足保温、隔热、防水、隔声等功能。另外门窗在建筑立面造型上具有重要作用。

3.1.2　民用建筑中常用的专业名词

为学好民用建筑的有关内容，了解其内在关系，有必要了解下列有关的专业名词。

(1) 横向：指建筑物的宽度方向。

(2) 纵向：指建筑物的长度方向。

(3) 横向轴线：平行于建筑物宽度方向设置的轴线，用于确定横向墙体、柱、梁、基础的位置。

(4) 纵向轴线：平行于建筑物长度方向设置的轴线，用于确定纵向墙体、柱、梁、基础的位置。

(5) 开间：两相邻横向定位轴线之间的距离。

(6) 进深：两相邻纵向定位轴线之间的距离。

(7) 层高：指层间高度，即地面至楼面或楼面至楼面的高度，如图 3.2 所示。

(8) 净高：指房间的净空高度，即地面至顶棚下皮的高度。它等于层高减去楼地面厚度、楼板厚度和顶棚高度，如图 3.2 所示。

(9) 建筑高度：指室外设计地坪至檐口顶部的总高度，如图 3.2 所示。

(10) 建筑朝向：建筑的最长立面及主要开口部位的朝向。

(11) 建筑面积：指建筑物外包尺寸的乘积再乘以层数，由使用面积、交通面积和结构面积组成。

(12) 使用面积：指主要使用房间和辅助使用房间的净面积。

(13) 交通面积：指走廊、门厅、楼梯、电梯、坡道、自动扶梯等交通设施所占的净面积。

(14) 结构面积：指墙体、柱子等所占的面积。

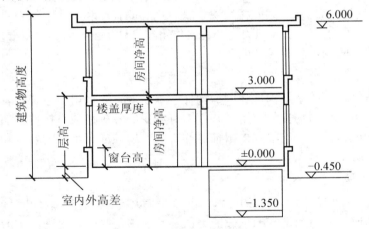

图 3.2　建筑各部分高度

3.2　影响建筑设计的因素

建筑物建成并投入使用后，要经受各种自然因素和人为因素的影响，在进行构造设计时，必须充分考虑其影响，并采取相应的构造方案和措施，提高建筑物的使用质量和耐久性。影响建筑设计的因素很多，大致归纳为以下五个方面。

(1) 自然环境的影响。自然界的风霜雨雪、冷热寒暖、太阳辐射和大气腐蚀等都时时作用于建筑物，对建筑物的质量和使用寿命有着直接的影响。在构造设计时常采用相应的防水、防冻、保温、隔热、防风、防雨淋、防潮湿和防腐蚀等措施。有时也可以对不同地域的不同自然特点加以利用，例如北方地区可利用太阳辐射提高室内温度，南方湿热地区则需考虑围护构件的隔热性能。

(2) 外力作用的影响。外力作用的形式多种多样，如风力、地震力、构配件的自重力、温度变化、热胀冷缩产生的内应力、正常使用中人群和家具设备作用于建筑物上的各种力等，在构造设计时，必须考虑这些力的作用形式、作用位置和作用力大小，以便决定构件的选材用料、尺寸形状及连接方式等。

(3) 人为因素的影响。人们在生产和生活活动中，往往会对建筑物造成不利的影响，如噪声、机械振动、化学腐蚀、火灾、烟尘等，对于这些因素设计时要认真分析，在构造设计时采取相应的防范措施，避免建筑物遭受不应有的损失。

(4) 物质技术条件的影响。建筑材料、结构、设备和施工技术是构成建筑的物质技术条件，随着建筑业的不断发展，新材料、新结构、新设备和新的施工方法不断出现，使得建筑构造的做法也在发生改变。例如，承重混凝土空心小砌块墙体的构造与传统实心粘土砖墙的构造有明显的不同，同样，钢筋混凝土结构体系的建筑构造与砌体结构的建筑构造做法有很大的区别。因此，建筑构造的做法不能脱离一定的建筑技术条件而存在，另外建筑工业化的发展也要求构造技术与之适应。

(5) 经济条件的影响。随着建筑技术的不断发展和人们生活水平的不断提高，对建筑的使用要求也越来越高，如采光、通风、保温、洁净、防噪声等方面有了新的标准，从而也提高了建筑本身的造价，因此对建筑构造的要求也将随着经济条件的改变而发生大的变化。

3.3　建筑构造设计原则

在建筑的构造设计过程中，除了满足各项基本功能外，还应遵循以下基本的设计原则。

1. 必须满足建筑的使用功能要求

满足建筑的使用功能要求是建筑构造设计的主要依据。我国幅员辽阔、民族众多，各地自然条件、生活习惯等都不尽相同，不同地域、不同类型的建筑物往往存在不同的功能要求。例如：北方地区要求建筑物在冬季能保温，南方地区则要求建筑物在夏季能通风、隔热；住宅要求有良好的居住环境；剧院要求有良好的视觉效果和声音效果；有振动的建筑要求满足隔振需要；有水侵蚀的构件要满足防水要求等。总之，为了满足建筑使用功能的需要，在构造设计时，必须依靠科学技术知识，不断研究新问题，及时掌握和运用现代科技新成就，最大限度地满足人们越来越多、越来越高的物质需求和精神需求。

2. 必须确保结构的安全

在进行建筑构造设计时，除根据荷载的大小、结构的要求确定构件的必须尺度外，在构造上还必须采取一定的措施，来保证构件的整体性和构件之间连接的可靠性。对一些配件的设计，如阳台或楼梯的栏杆、顶棚、墙面、地面的装修，门窗与墙体的结合部分等，也必须在构造上采取必要的措施，以确保建筑物和构配件在使用时的安全。

3. 适应建筑工业化需要

建筑工业化把建筑业落后的、分散的手工业生产方式，转变为集中的、先进的现代化工业生产方式，从而加快了建设速度，降低了劳动强度，提高了生产效率和施工质量，因此应尽快实现建筑工业化。为满足建筑工业化的需要，在建筑构造设计时，应大力推广先进技术，选用各种新型的建筑材料，采用标准设计和定型构件，为构配件的生产工业化以及现场施工的机械化创造有利条件。

4. 提高建筑的综合效益

各种构造设计均要注重整体建筑物的经济、社会和环境三个方面的效益，即要注重综合效益。构造设计时既要控制建筑的造价，降低材料的消耗，又要考虑建筑使用期间的运行、维修和管理的费用。另外，在保证工程质量的前提下，既要避免单纯追求效益而偷工减料、降低质量标准，也要防止出现不必要的浪费现象。

5. 注意美观

建筑物在满足了人们社会活动、生产和生活需要的同时，又要满足人们一定的审美要求。建筑的艺术造型能反映时代精神，体现社会风貌。在构造方案的处理上，建筑物的形象除取决于建筑设计中的体型组合和立面处理外，还要考虑其造型、尺度、质感、色彩等艺术和美观问题，另外，一些细部构造对整体美观也有很大影响。例如，栏杆的形式，室内外的细部装修，各种转角、收头、交接的做法等都应合理处置，相互协调。

6. 贯彻建筑方针，执行技术政策

我们国家的建筑方针是"适用、安全、经济、美观"。它反映了建筑的科学性及其内在的联系，符合建筑发展的基本规律。设计时，必须将它们有机地、辩证地统一起来。

3.4 建筑节能

1. 建筑节能的基本知识

1) 建筑节能的意义

能源是社会发展的重要物质基础，是实现现代化和提高人民生活的先决条件。国民经济发展快慢，在很大程度上取决于能源问题解决得如何。所谓能源问题，就是指能源开发和利用之间的平衡，即能源的生产和消耗之间的关系。我国能源供求平衡一直是紧张的，能源缺口很大，是急需解决的突出问题。解决能源问题的根本途径是开源节流，即增加能源和节约能源并重，而在相当长一段时间内节约能源是首要任务，是我国一项基本国策。在我国制定的能源建设总方针中就明确规定"能源的开发和节约并重，近期要把节能放在优先地位，大力开展以节能为中心的技术改造和结构改革"。据统计，到目前为止，我国国民经济所需能源有一半要靠节约来取得。事实上，各国已经把节能提高到煤、石油、天然气、核能之后的第五种能源资源。

建筑能耗大，占全国能源消耗量的 1/4 以上，它的总能耗大于任何一个部门的能耗量，而且随着生活水平的提高，它的能耗比例将有增无减。因此，建筑节能是整体节能的重点。

2) 建筑能耗的构成

建筑能耗是指建筑节能，是在建筑材料生产、房屋建筑施工及使用过程中，合理地使用和有效地利用能源，以便在满足同等需要或达到相同目的的条件下，尽可能降低能耗，以达到提高建筑舒适性和节约能源的目标。目前我国通称的建筑节能，应是指在建筑中合理地使用和有效地利用能源，不断提高能源的利用效率。

建筑能耗包括建筑物在建造过程中的能耗和使用过程的能耗两个方面，其中建造过程的能耗是指建筑材料、建筑构配件、建筑设备的生产、运输、建筑施工和安装中的能耗；使用过程的能耗是指建筑在采暖、通风、空调、照明、家用电器和热水供应中的能耗。一般情况下，日常使用能耗和建造能耗之比约为(8:2)~(9:1)。可见，使用过程的能耗，特别是以采暖和空调能耗为主，因此应将采暖和降温能耗作为建筑节能的重点。

3) 建筑节能的基本目标

在建设部的规划中，要求新建采暖公共建筑 2000 年前做到节能 50%，为第一阶段；2010 年在第一阶段的基础上再节能 30%，为第二阶段。

夏热冬冷区民用建筑 2000 年开始执行建筑热环境及节能标准，2005 年重点城镇开始成片进行建筑热环境及节能改造，2010 年起各城镇开始成片进行建筑热环境及节能改造。对集中供热的民用建筑安设热表及有调节设备并按表计量收费的工作，1998 年通过试点取得成效，并开始推广，2000 年在重点城市成片推行，2010 年基本完成。

在城镇中推广太阳能建筑，到 2000 年累计建成 1000 万平方米，至 2010 年累计建成 5000 万平方米。村镇建筑通过示范倡导，力争达到或接近所在地区城镇的节能标准。

为实现上述目标，工作步骤采取由易到难，从点到面，稳步前进的做法。总体安排是首先从抓居住建筑开始，其次抓公共建筑(从空调宾馆开始)，然后是工业建筑；从新建建筑开始，其次是近期必须改造的热环境很差的结露建筑和危旧建筑，然后是其他保温隔热条件不良的建筑。围护结构节能与供暖(或降温)系统节能同步进行。

2. 建筑节能的措施与构造

建筑设计在建筑节能中起着重要作用，合理的设计会带来很好的节能效益。在建筑设计中采取的措施通常有以下几个方面。

(1) 选择有利于节能的建筑朝向，充分利用太阳能。南北朝向建筑比东西朝向建筑耗能少，在建筑面积相同的情况下，主朝向面积越大，这种情况也就越明显。

(2) 设计有利于节能的建筑平面体型。在建筑体积相同的情况下，建筑物的外表面积越大，采暖制冷的负荷也就越大，因此，建筑设计应尽可能取最小的外表面积，避免不必要的凹凸变化。

(3) 改进门窗设计。在满足通风、采光的条件下，尽可能将窗面积控制在合理范围内，还可使用多层门窗，同时选择密封性能好的门窗并加密封条，防止门窗缝隙的能量损失等。

(4) 重视日照调节与自然通风。理想的日照调节是在满足建筑采光和通风的条件下，做到夏季尽量防止太阳热进入室内，冬季尽量使太阳热进入室内。

(5) 改善围护结构的保温性能。这是建筑设计中的一项主要节能措施，节能效果明显。

 知 识 链 接

改善围护结构的保温性能的方法

1. 提高围护结构热阻

提高围护结构热阻可以通过增加围护结构的厚度和选择热导率小的材料两种方式。增加围护结构的厚度提高围护结构热阻，从结构和节约的角度来看，增加厚度必然会增加围护结构的自重，使结构和基础承受的荷载增大，同时材料的消耗量也有所增加，由此可见不太经济；选择热导率小的材料提高围护结构热阻，是行之有效的措施，但恰当地选择保温材料是一件较为复杂的工作。

2. 围护结构的保温构造

合理设计围护结构的构造方案至关重要，根据绝热处理的方法不同，保温构造可采用以下几种方法。

1) 单一材料的保温结构

采用一种导热率小的材料构成，其构造简单，使用灵活，是较理想的保温材料，可是，在一般情况下外围护结构必须具有一定的承载能力，因此围护结构的保温构造要选用高强度的保温材料。

2) 复合材料的保温结构

适用于轻质、高强材料缺乏或采用单一构造处理有困难的情况，这种方法可以利用不同性质的

材料进行组合构成既能承重又可保温的复合结构。在这种结构中，轻质材料专起保温作用，强度高的材料专门负责承重，让不同性质的材料各自发挥其功能，但是必须考虑保温材料放置的具体位置。由于系稳定传热，从保温效果考虑，较为理想的做法是将保温材料设置在靠围护结构低温一侧(一般指室外一侧)为好。

3) 夹层保温结构

在复合保温结构中，当保温层需要设置保护层时，对保护层既要能防水，又要能防止室外各种因素的侵袭。设计时常采用半砖或其他板材结构来处理，在双层结构中夹保温材料，形成了夹层结构。夹心层可以是保温材料，也可以夹空气间层，空气夹层的厚度一般以 40~50mm 为宜。作为起保温作用的空气间层，要求空气间层处于密闭状态，不允许在夹层两侧的结构层上开口、打洞。

4) 传热异常部位的保温

在外围护结构中，嵌入外墙中的一些构件，如钢筋混凝土框架柱、梁、垫块、过梁、圈梁以及板材中的肋条等，冬季时热量很容易从这些部位传出去，因此这些部位的热损失比相同面积主体部分的热损失要多，所以它们的内表面温度比主体部分低。这些保温性能较低的部分通常称为"冷桥"或"热桥"，如图 3.3 所示。

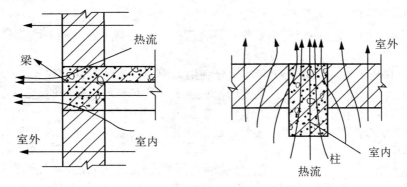

图 3.3　热桥现象

为了防止冷桥的出现，通常采取局部保温措施。如钢筋混凝土过梁部分的保温处理，常将梁的截面做成 L 形或组合型，外侧附加保温材料；对于框架柱，当柱子位于外墙的内侧时，可不必另作保温处理，只有当柱子的外表面与墙面平齐或凸出外面时，才对柱外侧作保温处理，如图 3.4 所示。

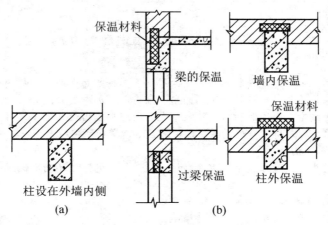

图 3.4　局部保温处理

传热异常的构件或部位是保温的薄弱环节。为了减少室内热损失，设计中必须对这些部位采取相应的保温措施，以保证结构的正常热工状况和整个房间保温效果。

3. 防止围护结构的蒸汽渗透

冬季，室内温度高，而室外温度低，由于室内烧饭、烧水等使得室内空气中蒸汽含量高于室外，当围护结构两侧出现水蒸气分压力差时，水蒸气分子便从压力高的一侧通过围护结构向分压力低的一侧渗透扩散，这种现象被称为蒸汽渗透。水蒸气通过围护结构渗透过程中，遇到露点温度时，即蒸汽含量达到饱和时立即凝结成水，称凝结水，又称结露。当围护结构表面出现凝结水时，会使室内墙面脱皮、生霉，甚至导致衣物发霉。因此必须采取必要的构造措施以防止蒸汽渗透和结露。

在采暖地区，通常在围护结构的保温层靠高温一侧，即蒸汽渗透一侧设置一道隔蒸汽层，如图 3.5 所示，这样可以使水蒸气在到达低温表面之前的分压力急剧下降，从而避免了凝结水的产生。隔蒸汽材料一般采用沥青、卷材、隔汽涂料，以及铝箔等防潮、防水材料。

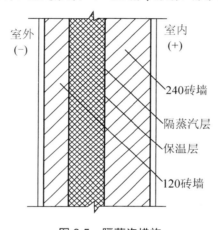

图 3.5 隔蒸汽措施

知识链接

20 世纪 70 年代以来，一些发达国家和地区的科技人员进行建筑节能方面的尝试，开发出一系列行之有效的技术方法，下面列举其中的一些措施。

1. 吸(蓄)热墙

吸(蓄)热墙的原理是在冬季，将进入室内的太阳辐射热储存起来，当夜晚气温下降时再以对流方式逐渐使热量释放出来的方式。

常用的吸(蓄)热墙以重量较大的材料(混凝土、砖墙等)为主，厚约 30cm，表面以深色毛面为好。墙体隔着一层玻璃朝向太阳，当阳光透过玻璃照射到墙体上时，一方面墙体开始蓄存热量，另一方面处于玻璃和墙体之间的空气就被加热。上升的热气流通过墙体上方的开口进入室内，同时带动室内冷空气自墙体下方开口进入风腔，如此不断循环，使室内加热。这种系统也称为"特隆比墙"，是由法国的特隆比(F. hT)和建筑师米歇尔(J. Michel)设计的。该系统曾在 20 世纪 60 年代一些住宅中得到过应用，取得了较好的效果，其特点是简单、经济、实用、容易建造，因此应用较广。

另一种吸(蓄)热墙以水为主要材料，由于水的蓄热性能比混凝土或砖石高，故其效率也较高。这种吸(蓄)热墙在美国应用比较多。

2. 蓄热屋面

热屋面与蓄热墙类似，其原理都是蓄存热量并且将其传送给室内。效率较高的蓄热屋面由水袋及顶盖组成，这是因为水比同样重量的其他建筑材料能储存更多的热量。冬季时，水袋受到太阳光照射而升温，热量通过下面的金属天花板传递至室内，使房间变暖；夏天时，室内热量通过金属天花板传递给水袋，在夜间，水袋中的热量以辐射、对流等方式散发至天空。水袋上有活动盖板以增

强蓄热性能，夏季，白天盖上盖板，减少阳光对水袋的辐射，使其可以吸纳较多的室内热量，夜晚打开盖板，使水袋中的热量迅速散发到空气中；冬天，白天打开盖板使水袋尽量吸收太阳的热辐射，夜晚盖上盖板使水袋中的热量向室内散发。美国加利福尼亚州一项实验表明，当全年室外温度在10～33℃之间波动时，采用这种屋面构造的建筑室内温度为22.6～27.3℃。

3. 强化型保温隔热

墙体改革中墙体的轻质化和提高热容量相互矛盾，轻质化可以减少建筑重量，减少材料使用量，加快建造速度，因而节约资金、能源和其他资源。提高墙体热容量则意味着使用厚重材料，以提高其保温隔热性能，节约能源。要解决这一矛盾，采用双重或多重墙体是一种比较实际的做法。日本札幌市"琴恩馆"等建筑针对北方寒冷气候特征采用多重复合墙体，取得了比较好的效果，其墙体构造具体如下。

外墙板(石板、空心砖、木板等，厚30～120mm)、空气间层(厚25～35mm)、发泡硅石板(厚50～100mm)、蓄热间层(空心砖，厚190mm)、内墙面(木板、胶合板、内抹灰等，厚3～30mm)。

在有些情况下，也可以作为蓄热间层的空心砖为内墙面，不再另设内墙面。

4. 利用地表热量采暖

可以利用地表热量进行低温采暖。据日本日建设计所对长野县的地表热量所作的研究，当室外气温在10～30℃之间变化时，地下1.5m处铺设了三根直径350mm、长36m的通气管。冬天，室外冷空气通过该通气管后进入室内，温度可升高3～10℃；夏天时这种通气管可使室外空气温度下降2～6℃。

5. 橡胶阳光焦热板

采用可在50～120℃的环境中工作的空心橡胶棒作为吸热体。将这种以黑色橡胶棒组成的集热板放置在屋面或地面上，可将棒内冷水加热至50℃，恰恰满足洗浴方面的水温要求。这种集热板如铺设在屋面上，还可起到降温和降低热反射的作用，大面积使用可有效减少城市中的"热岛"效应。这是一种相当简易而传统的太阳能利用方式。

6. 阳光反射装置

阳光反射装置有两个方面的作用，一是提供光照，二是提供热量。英国建筑师 N·福斯特在香港汇丰银行的设计中采用了可以自动跟踪阳光的反射镜为室内提供补充光照，这一做法成为当代在建筑中对阳光进行主动"设计"与引导的成功范例之一。1992年，由日本清水建筑等单位设计的东京上智大学纪尾井场馆上的阳光反射装置则是为了在加强日照的基础上收集热量以提高内庭土壤温度，保证花园在冬季仍可绚丽如春。距地面38m的屋顶上有两台直径各2.5m的大型反射镜，其中心直射照度超过600001x，地面直接光照面积为10m²，中心区照度为13500～18250lx。反射镜在转动过程中其反射光可覆盖整个内庭。

7. 太阳能集热器

太阳能集热器大多数是放在屋面上的，但也有与墙体或窗户与集热器结合起来的设备。它采用高强透明玻璃制成密封盒子，冬天当其受到阳光照射时，其内部温度可达30～70℃。热量可直接释放到室内或通过管道传至以卵石为主要材料的储热室，夜晚时再释放出来。如果以这种窗室集热器取代普通窗户，至少可节约10%以上的采暖能源。

8. 植草屋面

传统植草屋面的做法是在防水层上覆土再种植茅草，随着无土栽植技术的成熟，目前多采用纤维基层栽植草皮，这种技术在我国已得到初步发展并开展批量生产。植草屋面在西欧和北欧乡间传统住宅上应用较为广泛，目前越来越多地应用于城市型低层及多层住宅建筑上。植草屋面具有降低屋面反射热，增强保温隔热性能，提高居住区绿化效果等优点。

日本的"环境共生住宅"采用了植草屋面，其基本构造为：野草生长基下为可"呼吸"的轻质滤层，其下为齿状保水槽、多重防水层和木板。

本 章 小 结

民用建筑主要由基础、墙和柱、楼地层、屋盖、楼梯和电梯、门窗等几部分组成，本章对民用建筑的构造组成、影响构造设计的因素、建筑构造设计原则等内容作了较为详细的阐述。建筑节能在建筑构造设计中的作用日益凸显，本章对建筑节能的基本知识、建筑节能的措施与构造、建筑节能技术进行了简单的介绍。

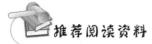 推荐阅读资料

1．《房屋建筑制图统一标准》(GB/T 50001—2010)
2．《住宅设计规范》(GB 50096—2011)

习　题

一、选择题

1．构造设计是(　　)的继续和深入。
　　A．建筑设计　　　B．结构设计　　　C．设备设计　　　D．技术设计
2．影响建筑构造的因素是(　　)。
　　A．气候条件　　　B．人为因素　　　C．外力作用　　　D．经济条件
3．建筑中仅起围护作用的构件是(　　)。
　　A．门　　　　　　B．窗　　　　　　C．屋顶　　　　　D．墙体

二、填空题

1．民用建筑是由_____、_____、_____、_____、_____、_____、_____等基本构件组成的。
2．影响建筑构造的因素包括外界环境因素、_____、_____等。
3．建筑物最下部的承重构件是_____，它的作用是把房屋上部的荷载传递给_____。
4．建筑构造的设计原则是：_____、_____、_____、_____、_____。

三、简答题

1．民用建筑由哪几部分组成？各部分有什么作用？
2．影响建筑构造的因素有哪些？
3．建筑构造设计原则有哪些？

四、技能实训

观察身边的建筑物，如学校的教学楼、实训楼、学生公寓及教工住宅楼等。
(1) 说明其构造各组成部分的名称与作用。
(2) 说明其遵循哪些设计原则。

第4章

基础及地下室

⊱◌ 学习目标

通过本章的学习，了解地基、基础的概念；熟悉地基基础设计要求；掌握影响基础埋深的因素；掌握刚性和柔性基础的分类与构造；掌握地下室的组成及防潮、防水的构造做法。

⊱◌ 学习要求

能力目标	知识要点	相关知识	权重
了解地基、基础的概念	地基、基础的概念	地基与基础的概念	10
熟悉地基基础设计要求	地基基础设计原则	地基基础设计原则	10
掌握刚性基础类型及构造	刚性基础的类型与构造	刚性基础的类型与构造	25
掌握柔性基础类型及构造	柔性基础的类型与构造	柔性基础的类型与构造	25
掌握地下室的构造做法	地下室的防潮与防水构造	地下室的防潮与防水构造	30

引　例

某砖混结构住宅楼，地上 7 层，地下 1 层。地基土层由上至下分述如下。

第一层为杂填土，含碎砖、炉渣，厚度 1.20～1.50m，$\gamma=17kN/m^3$。第二层为粉质黏土，埋深 1.20～1.50m，厚度 1.60～2.20m，$\gamma=18.1kN/m^3$，$w=28.60\%$，$e=0.806$，$I_L=0.554$，$E_{S1-2}=14.8MPa$，$f_{ak}=130kPa$。第三层土为粉质黏土，埋深 3.10～3.40m，厚度 2.80～3.00m，$\gamma=19.1kN/m^3$，$w=24.10\%$，$e=0.700$，$I_L=0.408$，$E_{S1-2}=15.8MPa$，$f_{ak}=150kPa$。第四层土为细砂，埋深 6.10～6.20m，厚度 6.00～6.10m，稍密饱和状态，$E_{S1-2}=25.1MPa$，$f_{ak}=165kPa$。第五层土为中砂，埋深 12.00～12.10m，厚度 6.00～6.10m，中密饱和状态，$E_{S1-2}=35MPa$，$f_{ak}=250kPa$。勘探期间见地下水，地下水距地表 6.20m(海拔 93.90m)，埋藏类型为潜水，无侵蚀性。

本工程采用哪种地基基础方案既经济又安全？有地下室，需考虑防潮防水问题吗？

4.1　地基与基础简介

1. 地基与基础的概念

基础是埋入土层一定深度的下部结构，直接与土层相接触，承受上部结构传来的荷载，并将这些荷载连同本身的重量一起传给地基。

地基是基础下面一定深度范围的土层，不是房屋建筑的组成部分。地基承受建筑物的全部荷载，当地基由两层以上土层组成时，直接支承基础，持有一定承载能力的土层称为持力层；持力层以下的土层称为下卧层。地基土层在荷载作用下产生的变形，随着土层深度的增加而减少，到了一定深度则可忽略不计。地基与基础的位置关系如图 4.1 所示。

地基可分为天然地基和人工地基。本身具有足够的承载力，不需要经过人工改良和加固，就可直接承受建筑物的全部荷载并满足变形要求的地基，称为天然地基。如果天然土层的承载力相对较弱，必须进行人工加固以使其承载力提高并满足变形的要求，称为人工地基。

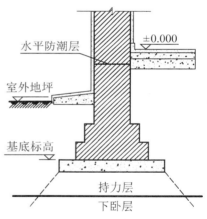

图 4.1　地基、基础的位置关系

2. 地基与基础的设计要求

地基基础属于地下隐蔽工程，一旦发生质量事故，不易被发现，补救和处理往往比上部结构困难得多，有时甚至是不可能的。地基基础工程的造价和工期占建筑总造价和总工期的比例与多种因素有关，一般约占 20%～25%，对高层建筑或需地基处理时，则所需费用更高，工期更长，因此做好地基基础设计具有十分重要的意义。

地基基础设计必须根据建筑物的用途和安全等级、建筑布置和上部结构的类型，充分考虑建筑场地和地基岩土条件、施工条件，以及工期、造价等各方面的要求，合理选择方案，因地制宜，精心设计，以保证建筑物的安全和正常使用。

地基基础设计应满足以下基本原则。

(1) 在防止地基土体剪切破坏和丧失稳定性方面，应具有足够的安全度。

(2) 应控制地基变形量，使之不超过建筑物的地基变形允许值，以免引起上部结构的破坏或影响建筑物的正常使用。

(3) 基础的形式、构造和尺寸，还应满足对基础结构的强度、刚度和耐久性的要求。

3. 基础的埋置深度选择

由室外设计地面到基础底面的距离称为基础的埋置深度，简称基础埋深(图4.2)。一般地，埋置深度小于5m，用简单方法即可施工的基础称为浅基础；埋置深度大于5m，需要采用桩基、沉井或地下连续墙等某些特殊方法施工的基础称为深基础。

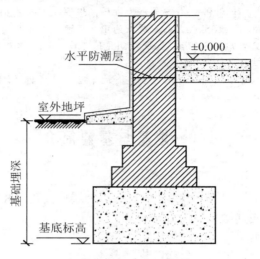

图 4.2   基础埋深示意图

选择适当的基础埋深是地基基础设计中的重要环节。它关系到地基的可靠性、施工的难易程度、工期的长短以及造价的高低等。影响基础埋置深度的因素很多，确定基础埋置深度主要应考虑下列几方面因素。

1) 建筑物的用途，有无地下室、设备基础和地下设施，基础形式和构造

如果建筑物需要设置地下室或人防设施，其基础埋深必须结合建筑物地下部分的设计标高要求确定。当有地下室、地下管道或设备基础时，建筑物基础的顶板原则上应低于这些基础的底面。这时常需要将建筑基础局部加深做成台阶形，由浅向深过渡，台阶的高宽比一般为1∶2，每阶高度不超过500mm(图4.3)。

基础埋深还与基础的构造高度要求有关。刚性基础，为防止基础本身材料的破坏，基础的构造高度往往比较大，因此刚性基础的埋深大于柔性基础。

靠近地表的土层容易受到自然条件的影响而性质不稳定，除岩石地基外，基础埋深不宜小于0.5m。此外，基础露出地面也容易受到各种侵蚀，因此，基础顶面应低于室外设计地面至少0.1m(图4.4)。

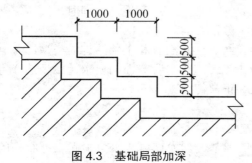

图 4.3   基础局部加深   图 4.4   基础构造要求

2) 作用在地基上的荷载大小和性质

一般地，上部结构荷载较大时，要求基础置于较好的土层上。同时，建筑物荷载的性质也影响基础埋深的选择。承受轴向压力为主的基础，其埋深只需要满足地基的强度和变形要求。对于承受较大水平荷载的基础，还需要足够的埋深以满足稳定性要求。这类建筑位于岩石地基上时，基础埋深还应满足抗滑稳定性要求。对于承受上拔力的结构物(如输电塔)基础，要求有较大的埋深，以保证足够的抗拔阻力。

3) 工程地质与水文地质条件

基础的埋置深度与地基构造有密切关系，房屋要建造在坚实可靠的地基上，不能设置在承载能力低，压缩性高的软弱土层上。在选择埋置深度时，应根据建筑物的大小、特点、刚度与地基的特性区别对待。在满足地基稳定和变形要求的前提下，基础宜浅埋。当表面软弱土层很厚，可采用人工地基或深基础。

地下水位对某些土层的承载能力有很大影响，一般情况下，基础应位于地下水位之上，以减少特殊的防水、排水措施。当地下水位很高，基础必须埋在地下水位以下时，则基础底面应伸入最低地下水位之下至少 200mm，不应使基础底面处于地下水位变化的范围之内，以减少地下水浮力的影响(图 4.5)。

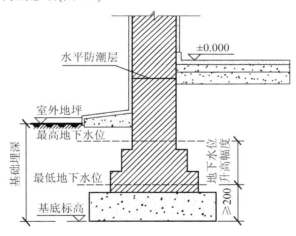

图 4.5　地下水位与基础埋深

4) 相邻建筑基础埋深

当拟建建筑物邻近存在既有建筑物时，新建筑物的基础埋深不宜大于原有建筑物基础。如新建筑物基础埋深必须大于原有建筑物基础，两建筑物基础之间应保持一定净距 L，其数值应根据建筑物的荷载大小、基础形式和土质情况确定，一般取 $L \geqslant (1 \sim 2)\Delta H$(图 4.6)。当上述要求不能满足时，应采取分段施工、设临时加固支撑、打板桩、地下连续墙等施工措施，或加固原有建筑物地基。

5) 地基土冻胀与融陷的影响

冻结土与非冻结土的分界线称为冰冻线。冬季，土的冻胀会把基础抬起；春季，气温回升土层融陷，基础会下沉。这一冻胀—融陷使建筑物处于不稳定状态，表现为墙身开裂、门窗变形等。因此，基础应埋在冰冻线以下 200mm 处(图 4.7)。

对于冰冻线浅于 500mm 的南方地区或地基土为非冻胀土时，可不考虑土的冻胀和融陷对基础埋深的影响。

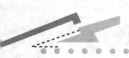
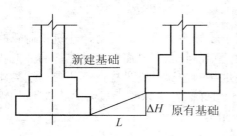

图 4.6　相邻建筑基础埋深

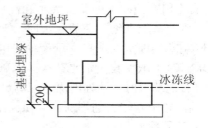

图 4.7　冻结深度与基础埋深

4.2　基础的类型与构造

1. 按基础的结构形式分类

基础的类型按其结构形式可以分为条形基础、独立基础和联合基础。

1) 条形基础

基础是连续的带形, 也称带形基础。有墙下条形基础和柱下条形基础之分。

墙下条形基础: 一般用于多层混合结构的承重墙下, 低层或小型建筑常用砖、混凝土等刚性条形基础。如上部为钢筋混凝土墙, 或地基较差, 荷载较大时, 可采用钢筋混凝土条形基础(图 4.8)。

柱下条形基础: 因为上部结构为框架结构或排架结构, 荷载较大或荷载分布不均匀, 地基承载力偏低, 为增加基底面积或增强整体刚度, 以减少不均匀沉降, 可将柱下基础沿一个方向连续设置成条形基础。

2) 独立基础

独立基础呈独立的块状, 形式有阶梯形、锥形、杯形等(图 4.9)。独立基础主要用于柱下, 将柱下扩大形成独立基础。

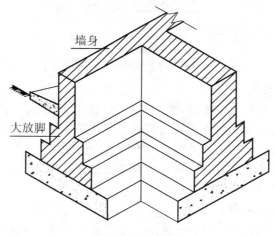

图 4.8　条形基础

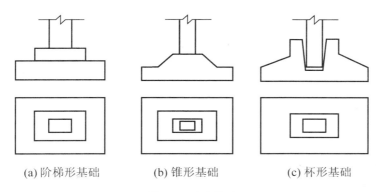

(a) 阶梯形基础　　　　　(b) 锥形基础　　　　　(c) 杯形基础

图 4.9　独立基础

当建筑物上部为墙承重结构，并且基础要求埋深较大时，为了节约基础材料，减少土方工程量，加快施工进度，亦可采用独立基础。为了支撑上部墙体，在独立基础上面设置基础梁或拱等连续构件来支承墙体。

3) 联合基础

联合基础类型较多，常见的有柱下条形基础、柱下十字交叉基础、筏板基础和箱形基础。

当柱子的独立基础置于较弱地基上时，基础底面积可能很大，彼此相距很近甚至碰到一起，这时应把基础连起来，形成柱下条形基础、柱下十字交叉基础(图 4.10)。

如果地基特别弱而上部结构荷载又很大，即使做成联合条形基础，地基的承载力仍不能满足设计要求时，可将整个建筑物的下部做成整块钢筋混凝土梁或板，形成筏板基础。筏板基础根据使用的条件和断面形式，有平板式和梁板式两种(图 4.11)。

筏板基础整体性好，具有提高地基承载力和调整地基不均匀沉降的能力，广泛用于多层或高层住宅、办公楼等民用建筑中。

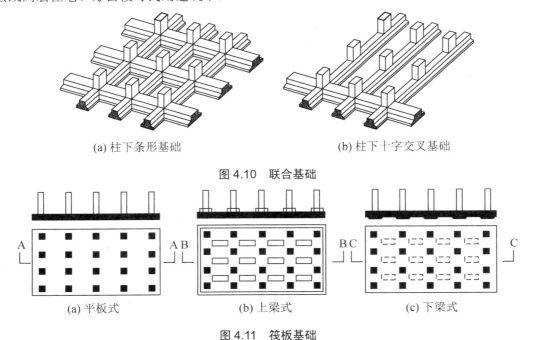

(a) 柱下条形基础　　　　　　　　　(b) 柱下十字交叉基础

图 4.10　联合基础

(a) 平板式　　　　　(b) 上梁式　　　　　(c) 下梁式

图 4.11　筏板基础

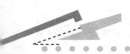

当建筑设有地下室且基础埋深较大时，可将地下室做成钢筋混凝土箱形基础，它能承受很大的弯矩，可用于特大荷载的建筑(图 4.12)。

4) 桩基础

桩基础由承台和桩群组成(图 4.13)。桩基础的类型很多，按桩的形状和竖向受力情况可分为摩擦桩和端承桩；按桩的材料分为混凝土桩、钢筋混凝土桩和钢桩；按桩的制作方法分为预制桩和灌注桩。目前较常用的是钢筋混凝土预制桩和灌注桩。

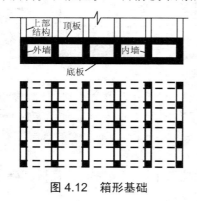

图 4.12　箱形基础

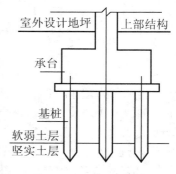

图 4.13　桩基础示意图

2. 按基础的材料和传力情况分类

按基础材料不同可分为砖基础、毛石基础、混凝土基础、毛石混凝土基础、钢筋混凝土基础等。按基础传力情况不同可分为刚性基础和柔性基础两种。

采用砖、毛石、混凝土、灰土等抗压强度好，而抗弯、抗剪等强度很低的材料做基础时，基础底宽应根据材料的刚性角来决定。刚性角是基础放宽的引线与墙体垂直线之间的夹角，如图 4.14 所示。凡受刚性角限制的基础就是刚性基础。

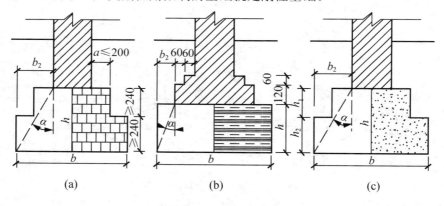

图 4.14　刚性基础

刚性基础常用于地基承载力较好，压缩性较小的中小型民用建筑。

刚性基础因受刚性角限制，当建筑物荷载较大，或地基承载能力较差时，如按刚性角逐步放宽，则需要很大的埋置深度，这在土方工程量及材料使用上都很不经济。在这种情况下宜采用钢筋混凝土基础，以承受较大的弯矩，基础就可以不受刚性角的限制。

用钢筋混凝土建造的基础，不仅能承受压应力，还能承受较大的拉应力，不受材料的刚性角限制，故叫做柔性基础(图 4.15)。

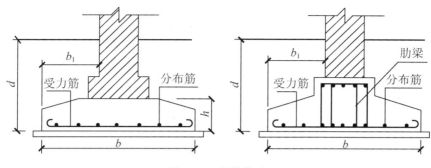

图 4.15　柔性基础

3. 常用刚性基础构造

1) 砖基础

砖基础取材容易、价格较低、施工方便，是常用的类型之一。但由于强度、耐久性、抗冻性较差，多用于干燥而温暖地区的中小型建筑的基础。

在建筑物防潮层以下部分，砖的等级不得低于 MU10；非承重空心砖、硅酸盐砖和硅酸盐砌块不得用于基础材料。

由于刚性角限制，并考虑砌筑方便，常采用每隔二皮砖厚收进 1/4 砖的断面形式，在基础底宽较大时，也可采取二皮一级与一皮一级的断面形式，但其最底下一级必须用二皮砖厚(图 4.16)。

砖基础的逐步放阶形式称为大放脚，在大放脚下需设垫层。垫层尺度是根据上部结构荷载和地基承载力的大小及材料来决定的。

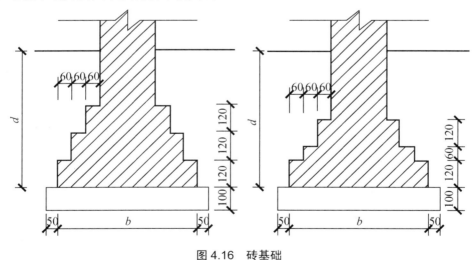

图 4.16　砖基础

2) 混凝土和毛石混凝土基础

混凝土基础是用水泥、砂、石子加水拌合浇注而成，常用混凝土强度等级为 C10～C15。基础剖面形式和有关尺寸，除满足刚性角外，不受材料规格限制，按结构计算确定，其基本形式有矩形、阶梯形、梯形等。

混凝土的强度、耐久性、防水性都较好，是理想的基础材料。在混凝土基础体积过大时可在混凝土中加入适当毛石，即是毛石混凝土基础。但填入石块总体积不得大于基础总体积的 30%。

4.3　地下室构造

建筑物下部的地下使用空间称为地下室。地下室一般由墙体、底板、顶板、门窗、楼梯、采光井等部分组成。地下室由于经常受到下渗地表水、土壤中的潮气和地下水的侵蚀。因此，防潮、防水问题便成了地下室设计中所要解决的一个重要问题。

当最高地下水位低于地下室地坪且无滞水可能时，地下水不会直接浸入地下室。地下室外墙和底板只受到土层中潮气的影响，这时一般只作防潮处理。当最高地下水位高于地下室地坪时，地下水不仅可以浸入地下室，而且地下室外墙和底板还分别受到地下水的侧压力和浮力。水压力大小与地下水高出地下室地坪高度有关，高差愈大，压力愈大。这时，对地下室必须采取防水处理。

1. 地下室防潮构造

地下室的防潮是在地下室外墙外面设置防潮层。具体做法是：在外墙外侧先抹 20mm 厚 1∶2.5 水泥砂浆(高出散水 300mm 以上)，然后涂冷底子油一道和热沥青两道(至散水底)，最后在其外侧回填隔水层。北方常用 2∶8 灰土，南方常用炉渣，其宽度不少于 500mm (图 4.17)。

地下室顶板和底板中间位置应设置水平防潮层，使整个地下室防潮层连成整体，以达到防潮目的。

2. 地下室防水构造

常用的地下室防水措施有以下三种：沥青卷材防水、防水混凝土防水和弹性材料防水。

1) 沥青卷材防水构造

卷材防水是以沥青胶为胶结材料的一层或多层防水层。根据卷材与墙体的关系，可分为内防水和外防水。

卷材铺贴在地下室外墙外表面(即迎水面)的做法称为外防水(又称外包防水)。这对防水有利，但维修困难。随着新型防水材料的不断涌现，地下室的防水构造也在更新，卷材防水应选用高聚物改性沥青类或合成高分子类防水卷材，如我国目前使用的三元乙丙橡胶卷材，能充分适应防水基层的伸缩及开裂变形，拉伸强度高，拉断延伸率大，能承受一定的冲击荷载，是耐久性极好的弹性卷材。各类卷材必须采用与卷材材料相容的胶粘剂粘贴。

此外，还有将防水卷材铺贴在地下室外墙内表面(即背水面)的内防水做法(又称内包防水)(图 4.18)。这种防水方案对防水不太有利，但施工简便，易于维修，多用于修缮工程。

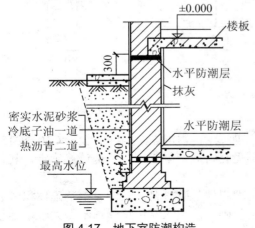

图 4.17　地下室防潮构造

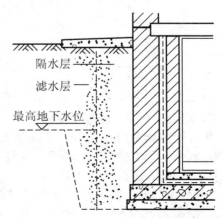

图 4.18　地下室内防水构造

　　地下室水平防水层的做法，先是在垫层上作水泥砂浆找平层，找平层上涂冷底子油，底面防水层就铺贴在找平层上。最后做好基坑回填隔水层(黏土或灰土)和滤水层(砂)，并分层夯实(图 4.19)。

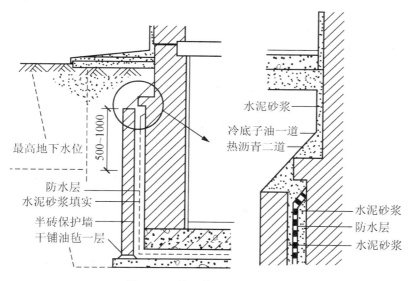

图 4.19　地下室的外防水构造

2) 防水混凝土防水

　　混凝土防水结构是由防水混凝土依靠其材料本身的憎水性和密实性来达到防水目的(图 4.20)的。分为普通混凝土和掺外加剂防水混凝土两类。

　　当地下室地坪和墙体均为钢筋混凝土结构时，应采用抗渗性能好的防水混凝土材料，常采用的防水混凝土有普通混凝土和外加剂混凝土。普通混凝土主要是采用不同粒径的骨料进行级配，并提高混凝土中水泥砂浆的含量，使砂浆充满于骨料之间，从而堵塞因骨料间不密实而出现的渗水通路，以达到防水目的。外加剂混凝土是在混凝土中掺入减水剂、膨胀剂、防水剂、密实剂、引气剂、复合型外加剂等，以提高混凝土的抗渗性能。防水混凝土外墙、底板，均不宜太薄。防水混凝土结构底板的混凝土垫层强度等级不应小于 C15，厚度不应小于 100mm，在软弱土层中不应小于 150mm。一般防水混凝土结构的结构厚度不应小于 250mm，否则会影响抗渗效果。为防止地下水对混凝土侵袭，在墙外侧应抹水泥砂浆，然后涂刷防水涂料。

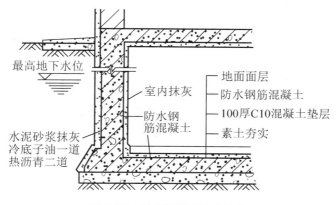

图 4.20　防水混凝土防水构造

3) 弹性材料防水

我国目前采用的弹性防水材料有以下两种。

(1) 三元乙丙橡胶卷材。

(2) 聚氨酯涂膜防水材料。

地下室防水作为隐蔽工程，应先验收，后回填，并加强施工现场的管理，以保证防水层的质量，避免后期补救工作给使用带来的不便。

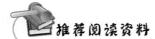

本 章 小 结

(1) 基础是指建筑物与土壤直接接触的部分。地基是指承受建筑物重量的土层。

(2) 地基可分为天然地基和人工地基两类。

(3) 从室外设计地面至基础底面的垂直距离称基础的埋置深度。建筑物上部荷载的大小和建筑物的性质及用途、地基土质的好坏、地下水位的高低、土的冰冻的深度以及新旧建筑物的相邻交接关系等，都将影响着基础的埋深。

(4) 基础的类型较多，按基础所采用材料和受力特点分，有无筋扩展基础(刚性基础)和扩展基础(柔性基础)；依构造型式分，有条形基础、独立基础、筏形基础、箱形基础及桩基础等。

(5) 当地下水的常年水位和最高水位都在地下室地坪标高以下时，地下室只需作防潮处理。当设计最高地下水位高于地下室地坪，这时必须考虑对地下室外墙作垂直防水和对地坪作水平防水处理。

(6) 地下室防水多采用卷材防水(柔性防水)、防水混凝土防水(刚性防水)、涂料防水及复合防水法。

推荐阅读资料

1.《建筑地基基础工程施工质量验收规范》(GB 50202—2002)

2.《建筑地基处理技术规范》(JGJ 79—2012)

习 题

一、选择题

1. 地基土质均匀时，基础应尽量浅埋，但最小埋深应不小于(   )。

　　A．300mm　　　　B．500mm　　　　C．800mm　　　　D．1000mm

2. 砖基础为满足刚性角的限制，其台阶的允许宽高之比应为(   )。

　　A．1∶1.2　　　　B．1∶1.5　　　　C．1∶2　　　　D．1∶2.5

3. 当地下水位很高，基础不能埋在地下水位以上时，应将基础底面埋置在(   )，从而减少和避免地下水的浮力和影响等。

　　A．最高水位 200mm 以下　　　　　　B．最低水位 200mm 以下

　　C．最高水位 200mm 以上　　　　　　D．最低水位 200mm 以上

4. 砖基础采用等高式大放脚的做法，一般为每 2 皮砖挑出(   )的砌筑方法。

　　A．1 砖　　　　B．3/4 砖　　　　C．1/2 砖　　　　D．1/4 砖

5. 地下室的卷材外防水构造中，墙身处防水卷材须从底板上包上来，并在最高设计水位(   )处收头。

　　A．以下 300mm　　　　　　　　　　B．以上 300mm

　　C．以下 500～1000mm　　　　　　　D．以上 500～1000mm

二、填空题

1．当地基土有冻胀现象时，基础应埋置在_____约 200 mm 的地方。

2．地基按是否需要处理可分为_____与_____两大类。

3．建筑物的荷载在地基中向下传递时，地基应力与应变逐渐递减至忽略不计，据此可将地基分为_____层与_____层两个层次。

4．基础埋深是指_____垂直距离。

5．基础按所用材料和受力特点可分为_____和_____两大类。

6．当埋深变化时，刚性基础底宽的增加要受到_____的限制。

三、简答题

1．什么是地基和基础？

2．影响基础埋置深度的因素有哪些？

3．试述地下室的组成及分类。

4．地下室防潮、防水构造有何异同？

5．确定地下室防潮或防水的依据是什么？

第5章

墙 体

📋 学习目标

通过本章的学习，了解墙体的类型、设计要求；了解幕墙类型及构造；熟悉墙体材料的特点；掌握墙体的细部构造和各种隔墙的设计及构造要点；了解幕墙的分类及构造；了解墙面装修的作用、类型及构造。

⚙️ 学习要求

能力目标	知识要点	相关知识	权重
了解墙体的作用、类型、承重方案，熟悉墙体的设计要求	墙体的作用、类型、承重方案及设计要求	墙体的作用、类型、承重方案及设计要求	20
掌握墙体的细部构造	砌体墙的细部构造	砌块墙类型、组砌方式、细部构造	30
掌握隔墙的设计及构造要点	隔墙的构造	隔墙的类型及构造	20
了解幕墙类型及构造	幕墙构造	幕墙的类型及构造	15
了解墙面装修的作用、类型及构造	墙面装修做法	墙面装修的作用、类型及做法	15

　　某业主购得一套砖混结构的二手商品房(图 5.1)，欲对其进行改造并重新装修，将其中一堵墙拆除，打通成大空间。房屋内什么样的墙是可以拆除的？什么样的墙是不可以拆除的？什么是承重墙？为什么承重墙是不可随意改动的？如何判断墙体是否是承重墙呢？请结合实际，谈谈承重墙和非承重墙如何区分。

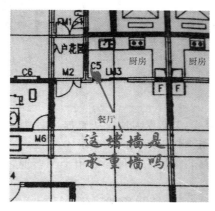

图 5.1　某商品房平面图

5.1　墙体的作用、类型、承重方案与设计要求

1. 墙体的作用

1) 承重作用

墙体作为建筑物的重要组成部分，是重要的竖向承重构件，承受着屋顶、楼板等传来的荷载，并承担着墙体自重、风荷载和地震力等荷载。

2) 围护作用

外墙可以抵御风霜雨雪的侵袭，是建筑的主要围护结构之一。

3) 分隔作用

墙体将建筑内部分隔成若干个使用空间。

4) 装饰作用

墙体装饰是整个建筑装饰的重要组成部分，可以提高整个建筑的装饰效果。此外，墙体还有保温、隔热、隔声等功能。

2. 墙体的类型

1) 按墙体所处位置分类

墙体按所处位置不同分为外墙和内墙。内墙是位于建筑物内部的墙，外墙是位于建筑物四周与室外接触的墙。按布置方向又可以分为纵墙和横墙。沿建筑物长轴方向布置的墙称为纵墙，沿建筑物短轴方向布置的墙称为横墙，外横墙又称山墙。另外，窗与窗、窗与门之间的墙称为窗间墙；窗洞下部的墙称为窗下墙；屋顶上部的墙称为女儿墙等。墙体各部分名称如图 5.2 所示。

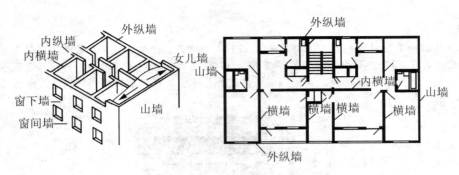

图 5.2　墙体的名称

2) 按墙体所用材料分类

(1) 砖墙。用实心粘土砖(2010 年我国禁止所有城市使用)、多孔粘土砖、灰砂砖、页岩砖等材料砌筑的墙体，多用于砌体建筑中的承重墙体。

(2) 石墙。用石材(天然材料)砌筑的墙体，多用于产石地区，能够做到就地取材，经济效益比较好。

(3) 混凝土墙。分为现浇混凝土墙和预制混凝土墙板，常用于多层或高层建筑的承重墙体中。

(4) 幕墙。常见的有玻璃幕墙、金属幕墙、石材幕墙等，主要用于建筑物的外墙，有很好的装饰作用，一般不承重。

3) 按墙体的受力性质分类

根据墙体的受力情况不同可分为承重墙和非承重墙。凡直接承受楼板、屋顶等传来荷载的墙称为承重墙；不承受这些外来荷载的墙称为非承重墙。在非承重墙中，不承受外来荷载，仅承受自身重量并将其传至基础的墙称为自承重墙；仅起分隔空间作用，自身重量由楼板或梁来承担的墙称为隔墙；在框架结构中，填充在柱子之间的墙称为填充墙，内填充墙是隔墙的一种；悬挂在建筑物外部的轻质墙称为幕墙，有金属幕、玻璃幕等。幕墙和外填充墙，虽不能承受楼板和屋顶的荷载，但承受着风荷载并把风荷载传给骨架结构。

●知 识 链 接 ···

如何鉴别非承重墙、承重墙

(1) 通过声音判断：敲击墙体，有清脆的大回声的，是轻墙体，而承重墙应该没太多的声音。

(2) 通过厚度判断：在户型图的非承重墙的墙体厚度明显画得比承重墙薄。承重墙都较厚，仅次于外墙，其厚度一般为 24cm 左右。

一般来说，承重墙体是砖墙时，结构厚 24cm，寒冷地区外墙结构厚 37cm，混凝土墙结构厚 20cm 或 16cm，非承重墙厚 12cm、10cm、8cm 不等。

(3) 通过部位判断：外墙通常都是承重墙；和邻居共用的墙也是承重墙。

划分室内空间的隔断为非承重墙，墙体较薄，主材是石膏板、水泥薄板、砖体等。敲击有空鼓声，可拆除移位。

一般开发商提供的建筑结构图上，会将承重墙标注清楚，也可以根据图纸判断，如图 5.3 所示。

(资料来源：买购网 http://zhishi.maigoo.com/14196.html)

图 5.3　非承重墙和承重墙的区分

4) 按墙体的构造方式分

　　按构造形式不同，墙体可分为实体墙、空体墙和组合墙三种。实体墙是由普通粘土砖及其他实体砌块砌筑而成的墙，如图 5.4 所示；空体墙内部的空腔可以靠组砌形成，如空斗墙，如图 5.5 所示，也可用本身带孔的材料组合而成，如空心砌块墙等；复合墙由两种以上材料组合而成，如加气混凝土复合板材墙，其中混凝土起承重作用，加气混凝土起保温隔热作用。

图 5.4　实体墙

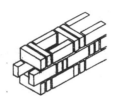

图 5.5　空斗墙

5) 按墙体的施工方式分类

(1) 块材墙。用砂浆等胶结材料将块体材料按一定的方式组砌成的墙体，如砖墙、石墙、砌块墙等。

(2) 版筑墙。在现场进行整体浇注的混凝土或钢筋混凝土板式墙体，作为多层或高层建筑的承重墙。

(3) 板材墙。在工厂预制成墙板，运到施工现场进行拼装而成的墙体。常用的有预制钢筋混凝土大板墙、各种轻质条板墙。

3. 墙体的设计要求

1) 应满足强度和稳定性要求

墙体的强度是指墙体承受荷载的能力，它与所采用的材料、材料的强度等级、构造方式等有关。承重墙必须满足强度条件，以保证结构安全。

墙体的稳定性与墙的高度、长度和厚度有关。高而薄的墙稳定性差，矮而厚的墙稳定性好；长而薄的墙稳定性差，短而厚的墙稳定性好。增强墙体稳定性的措施有：增加墙体的厚度，控制高厚比，提高材料的强度等级，增加墙垛、壁柱、圈梁等。

2) 满足建筑功能方面的要求

墙体应满足建筑热工即保温、隔热的要求，2010 年，全国城镇新建建筑全面达到节能50%的设计标准，四个直辖市和有条件的城市新建建筑实现节能 65%的目标。其中建筑节能率应达到 35%，而建筑外围墙体应是节能的重要部位，合理的保温、节能构造措施可有效降低建筑外围墙体的传热耗热量，同时可防止产生凝结水。

地下室及卫生间、厨房等有水的房间墙体要满足防水防潮要求，选择良好的材料及恰当的构造方案，保证墙体的耐久性，使室内有很好的卫生环境。

为获得安静的工作和休息环境，要求墙体应有好的隔声性能。可通过加强墙体的密缝处理，增加墙体密实性及厚度；采用有空气间层或多孔性材料的夹层墙，达到墙体隔声的目的。

墙体还要满足防火要求。选择燃烧性能和耐火极限符合防火规范规定的材料。对重要的建筑要设防火墙，把建筑分成几个防火分区，防止火势的蔓延。

3) 应满足经济环保的要求

应选择经济合理的墙体材料，并优先选择节能环保的材料，利于可持续发展的需要。

4) 适应建筑工业化的要求

建筑工业化是建筑生产发展的必然趋势，墙体在工程中的比重很大，要适应建筑工业化的发展，就必须对墙体进行改革，提高机械化水平，降低成本，降低劳动强度，并应采用轻质高强的墙体材料，以减轻自重。

4. 墙体的承重方案

在混合结构中，墙体的承重方案有横墙承重、纵墙承重、混合承重和内框架承重。

1) 横墙承重方案

横墙承重方案指楼板及屋面等水平承重构件搁置在横墙上，横墙承担并传递荷载，纵墙只起纵向稳定和拉结的作用，如图 5.6(a)所示。

横墙承重方案的主要特点是横墙间距密，加上纵墙的拉结，使建筑物的整体性好、横向刚度大，对抵抗地震力等水平荷载有利。但横墙承重方案的开间尺寸不够灵活，适用于房间开间尺寸不大的宿舍、住宅及旅馆等小开间建筑。

2) 纵墙承重方案

纵墙承重方案指楼板、屋顶等水平承重构件搁置在纵墙上，纵墙承担并传递荷载，横墙只起分隔房间的作用，有的起横向稳定作用。纵墙承重可使房间开间的划分灵活，多适用于需要较大房间的办公楼、商店、教学楼等公共建筑，如图 5.6(b)所示。

3) 纵横墙承重方案

凡由纵墙和横墙共同承受楼板、屋顶荷载的结构布置称纵横墙(混合)承重方案。该方案房间布置较灵活，建筑物的刚度亦较好。混合承重方案多用于开间、进深尺寸较大且房间类型较多的建筑和平面复杂的建筑中，前者如教学楼、住宅等建筑，如图 5.6(c)所示。

4) 部分框架承重(内框架承重)方案

在结构设计中，有时采用墙体和钢筋混凝土梁、柱组成的框架共同承受楼板和屋顶的荷载，这时，梁的一端支承在柱上，而另一端则搁置在墙上，这种结构布置称部分框架结构或内部框架承重方案。它较适合于室内需要较大使用空间的建筑，如商场、展厅、餐厅等，如图 5.6(d)所示。

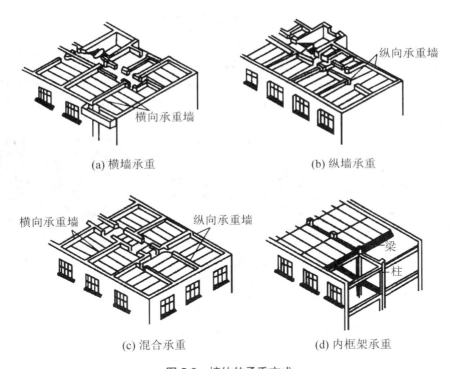

(a) 横墙承重　　　　　　　　　　　　(b) 纵墙承重

(c) 混合承重　　　　　　　　　　　　(d) 内框架承重

图 5.6　墙体的承重方式

5.2　砌体墙的构造

5.2.1　墙体材料

构成墙砌体的材料是块材(砖、石、砌体)与砂浆，块材强度等级的符号为 MU，砂浆强度等级的符号为 M。

砌筑墙体的基本材料是砖、砌块和砂浆。

1. 砖

砖有烧结普通砖、烧结多孔砖和蒸压砖等。

(1) 烧结普通砖：以粘土、页岩、煤矸石、粉煤灰为主要原料，经过焙烧而成。分烧结粘土砖、烧结页岩砖、烧结煤矸石砖、烧结粉煤灰砖等。我国烧结普通砖规格：240mm×115mm×53mm，如图 5.7 所示。烧结普通砖的强度等级，按《砌体结构设计规范》(GB 50003—2011)的规定，有 MU30、MU25、MU20、MU15、MU10 五个级别。

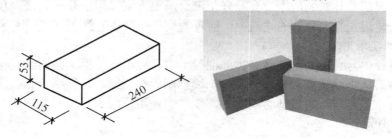

图 5.7　标准实心砖的规格

(2) 烧结多孔砖：以粘土、页岩、煤矸石、粉煤灰为主要原料，经过焙烧而成，孔洞率等于和大于 25% 的砖。分为 P 型和 M 型砖，强度等级的划分与实心砖相同。多孔砖分为 P 型砖和 M 型砖。P 型多孔砖：外形尺寸为 240mm×115mm×90mm，M 型多孔砖：外形尺寸为 190mm×190mm×90mm，多孔砖的强度等级分别为 MU30、MU25、MU20、MU15、MU10 共五个级别，如图 5.8 所示。

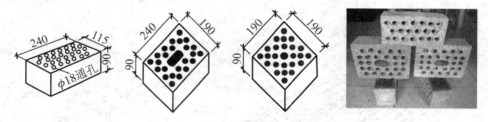

图 5.8　多孔砖的形式

(3) 蒸压砖：分为蒸压灰砂砖和蒸压粉煤灰砖。蒸压灰砂砖是以石灰和砂为主要原料，经坯料制备、压制成型、蒸压养护而成的实心砖简称灰砂砖。

蒸压粉煤灰砖是以粉煤灰为主要原料，掺加适量石膏和集料，经坯料制备、压制成型、高压蒸汽养护而成的实心砖。

2. 砌块

砌块是比烧结普通砖尺寸大的作为墙体材料的预制块材。砌块选材的基本原则是：就地取材和充分利用工业废料(粉煤灰、煤矸石等)，也可用加气混凝土、陶粒混凝土等轻质材料。常用砌块有粉煤灰硅酸盐砌块、普通混凝土空心砌块、加气混凝土砌块等。通常把高度为 350mm 以下的称为小型砌块，高度为 350～900mm 称为中型砌块，高度大于900mm 称为大型砌块(图 5.9)。砌块的强度等级分 MU20、MU15、MU10、MU7.5、MU5五级。

(a) 小型切块　　　　(b) 中型切块　　　　(c) 大型切块

图 5.9　砌块的形式

3．砂浆

砂浆是由胶结材料、细骨料和水拌合而成。常用的砌筑砂浆有水泥砂浆、混合砂浆和石灰砂浆三种。

(1) 水泥砂浆：由水泥、砂和水拌合而成的不掺任何塑性掺合料的纯水泥砂浆。具有较高的强度，防潮性能好，但保水性与和易性较差，一般适用于要求砂浆强度较高的砌体和处于潮湿环境中的砌体。

(2) 混合砂浆：由水泥、石灰、砂和水按一定比例拌合而成，强度较高，节约水泥，加入地石灰有效地改善了砂浆的和易性，是一般墙体中常用的砂浆。

(3) 石灰砂浆：由石灰、砂和水按一定比例拌合而成，其强度和防潮性能较差，常用于对强度要求不高、不受潮的简易建筑或临时建筑中。

《砌体结构设计规范》规定，砂浆的强度等级有 M15、M10、M7.5、M5、M2.5 五级，常用的强度等级有 M5 和 M2.5，当验算施工阶段尚未硬化的新砌体时，可按砂浆强度为零来确定其砌体强度。

5.2.2　砖墙的砌筑构造

1．砖墙的组砌方式

砖墙的组砌方式是指砖块在砌体中的排列方式。组砌的原则是错缝搭接，使上下层块材的垂直缝交错(图 5.10)，保证墙体的整体性和稳定性。墙体砌筑时一定要避免形成通缝。砖在墙体中的放置方式有顺砖(砖的长方向平行于墙面砌筑)和丁砖(砖的长方向垂直于墙面砌筑)。上下两皮砖之间的水平缝称横缝，左右两块砖之间的缝称竖缝。标准缝宽为 10mm，可以在 8～12mm 间进行调节。要求顺转和丁砖交替砌筑，灰浆饱满、横平竖直。

1) 烧结普通砖墙的组砌方式

实体砖墙通常采用一顺一丁、多顺一丁、十字式(也称梅花丁)、全顺式等砌筑方式，如图 5.11 所示。

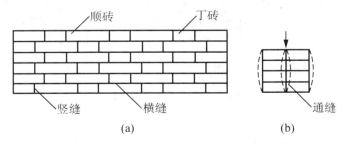

图 5.10　砖墙组砌名称及通缝

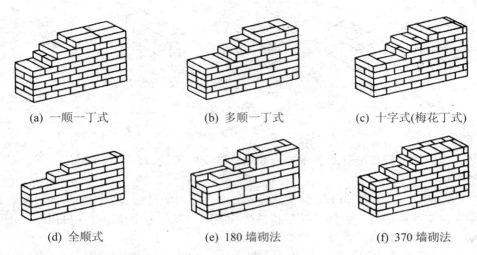

(a) 一顺一丁式   (b) 多顺一丁式   (c) 十字式(梅花丁式)

(d) 全顺式   (e) 180 墙砌法   (f) 370 墙砌法

图 5.11　实体砖墙的组砌方式

2) 烧结多孔砖墙的组砌方式

多孔砖砌体应上下错缝、内外搭砌。KP1 型多孔砖宜采用一顺一丁或梅花丁式的砌筑方式，DM 型多孔砖应采用全顺式的砌筑方式。

在砌筑时应注意以下内容。

(1) 多孔砖的孔洞应垂直于受压面。

(2) 灰缝应横平竖直，竖缝要刮浆适宜，不得出现透明缝。

(3) 多空砖墙不够整块，多孔砖的部位应用七分砖或普通烧结砖来补砌，不得用砍过的多孔砖来填补。

(4) 砖柱和宽度小于 1m 的窗间墙，应选用整砖砌筑，半砖应分散使用在受力较小的砌体中或墙心。

多孔砖墙砌筑形式如图 5.12 所示。

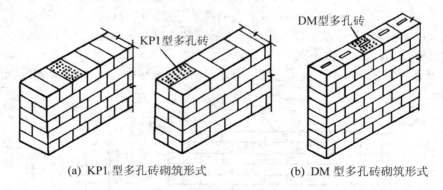

(a) KP1 型多孔砖砌筑形式   (b) DM 型多孔砖砌筑形式

图 5.12　多孔砖墙砌筑形式

2. 砖墙的厚度

根据砖块的尺寸和数量，以及一定灰缝的厚度，即可砌成不同的墙厚。以标准砖砌筑墙体，常见的厚度有 115mm、240mm、365mm、490mm 等，简称为 12 墙(半砖墙)、24 墙(一砖墙)、37 墙(一砖半墙)、49 墙(两砖墙)，墙厚与砖规格的关系如图 5.13 所示。

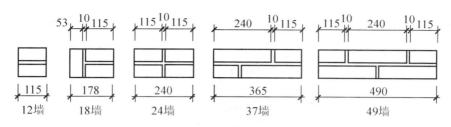

图 5.13　墙厚与砖规格的关系

5.2.3　墙体的细部构造

墙体的细部构造包括勒脚、墙身防潮、散水和明沟、窗台、门窗过梁、墙身加固等局部的具体构造做法。

1. 勒脚

外墙与室外地坪接近的垂直部分称为勒脚。其主要作用是保护外墙免受机械损伤，免受地表水、雨水的侵蚀，提高建筑物的耐久性；同时勒脚还具有增强建筑物立面效果的作用。所以勒脚应坚固、防水、美观。勒脚的高度一般取室内外高差，也可将其高度提高到首层窗台，或根据建筑立面要求确定。勒脚构造一般有表面抹灰(抹水泥砂浆、刷涂料)、贴石材或贴面砖砖勒脚和石砌勒脚等，如图 5.14 所示。

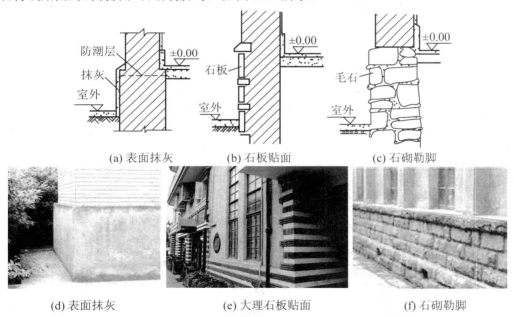

(a) 表面抹灰　　　　(b) 石板贴面　　　　(c) 石砌勒脚

(d) 表面抹灰　　　　(e) 大理石板贴面　　　　(f) 石砌勒脚

图 5.14　勒脚构造做法

2. 墙身防潮

勒脚部分的墙身，一方面要受到室外地表水及雨水的侵蚀，另一方面也要受到地下潮气的影响。如果不对墙身进行防潮，就会出现墙身受潮饰面层脱落等问题，影响室内环境。墙身防潮构造分为设置墙身水平防潮层和垂直防潮层。

(1) 水平防潮层。水平防潮层是沿建筑物墙身水平方向设置的防潮层(图 5.15 为墙身受潮示意)。其在墙身的位置应根据室内地面的构造做法确定。当室内地面垫层为不透水材料时，防潮层一般设在低于室内地坪 60mm 处，同时还应高于室外地坪 150mm 处[图 5.16(a)]；

当室内地面垫层选用透水材料时，防潮层应设在平齐或高于室内地面 60mm 处[图 5.16(b)]。

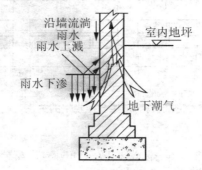

图 5.15　墙身受潮示意

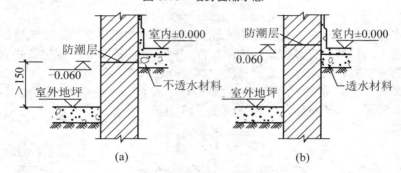

图 5.16　墙身受潮层位置

墙身水平防潮层构造根据所采用的材料不同有如下 4 种做法。

① 防水砂浆防潮层。在防潮层的位置用 20mm 厚 1∶2 水泥砂浆加 3%～5%水泥质量的防水剂代替砌筑砂浆[图 5.17(a)]；也可用防水砂浆砌筑 3 皮砖作为防潮层[图 5.17(b)]。这种方法构造简单，施工方便，但砂浆开裂会影响防潮质量。

② 细石混凝土防潮层。在设置防潮层的位置浇注 60mm 厚与墙等宽的细石混凝土带，内配 $3\phi6$ 或 $3\phi8$ 钢筋[图 5.17(c)]。这种方法防潮效果好，且能与砌体结合为一体，适用于整体刚度要求较高的建筑中。

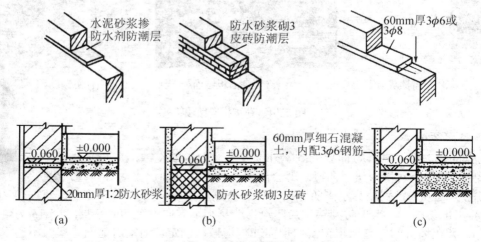

图 5.17　防潮做法(一)

③ 卷材防潮层。在防潮层的位置先抹 20mm 厚水泥砂浆找平层,后在其上铺贴卷材,卷材宽度同墙厚,铺设时长度方向的搭接长度应≥300mm。这种防潮层做法,防潮效果较好,但卷材将上下墙体分开,影响了建筑的整体性,且卷材寿命较短,不用于抗震地区级震动荷载较大的建筑,如图 5.18(a)所示。

④ 圈梁兼防潮层。如果墙体设有地圈梁,可将其提高到水平防潮层的位置,兼做水平防潮层,如图 5.18(b)所示。

(2) 垂直防潮层。当室内地坪有高差时,墙身除做水平防潮层外,还应在有高差靠自然土一侧做垂直防潮层,如图 5.19 所示。其构造做法为先用 20mm 厚水泥砂浆找平,在其上涂冷底子油一道,热沥青两道,或涂建筑防水涂料,也可用防水砂浆作为防潮层。

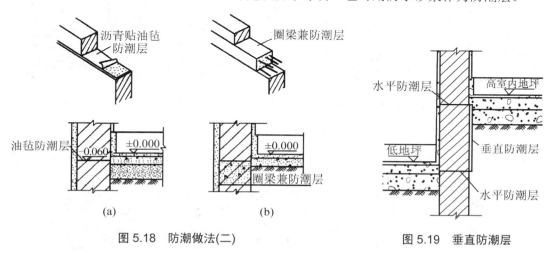

图 5.18 防潮做法(二)   图 5.19 垂直防潮层

3. 散水和明沟

散水为建筑物四周的排水斜坡,用以排除雨水,保护墙基。散水宽度一般为 600～1000mm,当屋面排水方式为自由排水时,散水应比屋檐宽 200mm。散水的坡度一般为 3%～5%,散水外缘高出室外地坪 30～50mm。散水常用材料有混凝土、水泥砂浆、卵石、块石等。

明沟是在建筑物四周设置的排水沟,能将雨水导入排水系统。明沟宽一般为 200mm 左右,材料为混凝土、砖等。一般年降雨量在 900mm 以上的地区采用。

为防止房屋沉降后,散水或明沟与勒脚结合处出现裂缝,在此处应设分格缝,缝内用弹性材料嵌缝,如图 5.20 所示。同时,散水整体面层纵向距离每隔 6～12m 做一道伸缩缝,缝内处理同散水与勒脚相交处的处理一样。

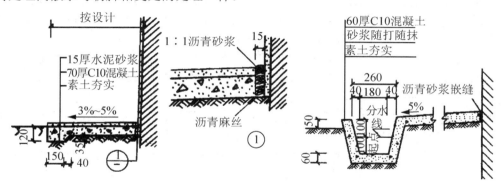

图 5.20 散水与明沟构造

4. 窗台

窗台按其位置和构造做法不同,分为外窗台和内窗台。

外窗台是窗洞下部的排水构件。其作用是排除窗外侧流下的雨水,防止雨水侵入墙身或沿窗缝渗入室内。外窗台分悬挑窗台和不悬挑窗台。悬挑窗台可采用砖直接挑出,也可用混凝土现场浇注或预制。砖出挑的尺寸一般为 60mm。窗台表面应做 10%左右的排水坡度,面层应做不透水面层,如抹灰或贴面。为防止雨水从窗台流下污染墙面,出挑窗台下部应做滴水线。窗台构造如图 5.21 所示。

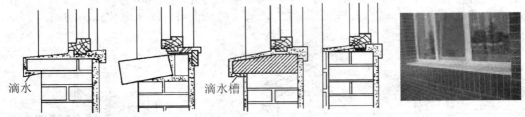

(a) 平砌挑砖窗台 (b) 侧砌挑砖窗台 (c) 钢筋混凝土窗台 (d) 不悬挑窗台 (e) 窗台实物图

图 5.21 窗台构造

内窗台一般结合室内装修做成木窗台板、预制水磨石窗台板等形式。图 5.22 所示为飘窗实物图片。

图 5.22 飘窗实物图片

5. 门窗过梁

过梁即设置在门窗洞口上方支撑门窗洞口上部部分墙体荷载并把这部分荷载传递给窗间墙的承重梁式构件。根据所用材料和构造方式不同,过梁可分为钢筋混凝土过梁、砖拱过梁和钢筋砖过梁(后两种在工程中已很少使用)。

(1) 钢筋混凝土过梁。钢筋混凝土过梁的承载力强,跨度一般不受限制,是目前应用最广泛的一种过梁形式。钢筋混凝土过梁有预制和现浇两种,预制钢筋混凝土过梁施工速度快,是较常用的一种过梁。

钢筋混凝土过梁的截面尺寸应根据洞口的跨度和荷载计算而定。过梁的宽一般同墙厚相配合,过梁的高应与砖的皮数相配合,烧结普通砖的过梁,梁高常采用 60mm、120mm、240mm 等,多孔砖墙的过梁,梁高采用 90mm、180mm 等。钢筋混凝土过梁伸进墙内的支撑长度不小于 240mm。当洞口上部有圈梁时,圈梁可兼做过梁,过梁部分的钢筋应按计算用量另行增配。

钢筋混凝土过梁的截面形状有矩形和 L 形。矩形多用于内墙和外混水墙中，L 形多用于外清水墙和有保温要求的外墙，如图 5.23 所示。

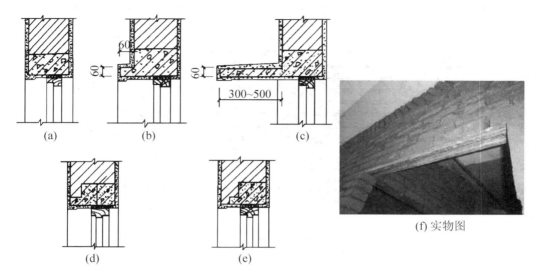

图 5.23 钢筋混凝土过梁形式

特 别 提 示

在外墙中，由于钢筋混凝土的导热系数大于砖的导热系数，为避免过梁部位产生较大的热桥现象，导致其内表面产生凝结水，过梁断面常做成 L 形。

(2) 砖拱过梁：包括砖平拱过梁和砖弧拱过梁。砖平拱是用砖立砌或侧砌成对称于中心的倒梯形，适用于宽度不大于 1.2m 的门窗洞口，厚度等于墙厚，高度不小于 240mm。砖弧拱是用砖立砌成圆弧形，适用于宽度不大于 2m 的门窗洞口。砖拱的竖向灰缝下宽不小于 5mm，上宽不大于 25mm。对有较大振动荷载或可能产生不均匀沉降的房屋以及地震设防区不宜采用，此做法多用于仿古建筑或旧建筑的修复扩建之中(图 5.24)。

图 5.24 砖拱过梁

(3) 钢筋砖过梁：指在砖过梁中的砖缝内配置钢筋、砂浆不低于 M5.0 的平砌过梁。钢筋砖过梁是指在平砌砖定的灰缝中加适量的钢筋而形成的过梁，其底面砂浆处的钢筋，直

径不应小于 5mm，间距不应大于 120mm，钢筋伸入支座砌体内的长度不宜小于 240mm，砂浆层的厚度不宜小于 30mm，砖砌过梁所用砂浆不宜低于 M5.0，其跨度不应超过 1.5m。对有较大振动荷载或可能产生不均匀沉降的房屋，不应采用砖砌过梁，如图 5.25 所示。

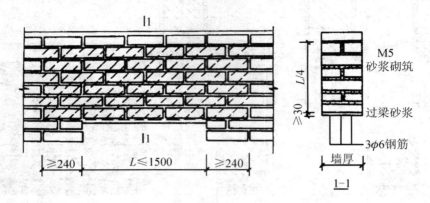

图 5.25　钢筋砖过梁

6. 墙身加固

墙身加固主要针对砖混结构进行探讨，由于砖混结构是一种脆性结构，延性差，抗剪能力很低，而且自重及刚度大，地震荷载作用时，破坏很严重。因此，为加强结构的整体性，提高结构的抗震性能，需对薄弱环节采取相应的构造措施。

1) 门垛、壁柱

当墙体转折或丁字墙开设门窗洞口时，一般应设置门垛，以保证墙体稳定，同时便于门窗框的安装。门垛尺寸一般为 120mm、240mm 或符合所用砌块的模数，如图 5.26(a)所示。

当墙体受集中荷载作用或墙体本身稳定性不满足要求时，可在墙身的适当部位加设壁柱，壁柱的尺寸应符合砖的模数，一般为 120mm×370mm、240mm×370mm、240mm×490mm，如图 5.26(b)、图 5.26(c)所示。

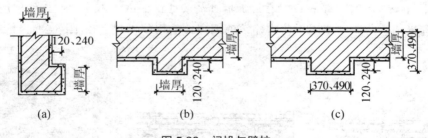

图 5.26　门垛与壁柱

2) 圈梁

圈梁是在房屋的檐口、窗顶、楼层或基础顶面标高处，沿砌体墙水平方向设置封闭状的、按构造配筋的混凝土梁式构件。其目的是为了增强建筑的整体刚度及墙身的稳定性。圈梁可以减少因基础不均匀沉降或较大振动荷载对建筑物的不利影响及其所引起的墙身开裂。在抗震设防地区，利用圈梁加固墙身就显得更加必要，如图 5.27 所示。

图 5.27　圈梁实物图

圈梁通常设置在基础墙、檐口和楼板处,其数量和位置与建筑物的高度、层数、地基状况和地震强度有关。例如多孔砖的圈梁应按表 5-1 的要求设置。

表 5-1　现浇钢筋混凝土圈梁设置

墙　类	抗震设防烈度		
	6 度、7 度	8 度	9 度
外墙和内纵墙	屋盖处及每层楼盖处	屋盖处及每层楼盖处	屋盖处及每层楼盖处
内横墙	同上,屋盖处间距不应大于 7m;楼盖处间距不应大于 15m;构造柱对应部位	同上,屋盖处间距不应大于 7m;楼盖处间距不应大于 15m;构造柱对应部位	同上,各层所有内横墙

圈梁的截面宽度一般同墙厚,在寒冷地区可略小于墙厚,当墙厚不小于 190mm 时,其宽度不宜小于 2/3 墙厚。圈梁的截面高度不小于 120mm,一般为 180mm 或 240mm。圈梁的配筋应符合表 5-2 的要求。

表 5-2　圈梁配筋

配筋	抗震设防烈度		
	6 度、7 度	8 度	9 度
最小纵筋	$4\phi10$	$4\phi12$	$4\phi14$
最大箍筋间距	$\phi6@250mm$	$\phi6@200mm$	$\phi6@150mm$

圈梁应采用现浇钢筋混凝土,且宜沿墙连续设在同一水平面上,并形成封闭状;外墙上的圈梁宜与楼板设在同一标高处,内墙圈梁紧靠板底(图 5.28);当圈梁被门窗洞口截断时,应在洞口上部增设相同截面的附加圈梁。附加圈梁与圈梁的搭接长度不应小于其垂直间距的两倍,且不得小于 1m(图 5.29)。

● 特 别 提 示 ···

圈梁兼做过梁时,过梁部分的钢筋应按计算用量另行增配。

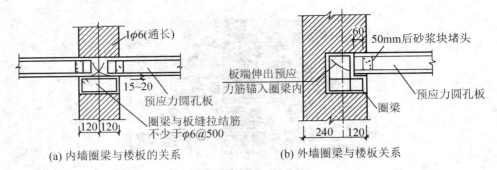

(a) 内墙圈梁与楼板的关系　　　　(b) 外墙圈梁与楼板关系

图 5.28　圈梁在砖墙上的位置

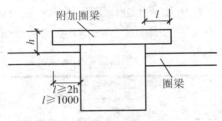

图 5.29　附加圈梁的设置

3) 构造柱

构造柱是在多层砌体房屋墙体的规定部位，按构造配筋，并按先砌墙后浇灌混凝土柱的施工顺序制成的混凝土柱。为提高多层建筑砌体结构的抗震性能，规范要求应在房屋的砌体内适宜部位设置钢筋混凝土构造柱并与圈梁连接，形成了一个内骨架，共同加强建筑物的稳定性。构造柱主要不是承担竖向荷载的，而是抗击剪力等横向荷载的。

构造柱通常设置在楼梯间的休息平台处、纵横墙交接处、墙的转角处、墙长达到 5m 的中间部位。近年来为提高砌体结构的承载能力或稳定性而又不增大截面尺寸，墙中的构造柱已不仅仅设置在房屋墙体转角、边缘部位，而按需要设置在墙体的中间部位，圈梁必须设置成封闭状。构造柱的设置要求见表 5-3。

表 5-3　砖房构造柱设置要求

抗震设防烈度	6度	7度	8度	9度	设置部位	
层数	四、五	三、四	二、三		外墙阳角，错层部位横墙与外纵墙交接处，大房间内外墙交接处，较大洞口两侧	7度、8度时，楼、电梯间四角；隔15m或单元横墙与外纵墙交接处
	六、七	五	四	二		隔开间横墙(轴线)与外纵墙交接处，山墙与内纵墙交接处，7~9度时，楼、电梯间四角
	八	六、七	五、六	三、四		内墙(轴线)与外墙交接处，内部的局部较小墙垛处；7~9度时，楼、电梯间四角；9度时内纵墙与横墙(轴线)交接处

构造柱最小截面为 240mm×180mm，纵向钢筋宜采用 $4\phi12$，箍筋间距不宜大于 250mm，且在与圈梁相交的节点处宜适当加密，加密范围在圈梁上下均不应小于 1/6 层高或 450mm，箍筋间距不宜大于 100mm。房屋四角的构造柱可适当加大截面及配筋；构造柱与墙体的连接处宜砌成马牙槎，并沿墙高每 500mm 设 $2\phi6$ 拉结钢筋，每边伸入墙内不宜小于 1m (图 5.30)；构造柱施工时，应先绑扎构造柱的钢筋，再砌墙体并留设马牙槎，最后浇注

混凝土，这样可使墙体与构造柱结合牢固并节省模板；构造柱混凝土强度等级不应低于 C15；构造柱可不单独设置基础，但应伸入室外地面下 500mm，或锚入浅于 500mm 的基础圈梁内。构造柱顶部应与顶层圈梁或女儿墙压顶拉结。

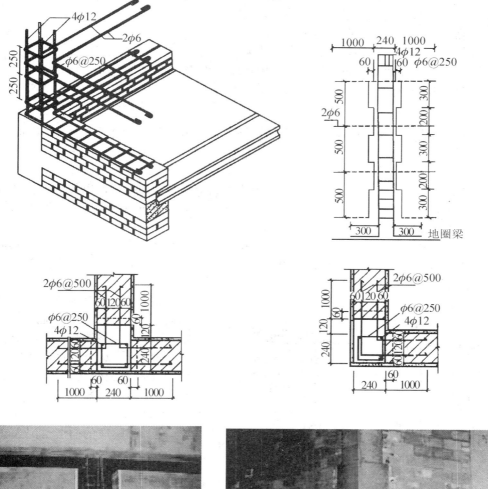

图 5.30　构造柱

5.3 隔墙的构造

隔墙是分隔室内空间的非承重墙体，应满足以下要求。

(1) 隔墙自重要轻，有利于减轻承重构件的荷载。

(2) 隔墙厚度要薄，可增加建筑的有效空间。

(3) 隔墙应具有一定的隔声能力。

(4) 隔墙应具有一定的防水、防潮和防火的功能。

(5) 隔墙应便于拆卸，以适应建筑使用功能的改变。

隔墙按构造方式可分为轻骨架隔墙、砌筑隔墙和板材隔墙。

1. 轻骨架隔墙

轻骨架隔墙由骨架和面层两部分组成，由于是先立墙筋(骨架)后做面层，因而又称为立筋式隔墙。

1) 骨架

常用的骨架有木骨架和轻钢骨架。近年来，为节约木材和钢材，出现了不少采用工业废料和地方材料及轻金属制成的骨架，如石棉水泥骨架、浇筑石膏骨架、水泥刨花骨架、轻钢和铝合金骨架等。

木骨架由上槛、下槛、墙筋、斜撑及横档组成，上、下槛及墙筋断面尺寸为(45～50)mm×(70～100)mm，斜撑与横档断面相同或略小些，墙筋间距常用 400mm，横档间距可与墙筋相同，也可适当放大。

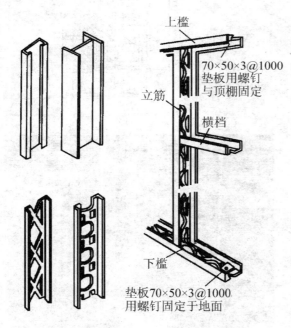

图 5.31　各种金属骨架

(a) 薄壁金属墙筋形式　(b) 骨架组合

轻钢骨架是由各种形式的薄壁型钢制成，其主要优点是强度高、刚度大、自重轻、整体性好、易于加工和大批量生产，还可根据需要拆卸和组装。常用的薄壁型钢有 0.8～1mm 厚槽钢和工字钢，如图 5.31 所示。

2) 面层

轻骨架隔墙的面层常用人造板材面层。人造板材面层可用木骨架或轻钢骨架。

人造板材面层钢骨架隔墙的面板多为人造面板，如胶合板、纤维板、石膏板、塑料板等。胶合板是用阔叶树或松木经旋切、胶合等多种工序制成，硬质纤维板是用碎木加工而成的，石膏板是用一、二级建筑石膏加入适量纤维、黏结剂、发泡剂等经辊压等工序制成。胶合板、硬质纤维板等以木材为原料的板材多用木骨架，石膏面板多用石膏或轻钢骨架(图 5.32)。

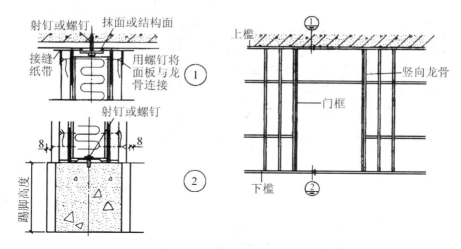

图 5.32　轻钢骨架石膏隔墙

人造板与骨架的关系有两种：一种是在骨架的两面或一面，用压条压缝或不用压条压缝即贴面式；另一种是将板材置于骨架中间，四周用压条固定，称为镶板式。

人造板在骨架上的固定方法有钉、粘、卡三种(图 5.33)。采用轻钢骨架时，往往用骨架上的舌片或特制的夹具将面板卡到轻钢骨架上。这种做法简便、迅速，有利于隔墙的组装和拆卸。

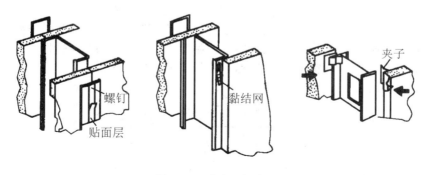

图 5.33　固定面板方法

2. 块材隔墙

块材隔墙是用普通砖、空心砖、加气混凝土等块材砌筑而成的，常用的有普通砖隔墙和砌块隔墙。目前框架结构中大量采用的框架填充墙，也是一种非承重块材墙，既作为外围护墙，也作为内隔墙使用。

1) 半砖隔墙

半砖隔墙用普通砖顺砌，砌筑砂浆宜大于 M2.5。在墙体高度超过 5m 时应加固，一般沿高度每隔 0.5m 砌入 ϕ6mm 钢筋 2 根，或每隔 1.2～1.5m 设一道 30～50mm 厚的水泥砂浆层，内设 2 根 ϕ6mm 的钢筋。隔墙上有门时，要预埋铁件或将带有木楔的混凝土预制块砌入隔墙中以固定门框。为防止隔墙承受荷载，同时保证其顶部构件如梁、板能在允许范围内变形，隔墙的上一皮砖应斜砌。半砖隔墙坚固耐久，有一定的隔声能力，但自重大、湿作业多，施工繁琐。半砖隔墙的构造如图 5.34 所示。

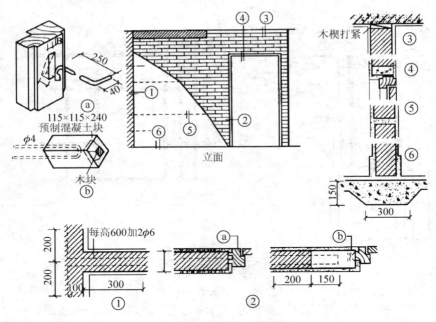

图 5.34　半砖隔墙的构造

2) 砌块隔墙

　　为减少隔墙的重量，可用质轻块大的各种砌块，目前最常用的是加气混凝土砌块、粉煤灰硅酸盐砌块、水泥炉渣空心砖等砌筑的隔墙。砌筑方法基本同砖隔墙。隔墙厚度由砌块尺寸而定，一般为 90～120mm，砌块大多具有质轻、孔隙率大、隔热性能好等优点，但吸水性强。因此，砌筑时应在墙下先砌 3～5 皮粘土砖。砌块隔墙厚度较薄，也需采取加强稳定性措施，其方法与砖隔墙类似。砌块隔墙的构造如图 5.35 所示。

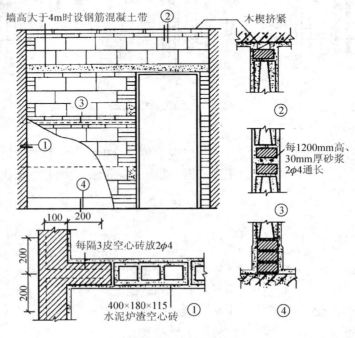

图 5.35　砌块隔墙

3）框架填充墙

填充墙与框架间应有良好的连接，以利将其自重传递给框架支撑，其加固稳定措施与砖隔墙类似，竖向每隔 500mm 左右需从两侧框架柱中甩出 1000mm 长 2ϕ6 钢筋伸入砌体锚固；水平方向约 2～3m 需设构造柱；门框的固定方式与砖隔墙相同，但超过 3.3m 以上的较大洞口需在洞口两侧加设钢筋混凝土构造立柱。

3．板材隔墙

板材隔墙是指单块轻质板材的高度相当于房间净高，不依赖骨架，可直接装配而成的隔墙。常用的条板包括加气混凝土条板、石膏条板、碳化石灰板、石膏珍珠岩板和复合板等多种预制板。

轻质隔墙条板具有自重轻、墙身薄，拆及安装方便、节能环保施工速度快、工业化程度高的特点，广泛应用于各类建筑中的非承重分室墙和分户墙。

1）加气混凝土条板隔墙

加气混凝土条板由水泥、石灰、砂、矿渣等加发泡剂(铝粉)，经过原料处理，配料浇筑、切割、蒸压养护工序制成。条板厚度大多为 80～100mm，宽度为 600～800mm，长度略小于房间净高。具有质轻、多孔、易于加工等优点。安装时，条板下部先用一对对口木楔顶紧，然后用细石混凝土堵严，板缝用黏结砂浆或黏结剂进行黏结，并用胶泥刮缝，平整后再做表面装修，如图 5.36 所示。

2）钢丝网架水泥夹芯复合墙板

钢丝网架水泥夹芯复合墙板又称泰柏板。它是一种新型建筑材料，选用强化钢丝焊接而成的三维笼为构架，由阻燃 EPS 泡沫塑料芯材组成，是目前取代轻质墙体最理想的材料，主要用于建筑的围护外墙、轻质内隔断等。图 5.37 为泰柏板隔墙构造。

泰柏板具有较高节能、重量轻、强度高、防火、抗震、隔热、隔音、抗风化、耐腐蚀的优良性能，并有组合性强、易于搬运、适用面广、施工简便等特点。

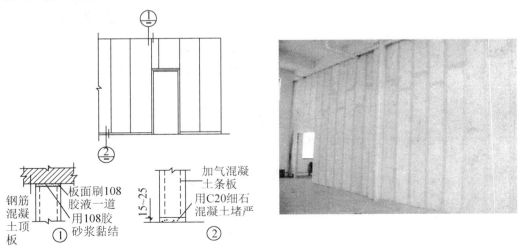

图 5.36　加气混凝土条板隔墙

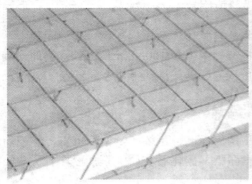

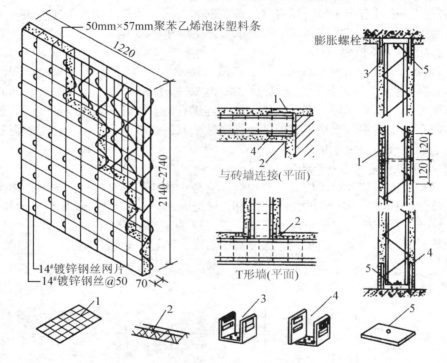

图 5.37　泰柏板隔墙构造

1—盖接缝网片；2—转角网片；3—U 形码；4—可拆 U 形码；5—垫板

5.4　幕　墙　构　造

　　幕墙是以板材形式悬挂于主体结构上的外墙，犹如悬挂的幕一样。幕墙构造具有如下特征：幕墙不承重，但要承受风荷载，并通过连接件将自重和风荷载传到主体结构。幕墙装饰效果好、自重小，安装速度快且维修方便，是外墙轻型化、装配化的理想形式，目前被广泛应用。玻璃幕墙也存在着一些局限性，例如光污染、能耗较大等问题。但这些问题随着新材料、新技术的不断出现，正逐步纳入到建筑造型、建筑材料、建筑节能的综合研究体系中，作为一个整体的设计问题加以深入的探讨。

　　幕墙按材料分类，有玻璃幕墙、铝板幕墙、轻质混凝土挂板和石材幕墙等。

1. 玻璃幕墙

玻璃幕墙是当代的一种新型墙体，它赋予建筑的最大特点是将建筑美学、建筑功能、建筑节能和建筑结构等因素有机地统一起来，建筑物从不同角度呈现出不同的色调，随阳光、月光、灯光的变化给人以动态的美。在世界各大洲的主要城市均建有宏伟华丽的玻璃幕墙建筑，如纽约世界贸易中心、芝加哥石油大厦、西尔斯大厦都采用了玻璃幕墙；香港中国银行大厦、北京长城饭店和上海联谊大厦也采用了玻璃幕墙。如图 5.38 所示。

图 5.38 采用玻璃幕墙的建筑

知 识 链 接

现代化高层建筑的玻璃幕墙采用了由镜面玻璃与普通玻璃组合，隔层充入干燥空气或惰性气体的中空玻璃。中空玻璃有两层和三层之分，两层中空玻璃由两层玻璃加密封框架，形成一个夹层空间；三层玻璃则是由三层玻璃构成两个夹层空间。中空玻璃具有隔音、隔热、防结霜、防潮、抗风压强度大等优点。据测量，当室外温度为 −10℃时，单层玻璃窗前的温度为 −2℃，而使用三层中空玻璃的室内温度为 13℃。而在炎热的夏天，双层中空玻璃可以挡住 90%的太阳辐射热。阳光依然可以透过玻璃幕墙，但晒在身上大多不会感到炎热。使用中空玻璃幕墙的房间可以做到冬暖夏凉，极大地改善了生活环境。

玻璃幕墙按构造方式分为有框式幕墙、全玻式幕墙和点式幕墙等。

1) 有框式幕墙

有框式幕墙又分为明框玻璃幕墙、半隐框玻璃幕墙和隐框玻璃幕墙。

明框玻璃幕墙是金属框架构件显露在外表面的玻璃幕墙。它以特殊断面的铝合金型材为框架，玻璃面板全嵌入型材的凹槽内。其特点在于铝合金型材本身兼有骨架结构和固定玻璃的双重作用。

明框玻璃幕墙是最传统的形式，应用最广泛，工作性能可靠。相对于隐框玻璃幕墙，更易满足施工技术水平要求。

隐框玻璃幕墙的金属框隐蔽在玻璃的背面，室外看不见金属框。隐框玻璃幕墙又可分为全隐框玻璃幕墙和半隐框玻璃幕墙两种，半隐框玻璃幕墙可以是横明竖隐，也可以是竖明横隐。隐框玻璃幕墙的构造特点是：玻璃在铝框外侧，用硅酮结构密封胶把玻璃与铝框黏结。幕墙的荷载主要靠密封胶承受，如图 5.39 所示。

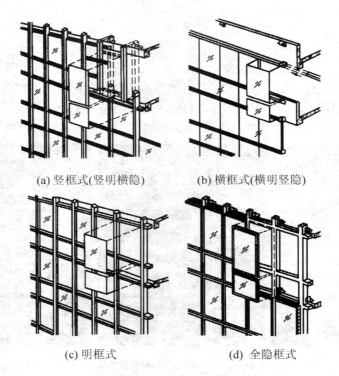

(a) 竖框式(竖明横隐)　　　　(b) 横框式(横明竖隐)

(c) 明框式　　　　　　　　　(d) 全隐框式

图 5.39　有框式幕墙

2) 全玻式幕墙

全玻式幕墙是指由玻璃肋和玻璃面板构成的玻璃幕墙。全玻式幕墙的玻璃固定有上部悬挂式和下部支承式。上部悬挂式[图 5.40(a)]用悬吊的吊夹将肋玻璃与面玻璃悬挂固定，幕墙由吊夹及上部的噶钢结构受力，当全玻式幕墙高度大于 4m 时，必须采用这种方法固定。下部支承式[图 5.40(b)]采用特殊型材将面玻璃与肋玻璃的上下两端固定，幕墙重量支承在下部，不能用作高于 4m 的全玻式幕墙。

3) 点式幕墙

点式玻璃幕墙采用在面板上穿孔的方法，用金属的爪件来固定幕墙面板，如图 5.41 所示，按照支承结构的不同方式，点式玻璃幕墙在形式上可分为以下几种。

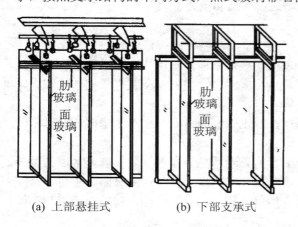

(a) 上部悬挂式　　　　(b) 下部支承式

图 5.40　全玻璃幕墙示意图

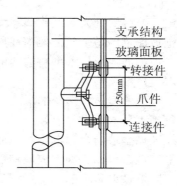

图 5.41　点支承玻璃幕墙示意图

(1) 金属支承结构点式玻璃幕墙。这是目前采用最多的一种形式，它是用金属材料做支承结构体系，通过金属连接件和紧固件将面玻璃牢固地固定在它上面，十分安全可靠。充分利用金属结构的灵活多变以满足建筑造型的需要，人们可以透过玻璃清楚地看到支承玻璃的整个结构体系。玻璃的晶莹剔透和金属结构的坚固结实，"美"与"力"的体现，增强了"虚"、"实"对比的效果。

(2) 全玻璃结构点式玻璃幕墙。它通过金属连接件及紧固件将玻璃支承结构(玻璃肋)与面玻璃连成整体，成为建筑围护结构。施工简便，造价低，玻璃面和肋构成开阔的视野，使人赏心悦目，建筑物室内、外空间达到最大程度的视觉交融。

(3) 拉杆(索)结构点式玻璃幕墙。它采用不锈钢拉杆或用与玻璃分缝相对应拉索做成幕墙的支承结构。玻璃通过金属连接件与其固定。在建筑中充分运用机械加工的精度，使构件均为受拉杆件，因此，施工时要加以预应力，这种柔接可降低震动时玻璃的破损率。

建筑点式玻璃幕墙所用的玻璃，由于钻孔而导致孔边玻璃强度降低约 30%，因此建筑点式玻璃幕墙必须采用强度较高的钢化玻璃(钢化玻璃的抗冲击强度是浮法玻璃的3～5倍，抗弯强度是浮法玻璃的 2～5 倍)，钢化玻璃另一个重要特性是使用安全，在遇到较大外力而破坏时产生无锐角的细小碎块(俗称"玻璃雨")，不易伤人。

2. 金属幕墙

金属幕墙，是一种新型的建筑幕墙型式，用于装修，是将玻璃幕墙中的玻璃更换为金属板材的一种幕墙形式，但由于面材的不同两者之间又有很大的区别，所以设计施工过程中应对其分别进行考虑。由于金属板材的优良的加工性能、色彩的多样及良好的安全性，能完全适应各种复杂造型的设计，可以任意增加凹进和凸出的线条，而且可以加工各种型式的曲线线条，给建筑师以巨大的发挥空间，备受建筑师的青睐，因而获得了突飞猛进的发展。

到目前为止，金属幕墙中的铝板幕墙一直在金属幕墙中占主导地位，轻量化的材质，减少了建筑的负荷，为高层建筑提供了良好的选择条件；防水、防污、防腐蚀性能优良，保证了建筑外表面持久长新；加工、运输、安装施工等都比较容易实施，为其广泛使用提供强有力的支持；色彩的多样性及可以组合加工成不同的外观形状，拓展了建筑师的设计空间；较高的性能价格比，易于维护，使用寿命长，符合业主的要求。因此，铝板幕墙作为一种极富冲击力的建筑形式，备受青睐。

铝板幕墙所用的面材有以下 4 种：①铝复合板；②单层铝板；③蜂窝铝板；④夹芯保温铝板。目前使用量较大的是前三种。铝板幕墙的节点构造如图 5.42 所示。

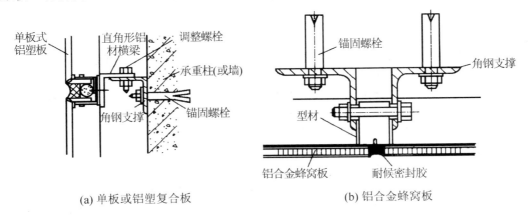

(a) 单板或铝塑复合板　　　　　(b) 铝合金蜂窝板

图 5.42　铝板幕墙的节点构造

3. 石材幕墙

石材幕墙是用金属挂件将石材饰面板直接悬挂在主体结构上的非承重墙体。石材幕墙装饰具有天然石材的光亮、坚硬、典雅、耐冻、抗压强度高等优点，但石材幕墙的防火性很差。

石材幕墙根据安装方式分为三种：背栓式石材幕墙、托板式石材幕墙、通长槽式石材幕墙。

1) 背栓式石材幕墙

连接形式——采用不锈钢胀栓无应力锚固连接，安全可靠。

安装结构——采用挂式柔性连接，抗震性能高。多向可调，表面平整度高，拼缝平直、整齐。

2) 托板式石材幕墙

连接形式——铝合金托板连接，粘接在工厂内完成，质量可靠。

安装结构——采用挂式结构，安装时可三维调整。使用弹性胶垫安装，可实现柔性连接，提高抗震性能。

3) 通长槽式石材幕墙

连接形式——通长铝合金型材的使用，有效提高系统安全性及强度。

安装结构——安装结构可实现三维调整，幕墙表面平整，拼缝整齐。

石材高贵、亮丽的质感，使建筑物表现得庄重大方、高贵豪华。

5.5 墙面装修

墙面装修是指建筑物主体工程完工后，使用建筑装饰材料对建筑物内外墙进行装潢和修饰的构造做法，也称为墙体饰面。

1. 墙面装修的作用

1) 保护墙体

墙面装修层可以改善墙体的吸水性能，提高墙体对风、霜、雨、雪及太阳辐射侵袭的抵御能力，提高墙体的耐久性。

2) 改善墙体的使用功能

墙面装修层可以提高墙体的保温、隔热和隔声性能，可改善室内照度和音质效果。

3) 提高建筑物的艺术效果

利用墙体装修的材料色彩、质感和线脚纹理等处理，可以提高建筑的艺术效果，丰富和美化室内外空间。

2. 墙面装修的类型

按材料和施工方式的不同，常见的墙体饰面可分为抹灰类、贴面类、涂料类、裱糊类和铺钉类等。

饰面装修一般由基层和面层组成，基层即支托饰面的结构构件或骨架，其表面应平整，并应有一定的强度和刚度。饰面层附着于基层起美观和保护作用，它应与基层牢固结合，且表面需平整均匀。通常将饰面层最外表面的涂料，作为饰面装修构造类型的命名。

1) 清水墙

清水墙分为清水砖墙和清水混凝土墙，一般来讲是指只有结构部分，不做任何装饰的墙面。墙面不抹灰的墙称为清水墙，工艺要求较高。墙面抹灰的墙称为混水墙。清水砌筑砖墙，对砖的要求极高。首先砖的大小要均匀，棱角要分明，色泽要有质感。这种砖要定制，价格是普通砖的5～10倍。其次，砌筑工艺十分讲究，灰缝要一致(勾缝形式如图5.43

所示)，阴阳角要锯砖磨边，接槎要严密和有美感，门窗洞口要用拱、花等工艺。现在工程中清水混凝土墙也很普遍了，这种墙体除了允许偏差值比普通墙体严格外，还讲究观感。清水混凝土墙对模板和混凝土的要求非常高，拆模后的墙体表面必须光滑平整、色泽一致，不允许有剔凿、修补、打磨等现象。

在施工方面，清水墙与混水墙的主要区别是要控制游丁走缝(砖按一丁一顺砌筑，上皮和下皮砖也是按一丁一顺砌筑的，如果上下皮出现了丁砖相通或砖缝相通，就为游丁走缝)。清水墙与混水墙的表面区别是：混水墙表面抹灰看不见砖，清水墙表面不抹灰能看见砖。

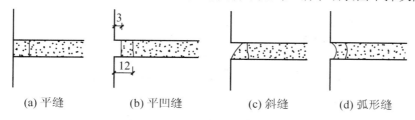

|(a) 平缝|(b) 平凹缝|(c) 斜缝|(d) 弧形缝|

图 5.43　清水墙的勾缝形式

2) 抹灰类

抹灰类墙面是指用石灰砂浆、水泥砂浆、水泥石灰混合砂浆、聚合物水泥砂浆、膨胀珍珠岩水泥砂浆，以及麻刀灰、纸筋灰、石膏灰等作为饰面层的装修做法。它主要的优点在于材料的来源广泛、施工操作简便和造价低廉。但也存在着耐久性差、易开裂、湿作业量大、劳动强度高、工效低等缺点。一般抹灰按质量要求分为普通抹灰、中级抹灰和高级抹灰三级。

为保证抹灰层与基层连接牢固，表面平整均匀，避免裂缝和脱落，在抹灰前应将基层表面的灰尘、污垢、油渍等清除干净，并洒水湿润。同时还要求抹灰层不能太厚，并分层完成。普通标准的抹灰一般由底层和面层组成；装修标准较高的房间，当采用中级或高级抹灰时，还要在面层与底层之间加一层或多层中间层，如图 5.44 所示。

墙面抹灰层的平均总厚度，施工规范中规定不得大于以下规定。

(1) 外墙。普通墙面 20mm，勒脚及突出墙面部分 25mm。

(2) 内墙。普通抹灰 18mm，中级抹灰 20mm，高级抹灰 25mm。

(3) 石墙。墙面抹灰 35mm。

底层抹灰，简称底灰，主要起与基层的粘接和初步找平的作用。厚度一般为 5～15mm。一般室内砖墙多用石灰砂浆和混合砂浆；室外或室内有防水、防潮要求时，应用水泥砂浆。混凝土墙体一般应用混合砂浆或水泥砂浆，加气混凝土内墙可用石灰砂浆或混合砂浆。

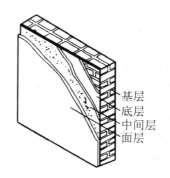

基层
底层
中间层
面层

图 5.44　墙面抹灰分层的构造

中层抹灰是底层与面层的粘接层，同时起进一步找平的作用，减少由于底层砂浆开裂导致的面层裂缝。厚度一般为 5～10mm。中层抹灰的材料可以与底灰相同，也可根据装修要求选用其他材料。面层抹灰，也称罩面，主要起装修作用，要求表面平整、色彩均匀、无裂纹等。根据面层采用的材料不同，抹灰分为一般抹灰和装饰抹灰两类。一般抹灰有石灰砂浆抹灰、混合砂浆抹灰、水泥砂浆抹灰等。装饰抹灰有水刷石、干粘石等。常用抹灰的具体构造做法见表 5-4。

表 5-4　墙面抹灰做法举例

抹灰名称	做法说明	适用范围
纸筋灰墙面(一)	① 喷内墙涂料 ② 2mm 厚纸筋灰罩面 ③ 8mm 厚 1：3 水泥砂浆 ④ 13mm 厚 1：3 石灰砂浆打底	砖基层的内墙
纸筋灰墙面(二)	① 喷内墙涂料 ② 2mm 厚纸筋灰罩面 ③ 8mm 厚 1：3 石灰砂浆 ④ 6mm 厚 TG 砂浆打底扫毛，配比如下 水泥：砂：TG 胶：水=1：6：0.2：适量 ⑤ 刷加气混凝土界面处理剂 1 道	加气混凝土基层的内墙
混合砂浆墙面	① 喷内墙涂料 ② 5mm 厚 1：0.3：3 水泥石灰混合砂浆面层 ③ 15mm 厚 1：1：6 水泥石灰混合砂浆打底找平	内墙
水泥砂浆墙面(一)	① 6mm 厚 1：2.5 水泥砂浆罩面 ② 9mm 厚 1：3 水泥砂浆刮平扫毛 ③ 10mm 厚 1：3 水泥砂浆打底扫毛或画出纹道	砖基层的外墙或有防水要求的内墙
水泥砂浆墙面(二)	① 6mm 厚 1：2.5 水泥砂浆罩面 ② 6mm 厚 1：1：6 水泥石灰砂浆刮平扫毛 ③ 6mm 厚 2：1：8 水泥石灰砂浆打底扫毛 ④ 喷一道 107 胶水溶液，配比如下：107 胶：水=1：4	加气混凝土基层的外墙
水刷石墙面	① 8mm 厚 1：1.5 水泥石子(小八厘)或 10mm 1：1.25 水泥石子(中八厘)罩面 ② 刷速水泥浆一道(内加水重的 3%～5%107 胶) ③ 12mm 厚 1：3 水泥砂浆打底扫毛	砖基层的外墙

在室内抹灰中，对人们活动频繁、易受碰撞的墙面，或有防水、防潮要求的墙身，如门厅、走廊、厨房、浴室、厕所等处的墙面，常做 1.5m 或 1.8m 的墙裙对墙身进行保护。具体做法是用 1：3 水泥砂浆打底，1：2 水泥砂浆或水磨石罩面，也可刷漆、贴面砖或铺钉胶合板等，如图 5.45 所示。同时对室内墙面、柱面及门窗洞口的阳角，宜用 1：2 水泥砂浆做护角，高度不小于 2m，每侧宽度不应小于 50mm，如图 5.46 所示。

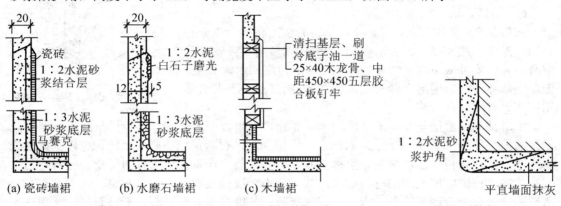

(a) 瓷砖墙裙　　(b) 水磨石墙裙　　(c) 木墙裙

图 5.45　墙裙形式图　　　　　　　　　图 5.46　护角的做法

在内墙面和楼地面的交接处,为了遮盖地面与墙面的接缝,保护墙身,同时防止拖地时弄脏墙面,常做踢脚线。其材料一般与楼地面装修材料相同,高度为 120～150mm。其常见形式有三种:与墙面粉刷相平、凸出墙面、凹进墙面,如图 5.47 所示。

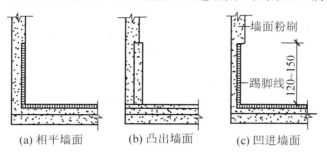

(a) 相平墙面　　　(b) 凸出墙面　　　(c) 凹进墙面

图 5.47　踢脚线形式

为了增加室内美观,在内墙面与顶棚的交接处可做各种装饰线,如图 5.48 所示。

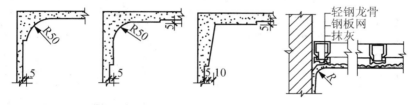

图 5.48　装饰凹线

在室外抹灰中,由于抹灰面积大,为防止面层裂纹和便于操作,或因立面处理的需要,常对抹灰面层作线脚分隔处理。面层施工前,先做不同形式的木引条,待面层抹完后取出木引条,即形成线脚,如图 5.49 所示。

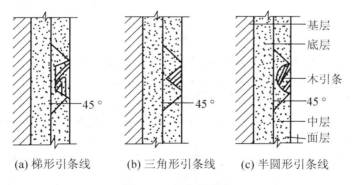

(a) 梯形引条线　　　(b) 三角形引条线　　　(c) 半圆形引条线

图 5.49　引条线做法

3) 贴面类

贴面类是指利用各种天然石材或人造板、块,通过绑、挂或直接粘贴于基层表面的饰面做法。这类装修具有耐久性好、施工方便、装饰性强、质量高、易于清洗等优点。常用的贴面材料有陶瓷面砖、马赛克,以及水磨石、水刷石、剁斧石等水泥预制板,以及天然的花岗岩、大理石板等。其中,质地细腻的材料常用于室内装修,如瓷砖、大理石板等。而质感粗放的材料,如陶瓷面砖、马赛克、花岗岩板等,多用作室外装修。

(1) 陶瓷面砖、马赛克类装修。对陶瓷面砖、马赛克等尺寸小、重量轻的贴面材料,可用砂浆直接粘贴在基层上。在做外墙面时，其构造多采用 10～15mm 厚 1：3 水泥砂浆打底找平，用 8～10mm 厚 1：1 水泥细砂浆粘贴各种装饰材料。粘贴面砖时，常留 13mm 左右的缝隙，以增加材料的透气性，并用 1：1 水泥细砂浆勾缝。在做内墙面时，多用 10～15mm 厚 1：3 水泥砂浆或 1：1：6 水泥石灰混合砂浆打底找平，用 8～10mm 厚 1：0.3：3 水泥石灰砂浆粘贴各种贴面材料，如图 5.50 所示。马赛克的饰面构造与面砖类似，施工时将纸面朝外整块粘贴在 1：1 水泥细砂浆上，用木板压平，待砂浆硬结后洗去牛皮纸即可。

● 特 别 提 示 ●

马赛克(Mosaic)，建筑专业名词为锦砖，分为陶瓷锦砖和玻璃锦砖两种。马赛克最早是一种镶嵌艺术，以小石子、贝壳、瓷砖、玻璃等有色嵌片应用在墙壁面或地板上的绘制图案来表现的一种艺术。

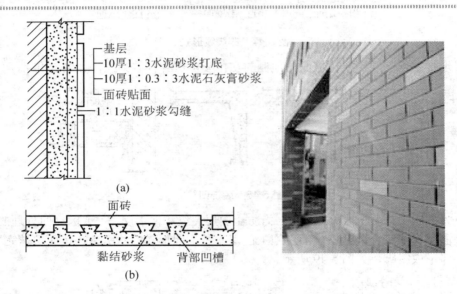

图 5.50　面砖饰面构造

(2) 天然或人造石板类装修。常用的天然石板有花岗岩板、大理石板两类。这类贴面材料的平面尺寸一般为 500mm×500mm、600mm×600mm、600mm×800mm 等，厚度一般为 20mm。由于每块板重量较大，不能用砂浆直接粘贴，而多采用绑或挂的做法。它们具有强度高、结构密实、不宜污染、装修效果好等优点。但由于加工复杂、价格昂贵，故多用于高级墙面装修中。

人造石板一般由白水泥、彩色石子、颜料等配合而成，具有天然石材的花纹和质感、重量轻、表面光洁、色彩多样、造价较低等优点，常见的有水磨石板、人造大理石板等。

① 湿挂石材法。天然石板墙面的构造做法，如图 5.51 所示。具体做法是先在墙身或柱内预埋 $\phi6$ 钢筋或 U 形构件，中距 500mm 左右上绑 $\phi6$ 或 $\phi8$ 纵横向钢筋，形成钢筋网格，网格大小应根据石材规格确定。用直径不小于 2mm 的铜丝或镀锌铅丝，穿过石材上下边缘处预凿的小孔，将石材固定在钢筋网格上。石材与墙体之间留有约 30mm 的缝隙，中间灌以 1：2.5 水泥砂浆，使石材与基层紧密连接。人造板材与天然板材的安装方法相同。

该工艺用于外墙面有许多弊病，不仅因水泥砂浆粘贴板材后碳酸氢钙析出(泛白霜)和出现水渍，使墙面石材变色，形成色差，污染墙面，而且还由于温度变化等原因，易造成墙面空鼓、开裂，甚至脱落等质量通病。

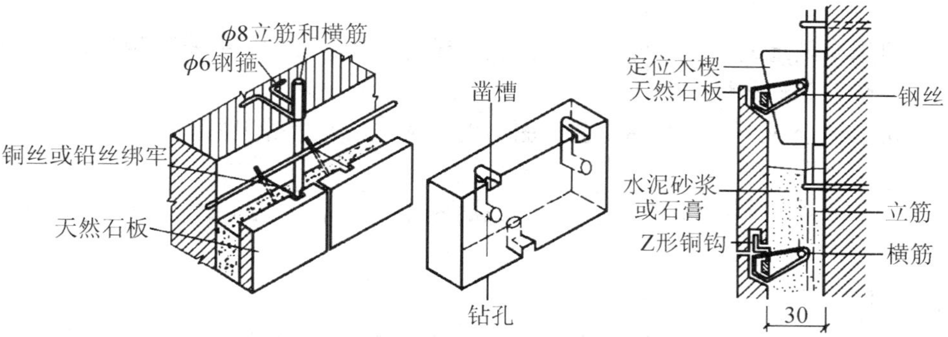

φ8立筋和横筋

φ6钢箍

铜丝或铅丝绑牢

天然石板

凿槽

钻孔

定位木楔

天然石板

钢丝

水泥砂浆
或石膏

Z形铜钩

立筋

横筋

30

图 5.51　石材湿挂法示意

② 干挂石材法。近年来，石材饰板干挂工艺得到发展推广。其原理是在主体结构上设主要受力点，通过金属挂件将石材固定在建筑物上，形成石材装饰幕墙。目前，各地工程石材干挂的具体做法不尽相同。就挂件与主体结构的固定技术而言，主要有两种方法：一是凡属剪力墙结构，可通过膨胀螺栓或预埋铁件直接将挂件固定。二是凡属框架轻墙结构，因墙体不能直接固定挂件，需要通过安装金属骨架使挂件固定。就金属骨架的用料区分，主要有型钢骨架和铝材骨架两种，前者造价低，但需作镀锌和防腐处理，后者因需使用加厚或飞机用材而造价较高。从板材的固定方法来看，大体也有两种：一种是插销式固定法，主要构件有销钉、托板、螺栓、垫板和角钢，各构件的型号视石材自重、地区风载和地震载荷计算确定，其结构是：先将角钢用螺栓固定于骨架或墙体上，并将托板与角钢固定，石材通过销钉与托板连接。该挂件可使板材在小范围内作上下前后调节，以确保板缝的均匀与板面的平整。另一种是后切式干挂，也称无应力锚固式干挂，具体做法是一组底部拓孔锚栓通过凸形结合和石材连接并有金属框架支撑，它在安全性、耐久性、方便性方面有较大优势。按石材拼缝的处理方法分：一是不离缝，板材之间系自然连接，该方法的缺陷是易使板材因温差导致的伸缩受限，在外墙面中不宜广泛采用。二是离缝，板材缝隙通常为 5～8mm，一般以泡沫胶条均匀填充，用耐候硅酮胶密封，如图 5.52 所示。

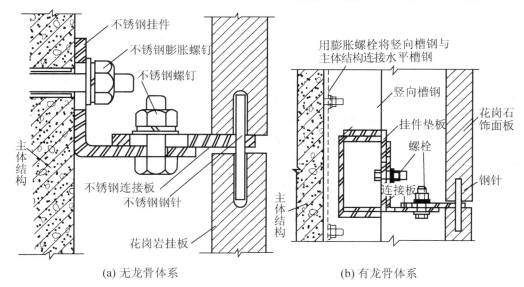

不锈钢挂件

不锈钢膨胀螺钉

不锈钢螺钉

主体结构

不锈钢连接板

不锈钢钢针

花岗岩挂板

(a) 无龙骨体系

用膨胀螺栓将竖向槽钢与
主体结构连接水平槽钢

竖向槽钢

挂件垫板

螺栓

连接板

主体结构

花岗石
饰面板

钢针

(b) 有龙骨体系

图 5.52　天然石板干挂工艺

石材石板干挂法的主要优点如下。

一是可以有效地避免传统湿贴工艺出现的板材空鼓、开裂、脱落等现象，明显提高了建筑物的安全性和耐久性。

二是可以完全避免传统湿贴工艺板面出现的泛白、变色等现象，有利于保持幕墙清洁美观。

三是在一定程度上改善了施工人员的劳动条件，减轻了劳动强度，也有助于加快工程进度。

4) 涂料类

涂料类是指利用各种涂料敷于基层表面，形成完整牢固的膜层，起到保护墙面和美观的一种饰面做法，是饰面装修中最简便的一种形式。它具有造价低、装饰性好、工期短、工效高、自重轻，以及施工操作、维修、更新都比较方便等特点，是一种最有发展的装饰材料。

建筑材料中涂料的品种很多，选用时应根据建筑物的使用功能、墙体周围环境、墙身不同部位，以及施工和经济条件等，选择附着力强、耐久、无毒、耐污染、装饰效果好的涂料。例如，用于外墙面的涂料，应具有良好的耐久、耐冻、耐污染性能。内墙涂料除应满足装饰要求外，还应有一定的强度和耐擦洗性能。炎热多雨地区选用的涂料，应有较好的耐水性、耐高温性和防霉性。寒冷地区则对涂料的抗冻性要求较高。

涂料按其成膜物的不同可分无机涂料和有机涂料两大类。无机涂料包括石灰浆、大白浆、水泥浆及各种无机高分子涂料等，如 JH80-1 型、JHN84-1 型和 F832 型等。有机涂料依其稀释剂的不同，分溶剂型涂料、水溶性涂料和乳胶涂料等，如 812 建筑涂料、106 内墙涂料及 PA-1 型乳胶涂料等，设计中，应充分了解涂料的性能特点，合理、正确地选用。

5) 裱糊类

裱糊类是将各种装饰性墙纸、墙布等卷材在墙面上的一种饰面做法。依面层材料的不同，有塑料面墙纸(PVC 墙纸)、纺织物面墙纸、金属面墙纸及天然木纹面墙纸等。墙布是指可以直接用作墙面装饰材料的各种纤维织物的总称，包括印花玻璃纤维墙布和锦缎等材料。

墙纸或墙布的裱贴，是在抹灰的基层上进行的，它要求基层表面平整、阴阳角顺直。

6) 铺钉类

铺钉类指利用天然板条或各种人造薄板借助于钉、胶结等固定方式对墙面进行的饰面做法。选用不同材质的面板和恰当的构造方式，可以使这类墙面具有质感细腻、美观大方，或给人以亲切感等不同的装饰效果。同时，还可以改善室内声学等环境效果，满足不同的功能要求。铺钉类装修是由骨架和面板两部分组成，施工时先在墙面上立骨架(墙筋)，然后在骨架上铺钉装饰面板。

骨架有木骨架和金属骨架，木骨架截面一般为 50mm×50mm，金属骨架多为槽形冷轧薄钢板。常见的装饰面板有硬木条(板)、竹条、胶合板、纤维板、石膏板、钙塑板及各种吸声墙板等。面板在木骨架上用圆钉或木螺丝固定，在金属骨架上一般用自攻螺丝固定。图 5.53 为硬木条板饰面的构造。

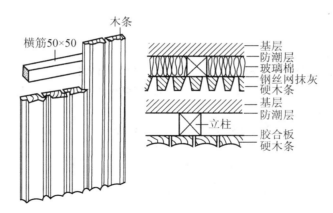

图 5.53　硬木条板饰面的构造

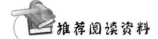

（1）墙体是建筑的重要建筑构件，主要起承重、围护和分隔作用。墙体应具有足够的强度和稳定性，还应具有保温隔热、隔声、防火、防水、防潮等性能。

（2）墙体的承重方案有横墙承重、纵墙承重、纵横墙承重和内框架承重，不同的承重方案对建筑平面、立面及构造有不同的影响。

（3）砌体墙有多种组砌方式，墙体的细部构造主要有勒脚、墙身防潮层、散水和明沟、门窗过梁、窗台、墙体的加固措施等。

（4）隔墙是建筑中分隔房间的非承重墙，有块材隔墙、骨架隔墙和板材隔墙。

（5）墙体装修主要起保护墙体、改善墙体使用功能和美化建筑的作用。

推荐阅读资料

1.《墙体材料应用统一技术规范》(GB 50574—2010)

2.《砌体结构工程施工质量验收规范》(GB 50203—2011)

习　题

一、填空题

1．墙体按其受力状况不同，分为_____和_____两类。其中_____包括自承重墙、隔墙、填充墙等。

2．墙体按其构造及施工方式不同有_____、_____和组合墙等。

3．当墙身两侧室内地面标高有高差时，为避免墙身受潮，常在室内地面处设_____，并在靠土的垂直墙面设_____。

4．散水的宽度一般为_____，当屋面挑檐时，散水宽度应为_____。

5．常用的过梁构造形式有_____、_____和_____这三种。

6．钢筋混凝土圈梁的宽度宜与_____相同，高度不小于_____。

7．抹灰类装修按照建筑标准分为三个等级即_____、_____和_____。

8．隔墙按其构造方式不同常分为_____、_____和_____三类。

9．空心砖隔墙质量轻，但吸湿性大，常在墙下部砌_____粘土砖。

二、选择题

1. 普通粘土砖的规格为( )。
   A. 240mm×120mm×60mm   B. 240mm×110mm×55mm
   C. 240mm×115 mm×53mm   D. 240mm×115mm×55mm
2. 半砖墙的实际厚度为( )。
   A. 120mm   B. 115mm   C. 110mm   D. 125mm
3. 120 墙采用的组砌方式为( )。
   A. 全顺式   B. 一顺一丁式   C. 两平一侧式   D. 每皮丁顺相间式
4. 18 砖墙、37 砖墙的实际厚度为( )。
   A. 180mm；360mm   B. 180mm；365mm
   C. 178mm；360mm   D. 178mm；365mm
5. 两平一侧式组砌的墙为( )。
   A. 120 墙   B. 180 墙   C. 240 墙   D. 370 墙
6. 一砖墙的实际厚度为( )。
   A. 120mm   B. 180mm   C. 240mm   D. 60mm
7. 当室内地面垫层为碎砖或灰土材料时，其水平防潮层的位置应设在( )。
   A. 垫层高度范围内   B. 室内地面以下 0.06m 处
   C. 垫层标高以下   D. 平齐或高于室内地面面层
8. 圈梁遇洞口中断，所设的附加圈梁与原圈梁的搭接长度应满足( )。
   A. ≤2h 且≤1000mm   B. ≤4h 且≤1500mm
   C. ≥2h 且≥1000mm   D. ≥4h 且≥1500mm
9. 墙体设计中，构造柱的最小尺寸为( )。
   A. 180mm×180mm   B. 180mm×240mm
   C. 240mm×240mm   D. 370mm×370mm
10. 半砖隔墙的顶部与楼板相接处为满足连接紧密，其顶部常采用( )或预留 30mm 左右的缝隙，每隔 1m 用木楔打紧。
    A. 嵌水泥砂浆   B. 立砖斜侧   C. 半砖顺砌   D. 浇细石混凝土

三、名词解释

1. 过梁
2. 圈梁
3. 构造柱

四、简答题

1. 水平防潮层的位置如何确定？
2. 墙面装修按材料和施工工艺不同主要有哪几类，其特点是什么？
3. 砖混结构的抗震构造措施主要有哪些？
4. 构造柱的作用和设置位置是什么？
5. 抹灰类墙面装修中，抹灰层的组成、作用和厚度是什么？
6. 简述常见隔墙的种类及其构造要点。
7. 玻璃幕墙的类型有哪些？

综合实训

绘制墙身剖面详图

【设计条件】

某 6 层住宅楼,层高 2.9m。剖切处为 370mm 厚外墙,楼板为 100mm 厚钢筋混凝土现浇板,室内外高差 450mm。内墙面为普通抹灰 20mm 厚,外墙面贴面砖 25mm 厚。

【实训要求】

(1) 按平面图上详图索引位置画出三个墙身节点详图,即墙脚、窗台处和过梁及楼板节点详图。

(2) 采用 A3 图纸,详图比例为 1:20,标注轴线、尺寸、标高及材料做法。

第6章

楼 地 层

引 例

从某种程度上来说，使用预制板盖房子就像搭积木一样，先砌好四面墙，然后把预制板两端伸出的钢筋搭在墙上，接着在楼板上再砌墙，然后再搭一层预制板……当遭受较强地震时，两堵墙以不同频率摇晃起来时，预制板便会从当初固定较弱的一端甩开，砸向下层楼板，最终使房屋由上而下整体倒塌(图 6.1)。由此可见，"夺命的有可能是建筑物，而不仅仅是地震"——汶川大地震再次印证了这句老话。

经过灾难，还用预制板吗？应该如何加强建筑物的抗震设防？

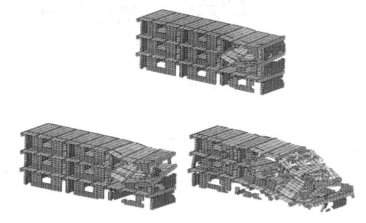

图 6.1   地震发生时纵墙承重的预制楼板砌体结构倒塌模拟过程

6.1   楼地层概述

楼地层包括楼板层和地层。楼板层是用来分隔建筑空间的水平承重构件，沿着竖向将建筑物分隔成若干层；地层大多与土壤直接接触，有时分隔地下室。楼地层不仅承受自重和其上部的荷载，并将其传递给墙或柱，而且对墙体也起到水平支撑的作用，以减少风力和地震产生的水平力对墙体的影响，加强建筑物的整体刚度。此外，楼板还具有隔声、防火、防水、防潮、保温等作用，同时建筑物中的各种水平管线也可敷设在楼板内。

1. 楼板层的组成

楼板层主要由面层、结构层和顶棚层组成，根据建筑物的使用功能不同，还可在楼板层中设置附加层，如找平层、结合层、防潮层、保温层、管道铺设层等。

(1) 面层：又称楼面，位于楼板层最上层，起着保护楼板、承受并传递荷载的作用，同时对室内有很重要的清洁及装饰作用。

(2) 结构层：即楼板，位于面层和顶棚之间，是楼板层的承重部分，包括梁或拱、板等构件，承担其上的各种荷载并把荷载传给承重的墙或柱，对楼板层的隔声、防火等起主要作用。

(3) 顶棚层：又称天花、天棚，位于楼板层最下层，主要作用是保护楼板、安装灯具、装饰室内、敷设管线等。根据建筑物使用要求的不同，分为直接式顶棚和悬吊式顶棚，如图 6.2(a)、图 6.2(b)所示。

(4) 附加层：又称功能层，根据楼板层的具体要求而设置。比如增设隔声层、防水层、隔热层、保温层、防腐蚀、管线敷设等，如图 6.2(c)所示。根据需要，有时和面层合二为一，有时也可与吊顶合为一体。

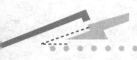

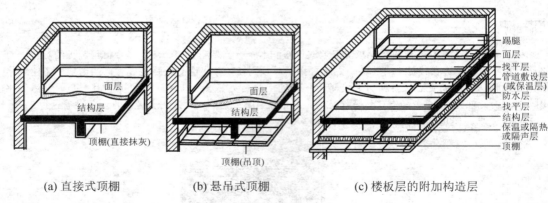

(a) 直接式顶棚   (b) 悬吊式顶棚   (c) 楼板层的附加构造层

图 6.2　楼板层的组成

2. 地层的组成

地层也称地坪，由面层、垫层和基层构成。对有特殊要求的地坪，常在面层和垫层之间增设一些附加层，如图 6.3 所示。

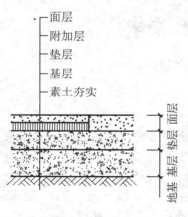

图 6.3　地层的组成

(1) 面层：又称地面，是地层上表面的构造层，也是室内空间下部的装修层，起着保护室内使用条件和装饰室内的作用。

(2) 垫层：地坪的结构层，承受地面荷载并将其均匀地传递给夯实的地基。垫层又分为刚性垫层和非刚性垫层。垫层通常采用 C10 混凝土、厚度为 60～100mm，混凝土垫层为刚性垫层；在北方少雨地区也可用灰土、三合土等非刚性垫层。

(3) 基层：多为垫层与地基之间的找平层或填充层，主要起加强地基、辅助结构层传递荷载的作用。对地基条件较好且室内荷载不大的建筑，一般可不设基层。当建筑标准较高或地面荷载较大或有保温等特殊要求，或面层材料本身就是结构层的，需设置基层。基层通常是在素土夯实的基础上，再铺设灰土层、三合土层、碎砖石或卵石灌浆层等，以加强地基。

素土夯实层也可看做是地坪的基层，材料为不含杂质的砂石黏土，通常是将 300mm 的素土夯实成 200mm 厚，使之均匀传力。

3. 楼板的类型

楼板根据其承重结构层所用材料不同，主要有木楼板、砖拱楼板、钢筋混凝土楼板、压型钢板与混凝土复合楼板等类型，如图 6.4 所示。

1) 木楼板

木楼板是我国传统的做法，构造简单、施工方便、质量轻、保温性能好，但防火、耐久性差，而且木材消耗量大，目前已较少使用。

2) 砖拱楼板

砖拱楼板是用砖砌成拱形结构来承受楼板层的荷载，它可以节约木材、钢筋、水泥，但自重大、抗震性能差、结构占用空间大、顶棚不平整，此种楼板目前已经不用。

3）钢筋混凝土楼板

钢筋混凝土楼板强度高，刚度大，有良好的耐久性、可塑性和防火性能，便于工业化生产和机械化施工，是目前我国房屋建筑中应用最广泛的一种楼板。

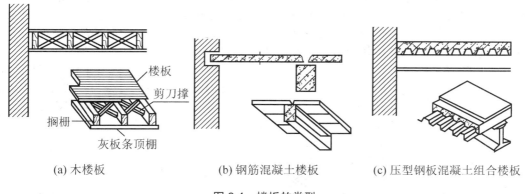

(a) 木楼板　　　　　　(b) 钢筋混凝土楼板　　　　(c) 压型钢板混凝土组合楼板

图 6.4　楼板的类型

4）压型钢板混凝土组合楼板

压型钢板混凝土组合楼板是利用压型钢板作为楼板的承重构件和底模板，相当于替代了钢筋混凝土楼板中的一部分钢筋、模板。具有强度高、刚度大、施工快和节约模板等优点，但用钢量大，是目前大力推广的一种新型楼板。主要用于大空间、高层民用建筑和大跨度工业厂房中。

4．楼板的设计要求

为了保证楼板在使用过程中的安全和使用质量，在设计时应满足如下要求。

1）具有足够的强度和刚度

楼板层首先应满足坚固方面的要求，同时应具有足够的强度，以保证在自重和不同使用荷载作用下安全可靠，不被破坏；还应具有足够的刚度，在允许荷载作用下不发生超过规定的挠度变形，保证房屋整体的稳定性。

2）满足使用功能方面的要求

楼板层应满足防火、防水、保温、隔热、隔声、耐久等基本使用功能要求，保证室内环境的舒适和卫生。同时，还应方便在楼板层中敷设各种管线。

3）满足建筑工业化的要求

楼板层设计时，应注意尽量减少预制构件的规格和种类，尽量符合建筑模数制的要求，满足建筑工业化的要求。

4）满足经济要求

选用楼板时应结合当地实际选择合适的结构材料和类型，提高装配化的程度。楼板层的跨度应在结构构件的经济合理范围内确定。一般多层建筑中楼板层造价约占建筑物总造价的 20%～30%，要合理选配，降低造价。

6.2　钢筋混凝土楼板构造

钢筋混凝土楼板根据施工方式不同，分为现浇整体式、预制装配式，以及装配整体式钢筋混凝土楼板三种。

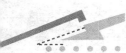
6.2.1 现浇整体式钢筋混凝土楼板

现浇整体式钢筋混凝土楼板是指在施工现场将整个楼板浇筑成整体，即在施工现场经支模板、绑扎钢筋、浇捣混凝土、养护等施工程序而成型的楼板结构，如图 6.5 所示。该楼板由于是现场整体浇筑成型，结构整体性能良好，刚度大，有利于抗震，防水、抗渗性能好，且制作灵活，适用于整体性要求较高、平面形式不规则、尺寸不符合模数或管道穿越较多的楼面。其缺点是湿作业量大、施工慢、工期长等。

现浇整体式钢筋混凝土楼板根据楼板的受力和传力情况不同，可分为板式楼板、梁板式楼板、无梁楼板，此外还有压型钢板混凝土组合楼板。

1. 板式楼板

1) 概念与特点

将楼板现浇成一块平板，四周直接支撑在墙上，这种楼板称为板式楼板。该楼板底面平整、美观、施工支模简单，但是当楼板跨度大时，需增加楼板的厚度，耗费材料较多，所以多用于平面尺寸较小的房间，如厨房、卫生间及走廊等。

图 6.5 现浇钢筋混凝土楼板施工

2) 分类

板式楼板根据其支撑情况和受力特点分为单向板与双向板。在板的受力和传力的过程中，板的长边尺寸 l_2 与短边尺寸 l_1 的比值大小，对板的受力特性影响较大。当 $l_2/l_1 > 2$ 时，在荷载作用下，楼板基本上只在 l_1 方向上挠曲变形，而在 l_2 方向上的挠曲很小，这表明荷载基本只沿 l_1 方向传递，此板称为单向板，如图 6.6(a)所示。板内受力钢筋沿短边方向布置，在垂直于短边方向只布置按构造要求设置的分布钢筋。

当 $l_2/l_1 \leq 2$ 时，楼板在两个方向都有挠曲，即荷载沿两个方向传递，此板称为双向板，如图 6.6(b)所示。双向板短边方向内力较大，长边方向内力较小，受力主筋平行于短边，并摆在下面。板式楼板的厚度由构造要求和结构计算确定，通常为 60～120mm。

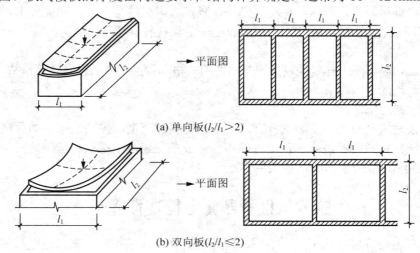

(a) 单向板($l_2/l_1 > 2$)

(b) 双向板($l_2/l_1 \leq 2$)

图 6.6 单向板和双向板

2. 梁板式楼板

对于平面尺寸较大的房间，若仍采用板式楼梯，会因板跨较大而需要增加板厚，这不仅使材料用量增多、板的自重加大，而且使板的自重在楼板荷载中所占的比重增加。为使楼板结构的受力与传力以及经济上比较合理，应采取措施控制板的跨度。通常可以在板下设梁以增加板的支点，从而减小了板的跨度和板内配筋，这种情况下可采用梁板式楼板。这种由板和梁组合而成的楼板称为梁板式楼板，也称为肋梁楼板。

梁有主梁和次梁之分。这样，梁板式楼板一般由板、主梁、次梁组成，如图 6.7 所示。板、主梁、次梁现浇而成，主梁搁在墙上或端部与柱整浇在一起，次梁支撑在主梁上，板支撑在次梁上，这样楼板上的荷载先由板传给梁，再由梁传给墙或柱。有时，钢筋混凝土结构由于功能和使用上的要求等，也可用反梁，即板在梁下相连。

根据梁的构造形式，梁板式楼板可分为单梁式、复梁式和井式。

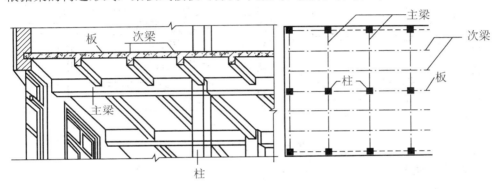

图 6.7   梁板式楼板

1) 单梁式楼板

当房间有一个方向的平面尺寸相对较小时，可以只沿短向设梁，梁支承在承重墙上，这种形式称为单梁式楼板，如图 6.8 所示。一般梁的跨度为 5～8m，梁的高度为跨度的 1/12～1/10，梁的宽度为高度的 1/3～1/2，板跨取 2.5～3.5m。

单梁式楼板结构较简单，仅适用于教学楼、办公楼等建筑。

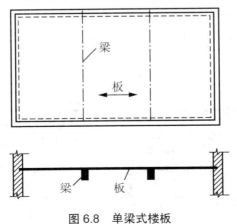

图 6.8   单梁式楼板

2) 复梁式楼板

当房间两个方向的平面尺寸都较大时，在两个方向都设置梁，有主梁和次梁之分，且

垂直相交，这种形式称为复梁式楼板，如图 6.9 所示。主梁和次梁的布置应整齐有规律，并考虑建筑物的使用要求、房间的大小形状以及荷载作用情况等，一般主梁沿房间短跨方向布置，次梁则垂直于主梁布置。

除了考虑承重要求之外，梁的布置还应考虑经济合理性。一般主梁的经济跨度为 5 ～ 8m，主梁的高度为跨度的 1/14～1/8，主梁的宽度为高度的 1/3～1/2；主梁的间距即为次梁的跨度，次梁的跨度一般为 4～6m，次梁的高度为跨度的 1/18～1/12，次梁的宽度为高度的 1/3～1/2；次梁的间距即为板的跨度，一般为 1.7～2.7m，板的厚度一般为 60～80mm。

复梁式楼板构造简单，刚度好，施工方便，造价经济，广泛应用于公共建筑、居住建筑和工业建筑中。

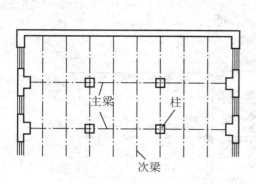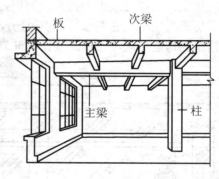

图 6.9　复梁式楼板

特 别 提 示

复梁式楼板的荷载传递路线：荷载—板—次梁—主梁—墙或柱。

3) 井式楼板

井式楼板是梁板式楼板的一种特殊形式。当房间的跨度超过 10m，并且平面形状近似正方形时，常在板下沿两个方向布置等距离、等截面尺寸的梁(即不分主次梁)，与板整浇形成井格式的梁板结构。纵梁和横梁同时承担着由板传递下来的荷载。

井式楼板的布置形式一般有正井式和斜井式。梁与墙之间成正交梁的为正井式，如图 6.10(a)所示；梁与墙之间作斜向布置形成斜井式，如图 6.10(b)所示。井式楼板中梁的跨度为 6～10m，板的跨度一般为 3m 左右。板为双向板，厚度为 70～80mm。

井式楼板外观规则整齐，具有较强的装饰性，可不设柱满足较大建筑空间的要求，多用于公共建筑的门厅、大厅、会议室、餐厅、舞厅等无需设柱的空间。

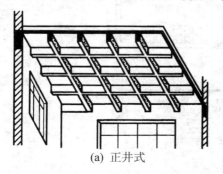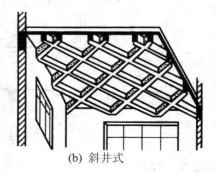

(a) 正井式　　　　　(b) 斜井式

图 6.10　井式楼板

◉ 知 识 链 接 ....

楼板和梁搁置长度的要求：为了保证墙体对楼板、梁的支撑强度，使楼板、梁能够可靠地传递荷载，楼板和梁必须有足够的搁置长度。楼板在砖墙上的搁置长度一般不小于板厚且不小于 110mm；梁在砖墙上的搁置长度与梁高有关，当梁高不超过 500mm 时，搁置长度不小于 180mm，当梁高超过 500mm 时，搁置长度不小于 240mm。

....

3. 无梁楼板

对平面尺寸较大的房间或门厅，有时楼板层也可以不设梁，直接将板支承于柱上，这种楼板称为无梁楼板，如图 6.11 所示。无梁楼板分无柱帽和有柱帽两种类型，当楼面荷载较小时，可采用无柱帽式；当楼面荷载较大时，为提高楼板的承载能力及其刚度，增加柱对板的支托面积并减小板跨，一般在柱的顶部设柱帽和托板。

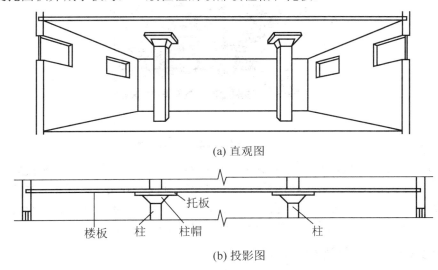

(a) 直观图

(b) 投影图

图 6.11 无梁楼板

柱帽的形式有圆形、方形、多边形等，柱网一般布置为正方形或接近正方形，柱距以 6m 左右较为经济。由于其板跨较大，板厚不宜小于 120mm，一般为 160～200mm。

无梁楼板的板底平整，室内净空高度大，采光、通风和卫生条件好，便于采用工业化的施工方式，适用于楼面荷载较大的公共建筑(如商店、仓库和展览馆等)和多层工业厂房。

4. 压型钢板组合楼板

以压型钢板为衬板，与混凝土浇筑在一起，搁置在钢梁上构成的整体式楼板称为压型钢板组合楼板。该楼板主要由钢梁、压型钢板、现浇混凝土三部分组成，如图 6.12 所示。

压型钢板的跨度一般为 2～3m，铺设在钢梁上，与钢梁之间用栓钉连接，上面浇筑的混凝土厚 100～150mm。压型钢板净厚度不小于 0.75mm，最好控制在 1.0mm 以上。为了便于浇筑混凝土，压型钢板平均槽宽不小于 50mm。压型钢板外表面应有保护层，以防御施工和使用过程中大气的侵蚀。

压型钢板起到了永久性模板和受拉钢筋的双重作用，同时简化了施工程序，加快了施工进度，并具有较强的承载力、刚度和整体稳定性，但耗钢材量较大。此楼板层适用于大空间的高层民用建筑或大跨度工业建筑。

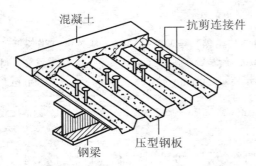

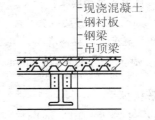

(a) 压型钢板与钢梁之间的连接   (b) 压型钢板组合楼板基本组成

(c) 压型钢板组合楼板

图 6.12　压型钢板混凝土组合楼板

压型钢板组合楼板按照构造形式分为单层钢衬板组合楼板和双层钢衬板组合楼板两类。单层钢衬板组合楼板构造比较简单，只设单层钢衬板；双层钢衬板组合楼板通常由两截面相同的压型钢板组合而成，也可由一层压型钢板和一层平钢板组成。双层压型钢板组合楼板的承载能力更好，两层钢板之间形成的空腔便于设备管线的敷设。

6.2.2　预制装配式钢筋混凝土楼板

预制装配式钢筋混凝土楼板是指在预制构件加工厂或施工现场外预先制作成型并达到强度后，运送到施工现场，按顺序装配而成的钢筋混凝土楼板。这样，大大减少了现场湿作业量，节省模板，提高了现场机械化施工水平，使工期大为缩短，有利于提高建筑工业化水平，但其整体性和抗震性能较差，板缝嵌固不好时易出现通长裂缝，因此近年来在实际工程中的应用逐渐减少。

1. 楼板分类

预制装配式钢筋混凝土楼板按楼板的构造形式可分为实心平板、槽形板和空心板三种；按楼板的应力状况又可分为预应力和非预应力两种。预应力构件与非预应力构件相比，可推迟裂缝的出现和限制裂缝的开展，并节省钢材 30%～50%，节约混凝土 10%～30%，减轻自重，降低造价。

1) 实心平板

预制实心平板上下板面平整，制作简单，但自重较大，隔音效果差，宜用于跨度小的走廊板、楼梯平台板、阳台板、管沟盖板等处，如图 6.13 所示。板厚一般为 60～100mm，跨度在 2.5m 以内为宜，板宽约为 500～900mm。板的两端支承在墙或梁上，由于构件小，施工对起吊机械要求不高。

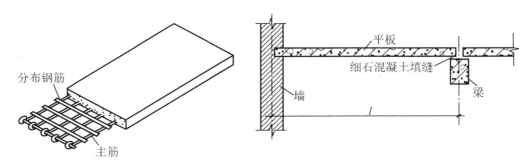

图 6.13　实心平板

2) 槽形板

当跨度尺寸较大时，为了减轻板的自重，根据板的受力情况，可将板做成槽形板，它是一种梁板合一的构件，即在实心板两侧设纵肋，构成槽形截面，用以承受板的荷载。预制槽形板具有自重轻、省材料、造价低、便于开孔等优点。

为了便于搁置和提高板的刚度，在板的两端常设端肋封闭，当板的跨度较大时，还应在板的中部增设横肋。槽形板板跨为 3.0～7.2m，板宽为 600～1500mm，肋高一般为 150～400mm，由于板肋形成了板的支点，板跨减小，所以板厚较小，为 30～40mm。承载能力较好，适应跨度较大，常用于工业建筑。

特　别　提　示

槽形板当板长超过 6m 时，为提高刚度，需在纵肋之间每隔 600～1500mm 增设一道横肋。

槽形板的搁置方式有两种：正置(肋向下)和倒置(肋向上)，如图 6.14 所示。正置槽形板受力合理，但板底不平，有碍观瞻，也不利于室内采光，因此多用于工业厂房等美观要求不高的房间；倒置槽形板板底平整，但板受力不甚合理，需另做面板，有时为考虑楼板的隔声和保温，可在槽内填充轻质隔声、保温材料。

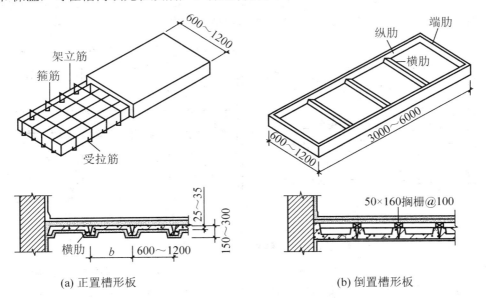

(a) 正置槽形板　　　　　　　　　　(b) 倒置槽形板

图 6.14　槽形板

3) 空心板

空心板是将楼板中部沿纵向抽孔而形成中空的一种钢筋混凝土楼板。孔的断面形式有圆形、椭圆形和矩形等，由于圆形孔制作时抽芯脱模方便，不易产生板面开裂，且刚度好，故应用最普遍，如图 6.15 所示。与实心板相比，空心板自重轻，材料省，刚度好，隔声、隔热效果好，其缺点是板面不能随意开洞，故不宜用于管道穿越较多的房间。

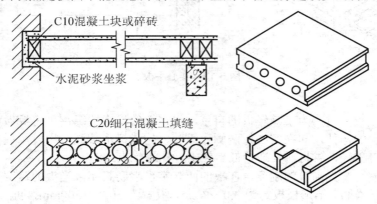

C10混凝土块或碎砖

水泥砂浆坐浆

C20细石混凝土填缝

图 6.15　空心板

空心板的宽度为 500～1200mm，跨度为 2.4～7.2m，较为经济的跨度为 2.4～4.2m，板的厚度一般为 110～240mm，视板的跨度而定，常用的是预应力空心板，板厚为 120mm。板端孔洞常以砖块或混凝土块填塞，这样可保证在安装时嵌缝砂浆或细石混凝土不会流入板孔中，且板端不被压坏。可用于公共建筑及轻型的工业建筑，但其承载力远远不如槽型板。

2. 预制楼板的结构布置

对预制楼板进行结构布置时，应根据房间的平面尺寸，并结合所选板的规格来定。板的布置方式有两种：一种是预制楼板直接搁置在承重墙上，形成板式结构布置，多用于小开间的建筑，如住宅、宿舍、旅馆等；另一种是预制楼板搁置在梁上，梁支撑于墙或柱上，形成梁式结构布置，多用于开间、进深较大的房间，如教学楼、实验楼、办公楼等，如图 6.16 所示。

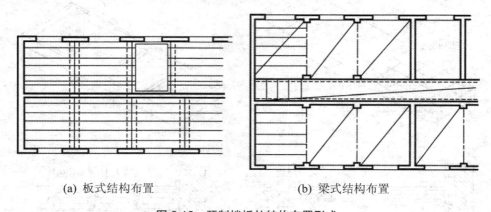

(a) 板式结构布置　　　　　　　(b) 梁式结构布置

图 6.16　预制楼板的结构布置形式

在布置楼板时，尽量减少板的规格、类型，并优先选用宽板、窄板作调剂用。同时应避免出现板三边支承的情况，即板的长边不得伸入墙内，否则在荷载作用下易产生纵向裂缝，如图 6.17 所示。按楼板支撑在墙上或梁上的净尺寸计算楼板的块数，不够整块数时，可通过调整板缝或于墙边挑砖或增加局部现浇板等办法来解决。当遇有上下管线、烟道、通风道穿过楼板时，由于空心板不宜开洞，所以应尽量将该处楼板现浇。

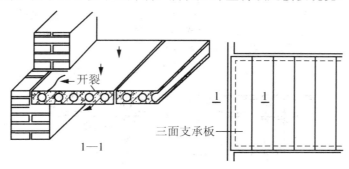

图 6.17　三面支承的板

3. 预制楼板的连接构造

1）预制板的搁置方式

预制板搁置在砖墙或梁上时，应先在梁或墙的支撑面用 10～20mm 厚 M5 水泥砂浆找平，即坐浆，以保证板的平稳和传力均匀。另外还应有足够的支承长度，支承于梁上时其搁置长度≥80mm，支承于内墙上时其搁置长度≥100mm，支承于外墙上时其搁置长度≥120mm，如图 6.18。另外，为了增加建筑物的整体刚度，特别是处于地基条件较差的地段或地震区，应在板与墙、梁之间或板与板之间用拉结钢筋加以锚固，如图 6.19 所示。

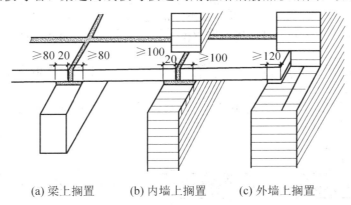

(a) 梁上搁置　　　(b) 内墙上搁置　　　(c) 外墙上搁置

图 6.18　预制板的搁置要求

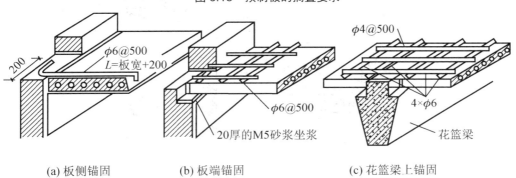

(a) 板侧锚固　　　(b) 板端锚固　　　(c) 花篮梁上锚固

图 6.19　锚固钢筋的配置

预制板在梁上的搁置方式有两种：一种是搁置在梁的顶面上，如矩形梁；另一种是搁置在梁出挑的翼缘上，如花篮梁，如图 6.20 所示。后一种搁置方式，板的上表面与梁的顶面相平齐，若梁高不变，楼板结构所占的高度就比前一种搁置方式小一个板厚，使室内的净空高度增加。但应注意板的跨度并非梁的中心距，而是减去梁顶面宽度之后的尺寸。

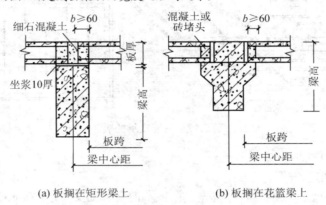

(a) 板搁在矩形梁上　　　　　　　(b) 板搁在花篮梁上

图 6.20　板在梁上的搁置

2) 预制板板缝的调整

在布置房间楼板时，预制板的总宽度可能与房间的平面尺寸之间存在差额，即出现不足以排开一块板的缝隙，此时，可以根据不同情况采取相应措施来解决。

(1) 当缝隙宽度≤50mm 时，可调整板缝的宽度，使其≤30mm，然后在缝中注入 C20 的细石混凝土灌实，如图 6.21(a)所示。

(2) 当板缝宽度为 50～120mm 时，可在灌缝的混凝土中加配 2ϕ6 通长钢筋或挑砖，如图 6.21(b)、图 6.21(c)所示。

(3) 当缝隙宽度为 120～200mm 时，可现浇钢筋混凝土板带，且将板带设在墙边或有穿管的部位，如图 6.21(d)所示。

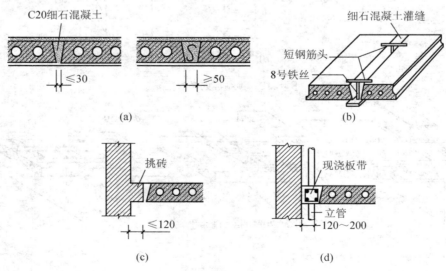

(a)　　　　　　　　　　　　　　(b)

(c)　　　　　　　　　　　　　　(d)

图 6.21　板缝处理措施

(4) 当缝隙宽度大于 200 mm 时，调整板的规格。

为了加强装配式楼板的整体性，避免在板缝处出现裂缝而影响楼板的使用和美观，应对板缝处作很好的处理。

特 别 提 示

预制板之间的接缝有端缝和侧缝两种，具体处理方法如下：①端缝，一般用细石混凝土灌缝使之相互连接。为了增强建筑物的整体性和抗震性能，可将板端外露的钢筋交错搭接在一起，或加钢筋网片，并用细石混凝土灌实。②侧缝，起着协调板与板之间共同工作的作用。侧缝一般有 V 形缝、U 形缝、凹槽缝三种形式，V 形缝和 U 形缝便于灌缝，多在板较薄时采用；凹槽缝连接牢固，楼板整体性好，相邻的板之间共同工作的效果好。侧缝接缝形式，如图 6.22 所示。

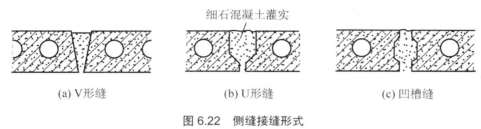

细石混凝土灌实

(a) V形缝　　　　　(b) U形缝　　　　　(c) 凹槽缝

图 6.22　侧缝接缝形式

3) 预制板上隔墙的设置

当楼板上设置轻质隔墙时，由于其自重轻，隔墙可搁置于楼板的任意位置。若为自重较大的隔墙(如砖隔墙、砌块隔墙等)，一般应在其下部设置隔墙梁。如允许隔墙设置在楼板上时，则应避免将隔墙搁置在一块板上。

当隔墙与板跨平行时，通常将隔墙设置在两块板的接缝处。采用槽形板的楼板，隔墙可直接搁置在板的纵肋上，如图 6.23(a)所示；若采用空心板，须在隔墙下的板缝处设现浇钢筋混凝土板带或梁来支撑隔墙，如图 6.23(b)、图 6.23(c)所示；当隔墙与板跨垂直时，应尽量将墙布置在楼板的支撑端，否则应进行结构设计，在板面内加配构造钢筋，如图 6.23(d)所示。

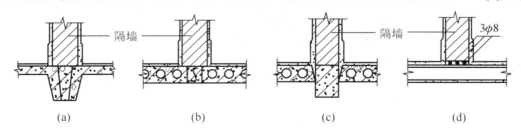

隔墙　　　　　　　　　　　　　　　　隔墙　　3φ8

(a)　　　　　　(b)　　　　　　(c)　　　　　　(d)

图 6.23　预制板上隔墙的构造

特 别 提 示

现浇板和预制板的特点对比：现浇板在施工现场完成支模、扎钢筋、浇筑混凝土等程序，尽管其工序多，施工周期长，但现浇板可以增强房屋的整体性，由此提升抗震能力。现浇板与预制板除了工序不完全相同，其使用的钢筋也有不同。为了减少受力，防止其变形、开裂，预制板内的钢筋一般使用预应力高强度钢丝。由于预先进行过冷拉，因此预制板中的钢筋通常是较细的光面钢筋，而现浇板由于是在工地上现场制作的，一般没有条件先拉紧钢筋，因此更多使用螺纹面钢筋。

　　抗震最主要的措施就是加强房屋的整体性。对于砌体结构，要增加建筑物的整体性，一种措施是使用现浇板，另一种措施就是使用"构造柱"和"圈梁"。对于混合结构来说，无论使用预制板还是现浇板，圈梁和构造柱都是其最主要的抗震结构，而在现浇板中，钢筋混凝土的圈梁与板融为一体，整体性则更加牢固。

6.2.3　装配整体式钢筋混凝土楼板

　　装配整体式钢筋混凝土楼板是先将楼板中的部分构件预制，现场安装后再浇筑混凝土面层而成的整体楼板。这种楼板的整体性好、省模板、施工快，集中了现浇和预制的优点，适用于有振动荷载或有地震设防要求的地区。根据结构和构造方法的不同，装配整体式钢筋混凝土楼板可分为叠合楼板和密肋填充块楼板两种。

　　1. 叠合楼板

　　叠合楼板是由预制板和现浇钢筋混凝土面层叠合而成的装配整体式楼板。预制钢筋混凝土薄板既是承受施工荷载的永久性模板，也是整个楼板结构的一个组成部分。现浇的钢筋混凝土叠合层强度为 C20 级，内部可敷设水平管线。这种楼板具有良好的整体性，且板上下表面平整，便于饰面层装修，适用于对整体刚度要求较高的高层建筑和大开间建筑。

　　预制板部分通常采用预应力或非预应力薄板，为了保证预制薄板与钢筋混凝土叠合层结合牢固，预制薄板的表面应作适当的处理。处理的形式主要有两种，一种是在薄板表面刻槽；另一种是板面露出较为规则的三角形结合钢筋，如图 6.24(a)、图 6.24(b)所示。

　　预制薄板跨度一般为 4～6m，预应力薄板最大可达到 9m，板的宽度为 1.1～1.8m，板厚通常为 50～70mm。叠合层厚度一般为 100～120mm，以大于或等于薄板厚度的两倍为宜。叠合楼板的总厚度一般为 150～250mm。

　　叠合楼板的预制部分，也可采用钢筋混凝土空心板，现浇叠合层的厚度较薄，一般为30～50mm，如图 6.24(c)所示。

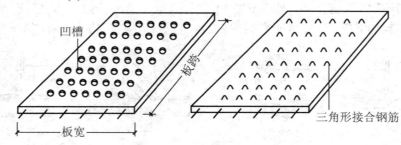

(a) 预制薄板的板面处理

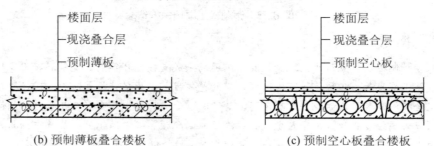

(b) 预制薄板叠合楼板　　　　　　　　(c) 预制空心板叠合楼板

图 6.24　叠合楼板

2. 密肋填充块楼板

密肋填充块楼板是采用间距较小的密肋小梁做承重构件，小梁之间用轻质砌块填充，并在上面整浇面层而形成的楼板，小梁有现浇和预制两种，目前采用较少。

6.3 楼地层构造

楼板层和地坪层的面层，在构造和要求上是基本一致的，对室内装修而言，统称为地面。地面是人们日常生活、工作和生产时直接接触的部分，也是建筑中直接承受荷载的部分，经常受到摩擦、清扫、冲洗等作用，因此地面装修构造要满足以下设计要求。

(1) 具有足够的坚固性。要求在各种外力作用下不易磨损破坏，且要求表面平整、光洁、易清洁和不易起灰。

(2) 保温性能好。即要求地面材料的导热系数要小，给人以温暖舒适的感觉，冬季走在上面不致感到寒冷。

(3) 具有一定的弹性。当人们行走时不致有过硬的感受，同时还能起隔声作用。

(4) 满足某些特殊要求。对有水作用的房间，地面应防潮防水；对有火灾隐患的房间，应防火阻燃；对有化学物质作用的房间，应耐腐蚀等。

综上所述，在进行地面的设计或施工时，应根据房间的使用功能和装修标准，选择恰当的构造措施。

6.3.1 楼地面的分类

楼地面的装修按其材料和施工方法不同，一般可分为整体类地面、板块类地面、卷材类地面和涂料类地面四类，装修的方式应根据房间的使用要求和装修标准等加以选用。

1. 整体类地面

整体类地面是指现场浇筑的整片地面。地面面层没有缝隙，整体效果好，一般是整片施工，也可以分区分块施工。按材料的不同有水泥砂浆地面、细石混凝土地面、水磨石地面等。

1) 水泥砂浆地面

水泥砂浆地面是在混凝土垫层或楼板上涂抹水泥砂浆而形成的面层。具有构造简单、坚固耐用、防水性好、造价低等优点，但导热系数大，易结露、易起灰、不易清洁且装饰效果差，一般用于装修标准较低的建筑物中，如图 6.25 所示。

水泥砂浆地面通常有单层和双层两种做法。单层是采用 1∶2～1∶2.5 的水泥砂浆抹光压平，厚度为 15～20mm。为了减少由于水泥砂浆干缩而产生裂缝，提高地面的耐磨性，采用双层做法，即先用 1∶3 水泥砂浆打底找平，厚度为 15～20mm，再用 1∶1.5～1∶2 的水泥砂浆抹面，厚度为 5～10mm。

2) 细石混凝土地面

细石混凝土地面刚性好，强度高，且不易起尘，但自重较大。其做法是在基层上浇筑 30～40mm 厚的细石混凝土，随打随压光。为提高整体性、抵抗温度裂缝，可内配 $\phi 4@200$ 的钢筋网。

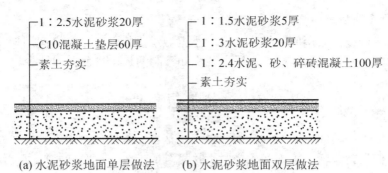

(a) 水泥砂浆地面单层做法　　(b) 水泥砂浆地面双层做法

图 6.25　水泥砂浆地面构造

3) 水磨石地面

水磨石地面是以水泥为胶结材料，大理石、方解石或白云石等中等硬度的石屑做骨料而形成的水泥石屑面层，结硬后经磨光打蜡而成，如图 6.26 所示。水磨石地面具有坚硬耐磨、防水性好、表面光洁、不起灰、易清洁、装饰效果好等优点，但导热系数偏大、弹性小，造价高于水泥砂浆地面，且施工较复杂。多用于人流量较大的公共建筑的大厅、走廊、楼梯以及候车厅等。

水磨石地面一般分为两层施工。先在刚性垫层或结构层上用 10～20mm 厚 1：3 水泥砂浆找平，然后用 10～15mm 厚 1：1.5～1：2 的水泥石屑浆抹面压实，待面层达到一定强度后(一般养护一周)，加水用磨石机磨光，再用草酸溶液清洗，打蜡保护。为了防止面层因温度变化等引起的开裂，适应地面变形，常用 10mm 高的玻璃条、铜条、铝条等将地面分隔成若干小块或各种图案。也可用白水泥替代普通水泥，并掺入颜料，形成美术水磨石地面，但造价较高。

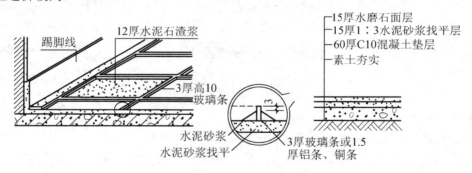

图 6.26　水磨石地面构造

2. 板块类地面

板块类地面是指用各种人造或天然的预制板材、块材镶铺在基层上的地面。按面层材料的不同有铺砖地面、陶瓷板块地面、石材类地面、木地面等。

1) 铺砖地面

是用粘土砖、预制混凝土块等砌筑的地面。铺设方式有干铺和湿铺两种。干铺是在基层上铺一层 20～40mm 厚砂子，将砖块等直接铺设在砂子上，板块间用砂或砂浆填缝；湿铺是在基层上铺 10～20mm 厚 1：3 水泥砂浆，用 1：1 水泥砂浆灌缝，如图 6.27 所示。铺砖地面造价低，适用于庭院小道和要求不高的地面。

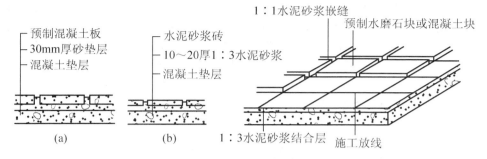

图 6.27　铺砖地面

2) 陶瓷板块地面

用于地面的陶瓷板块有缸砖、陶瓷地砖和陶瓷锦砖等，如图 6.28 所示。

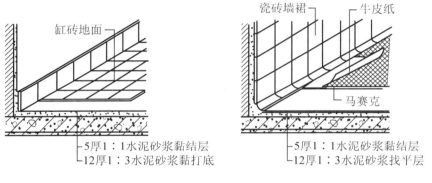

(a) 缸砖或瓷砖地面　　　　　(b) 陶瓷锦砖(马赛克)地面

图 6.28　缸砖、陶瓷锦砖地面构造

(1) 缸砖。缸砖是陶土加矿物颜料烧制而成的一种无釉砖块。缸砖质地细密坚硬，强度较高，耐磨、耐水、耐油、耐酸碱，易于清洁不起灰，施工简单，因此广泛用于卫生间、盥洗室、浴室、厨房、实验室及有腐蚀性液体的房间地面。

(2) 陶瓷地砖。陶瓷地砖又称墙地砖，其类型有釉面地砖、无光釉面地砖、无釉防滑地砖及抛光地砖。陶瓷地砖色调均匀，砖面平整，抗腐耐磨，施工方便，装饰效果好，特别是防滑地砖和抛光地砖被广泛用于办公、商场、旅馆和住宅的地面装修。

(3) 陶瓷锦砖。陶瓷锦砖又称马赛克，是优质瓷土烧制而成的小尺寸瓷砖，有各种颜色、多种几何形状，并可拼成各种图案。陶瓷锦砖面层薄、自重轻，但质地坚硬，经久耐用，防水、防腐蚀性好，正面贴在牛皮纸上，反面有小凹槽，便于施工。陶瓷锦砖主要用于防滑、卫生要求较高的卫生间、浴室等房间的地面，也可用于外墙面。

缸砖、陶瓷地砖和陶瓷锦砖构造做法：先在混凝土垫层或楼板上抹 15～20mm 厚 1:3 的水泥砂浆找平，再用 5～8mm 厚的 1:1 的水泥砂浆或水泥胶(水泥:108 胶:水=1:0.1:0.2)粘贴，最后用素水泥浆或白水泥嵌缝(也称擦缝)。陶瓷锦砖由于块比较小，粘贴后需要用滚筒压平，使水泥胶挤入缝隙，用水洗去牛皮纸，再用白水泥嵌缝。

3) 石材类地面

石材类地面包括天然石板地面和地面。天然石板地面有花岗岩板和大理石板，其质地坚硬、色泽艳丽、美观，属于高档地面装饰材料，一般用于高级宾馆、会堂、公共建筑的大厅、门厅等处。人造石板有预制水磨石板、人造大理石板等。

板材铺设前应按房间尺寸预定制作，铺设时需预先试铺，合适后再开始正式粘贴，具体做法：先在混凝土垫层或楼板找平层上实铺20～30mm厚1：(3～4)干硬性水泥砂浆找平，再用5～10mm厚的1：1水泥砂浆作结合层铺贴石板，板缝挤紧，且宽度不大于1mm，然后用橡皮锤或木锤敲实，最后用素水泥浆擦缝并清理，如图6.29所示。

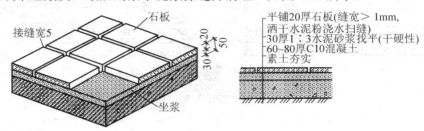

图6.29　石材类地面构造

4) 木地面

木地面是由木板铺钉或粘贴形成的一种地面形式。木地面根据面层使用材料的不同，有实木地板、复合木地板、软木地板、竹地板等。木地面根据构造形式的不同可分为：实铺式和架空式两种。木地板自重轻，有较好的弹性，吸声能力、蓄热性和接触感好，不起灰，易清洁且易于加工，成为高档地面装修的一种方式，一般用于装修标准较高的住宅、宾馆、体育馆、舞台等建筑中。但是木地面耐火性差，易腐朽，且造价较高。

(1) 实铺式木地面。实铺式木地面有铺钉式和粘贴式两种方法。

① 铺钉式木地面。铺钉式木地面是在混凝土垫层或楼板的找平层上固定小断面的木搁栅，然后在木搁栅上铺钉木板材。木搁栅的断面尺寸一般为50mm×50mm或50mm×70mm，其间距为400～500mm，搁栅间的空当可用来安装各种管线。木板材可采用单层地板和双层地板。单层地板铺设时，长条形地板顺着房间采光方向铺设，走道沿行走方向铺设。双层地板是在搁栅上先铺设毛板再铺地板的形式，弹性好，但较费木料，双层地板的毛板与面板最好成45°或90°交叉铺钉，毛板与面板之间可衬一层油纸，作为缓冲层，以减少摩擦。

铺钉式木地面应组织好板下架空层的通风，通常在木地板与墙面之间留10～20mm的空隙，在踢脚板处设通风口，使地板下的空气流通，以保持地板的干燥，如图6.30所示。

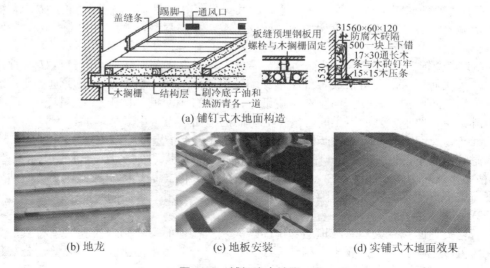

(a) 铺钉式木地面构造

(b) 地龙　　　　　　　(c) 地板安装　　　　　　　(d) 实铺式木地面效果

图6.30　铺钉式木地面

　　② 粘贴式木地面。粘贴式木地面是在混凝土垫层或楼板上先用 20mm 厚 1∶2.5 的水泥砂浆找平，干燥后用专用胶粘剂黏结木板材的一种木地板形式，其构造如图 6.31 所示。这种做法不用搁栅，节省了木材，造价低，施工简单，结构高度小，目前应用较多。但这种木地板弹性差，使用中维修困难，施工中应注意粘贴质量和基层的平整。

　　实铺式木地面若为底层地面，应做好防潮处理，防止木地板受潮腐烂，通常在混凝土垫层或基层上设防潮层。

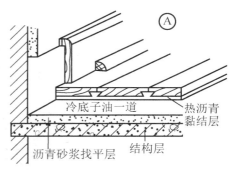

图 6.31　粘贴式木地面

　　(2) 架空式木地面。架空式木地面一般是将木楼地面进行架空铺设，使板下有足够的空间，以便于通风，保持干燥。架空式木地面构造比较复杂，耗费木材较多，造价高，实际中较少采用，主要用于要求环境干燥且对楼地面有较高的弹性要求的房间，其构造如图 6.32 所示。

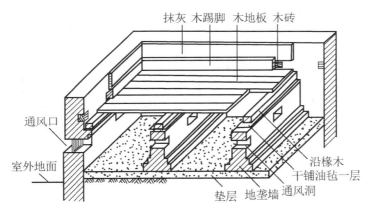

图 6.32　架空式木地面构造

知 识 链 接

　　复合木地板一般由四层复合而成，第一层为透明人造金刚砂的超强耐磨层；第二层为木纹装饰纸层；第三层为高密度纤维板的基材层；第四层为防水平衡层，经高性能合成树脂浸渍后，再经高温、高压压制，四边开榫而成。这种木地板精度高，特别耐磨，阻燃性、耐污性好，保温、隔热及观感方面可与实木地板媲美。复合木地板的规格一般为 8mm×190mm×1200mm，一般采用悬浮铺设，即在较平整的基层(在 1m 的距离内高差不应超过 3mm)上先铺设一层聚乙烯薄膜作防潮层。铺设时，复合木地板四周的榫槽用专用的防水胶密封，以防止地面水向下浸入。

　　3. 卷材类地面

　　卷材类地面是由成卷的铺材粘贴而成的一种地面形式。常见的有塑料地毡、橡胶地毡等。

　　1) 塑料地毡

　　塑料地毡以聚乙烯树脂为基料，加入增塑剂、稳定剂、石棉绒等经塑化热压而成。施工时，先清理干净基层，经弹线定位后在塑料板底涂胶粘剂，由中间向四周铺贴，或者用干铺法。在接缝处先将板缝切成 V 形，然后用三角形塑料焊条、电热焊枪焊接，如图 6.33 所示。

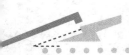

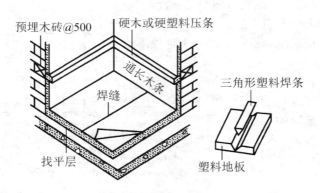

图 6.33 塑料地毡地面

塑料地毡的品种多样：有卷材和片材之分，有软质和半硬质之分，有单色和复色之分等。塑料地毡经济性好，施工简便，且色泽鲜艳，表面光亮，装饰效果好，同时具有较好的防水、消声、保温等性能，弹性好，行走舒适，易清扫，且价格低廉，适用于有清洁要求的工业厂房、宾馆、会议室、阅览室、展览馆和实验室等建筑。

2) 橡胶地毡

橡胶地毡是以天然或合成橡胶为主要原材料，掺入填充料、防老化剂、硫化剂等制成的卷材。橡胶地毡可以干铺也可以用胶粘剂粘贴在水泥砂浆找平层上。橡胶地毡具有耐磨、柔软、防滑、消声、富有弹性并具有电绝缘性，铺贴简单，但价格较高，适用于有清洁要求的工业厂房、宾馆、展览馆和实验室等建筑以及各类球场、跑道等。

3) 地毯

地毯类型较多，按面层材料组成不同有化纤地毯、羊毛地毯和棉织地毯等。用于建筑物内满铺或局部铺设，可直接干铺或固定铺设。固定铺设即用胶粘剂将地毯粘贴在地面上，四周用倒钩钉或带钉板条和金属条将地毯四周固定。地毯具有良好的弹性、吸声及隔声能力、保温好、行走舒适、美观大方、施工简便，但价格较贵，不易清理，适用于住宅和宾馆等高档场所，如图 6.34 所示。

4. 涂料类地面

涂料类地面是在水泥砂浆地面或混凝土地面的表面上涂刷或涂刮涂料而形成的一种地面形式。涂料地面耐磨、耐酸碱、防水性能好、易清洁，可根据需要做成各种几何图案，可以改善水泥砂浆地面在使用和装饰方面的不足。涂料所包含的范围很广，既包括传统的油漆，也包括以各类合成树脂为主要原料生产的溶剂型涂料和水溶性涂料。

地面涂料也称地坪涂料，是采用耐磨树脂和耐磨颜料制成的用于地面涂刷的涂料，与一般涂料相比，地面涂料的耐磨性和抗污染性特别突出，因此广泛用于医院、商场、车库、跑道、工业厂房等地面装饰。

图 6.34 地毯

知 识 链 接 ··

常见的地坪涂料有环氧地坪涂料和聚氨酯地坪涂料。

环氧地坪涂料是一种高强度、耐磨损、美观的地面涂料材料，具有无接缝、质地坚实、防腐、防水、防尘、保养方便、维护费用低廉等优点。环氧地坪涂料只适用于各类建筑物室内混凝土地面的装饰，如医疗、卫生、食品工业、医院、电子、微电子、无尘无菌实验室、洁净室、轻工业行业等。

聚氨酯地坪涂料是在室内外均可使用的地坪涂料，尤其是弹性聚氨酯地坪涂料，广泛应用于跑道、过街天桥等地面装饰。

6.3.2　楼地层细部构造

楼地层的细部构造包括地坪防潮构造、楼地层防水构造、楼地层隔声构造等。

1．地坪防潮构造

由于地坪与土层直接接触，土壤中的水分会因毛细现象作用上升引起地面受潮，严重影响室内卫生和使用。为有效防止室内受潮，避免地面因结构层受潮而破坏，需对地层做必要的防潮处理。

1）架空式地坪

架空式地坪是将地坪底层架空，使地坪不接触土壤，形成通风间层，以改变地面的温度状况，同时带走地下潮气，其构造如图 6.35 所示。

2）实铺式地坪

实铺式地坪一般是在夯实的地基土上做垫层(常见垫层的做法有：100mm 厚的 3：7 灰土，或 150mm 厚卵石灌 M2.5 混合砂浆或 100mm 厚的碎砖三合土等)，垫层上做不小于 50mm 厚的 C10 混凝土结构层，有时也称混凝土垫层，最后再做各种不同材料的地面面层。在这类常见的地坪做法中的混凝土结构层，同时也是良好的地坪防潮层。有时也可在垫层下均匀铺设卵石、碎石、粗砂等，起到切断毛细水通路的作用。几种实铺式地坪的防潮处理，如图 6.36 所示。

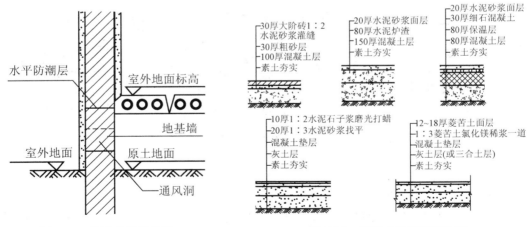

图 6.35　架空式地坪构造　　　　　图 6.36　实铺式地坪防潮处理

2．楼地层防水构造

在建筑内部的厕所、盥洗室、淋浴室等房间，地面易产生积水，处理稍有不当就会出现渗水、漏水现象，因此，必须做好这些房间楼地层的排水和防水工作。

1) 楼地面排水

为使楼地面排水畅通，需将楼地面设置 1%～1.5%的坡度坡向地漏，使水有组织地沿地漏排放。为防止积水外溢，影响其他房间的使用，用水房间的地面应比相邻房间或走道的地面低 20～30mm；当两房间地面等高时，应在门口做 20～30mm 高的挡水门槛，如图 6.37 所示。

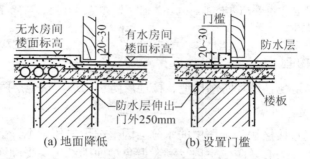

(a) 地面降低   (b) 设置门槛

图 6.37　楼地面排水

2) 楼板防水

楼板防水要考虑多种情况和多方面因素，现浇板是楼板防水的首选，面层材料通常为水磨石、瓷砖等防水性较好的材料。当防水要求较高时，还应在现浇楼板与面层之间设置防水层，常见的防水材料有卷材、防水砂浆和防水涂料等。为防止水沿房间四周侵入墙体，应将防水层沿墙角处向上翻起成泛水，泛水高度一般为 150～200mm，对淋水墙面如浴室等，可将泛水高度适当增加，如图 6.38(a)所示。

当用水房间有竖向设备管道穿越楼板时，应在管线周围做好防水密封处理。一般在管道穿过的楼板孔洞周围用 C20 干硬性细石混凝土捣实，再用卷材或涂料作密封处理；当热力管道穿过楼板时，为防止温度变化引起的热胀冷缩现象，常在穿管位置预埋比竖管管径稍大的套管，高出地面 30mm 左右，并在缝隙内填塞弹性防水材料，如图 6.38(b)、图 6.38(c)。

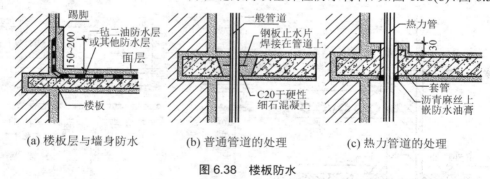

(a) 楼板层与墙身防水   (b) 普通管道的处理   (c) 热力管道的处理

图 6.38　楼板防水

3. 楼地层隔声构造

噪声的传播途径有空气传声和固体传声两种。楼板的隔声包括对空气声和撞击声的隔绝性能。一般来说，达到楼板的空气声隔声标准不难，可采取使楼板密实、无裂缝等构造措施，目前常用的钢筋混凝土材料具有较好的隔绝空气声的性能。对于撞击声，除了向空气中辐射声能外，主要沿建筑结构(固体)传向建筑物各处，而且衰减很小，可以传得很远，影响范围较广。因此，楼板层的隔声构造主要解决固体传声的问题。

隔绝固体传声的方法主要有三种。

（1）在楼板面铺设弹性面层材料。弹性面层材料可减弱撞击的能量和楼板的振动，从而达到改善楼板隔声的效果。常用的弹性面层材料有地毯、橡胶、塑料、木地板等。弹性面层对中高频的撞击声改善比较明显。

（2）在楼板下设置吊顶棚。在楼板下加设钢板网抹灰、纤维板、石膏板、水泥压力板等板材类吊顶，板间接缝处抹腻子，可提高楼板的隔声能力。

（3）设置弹性垫层，形成浮筑式楼板。在承重楼板与面层之间铺设一层弹性材料将面层与承重楼板隔离，即把面层浮筑于楼板上，使面层所受撞击声的振动只有一小部分传至楼板层而向下辐射噪声，因而改善楼板撞击声隔声性能，如图 6.39 所示。

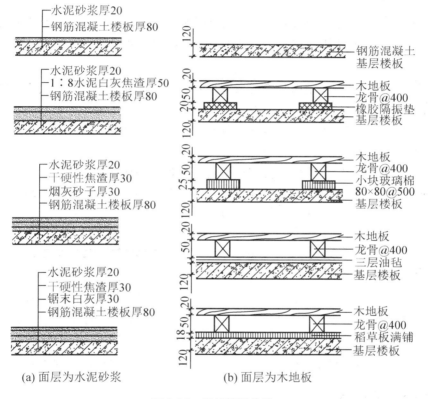

(a) 面层为水泥砂浆   (b) 面层为木地板

图 6.39 浮筑楼板构造

浮筑楼板的面层材料不宜太轻，垫层材料弹性要好，才能获得较高的楼板撞击声改善值。对于有龙骨的构造，在龙骨下面必须加垫弹性材料，否则撞击声改善量不高。

6.4 顶 棚 构 造

顶棚是指建筑物屋顶和楼层的下表面，又称吊顶、天花板或天棚，位于楼板层的最下方，是建筑物室内的主要饰面之一，起着改善室内环境，满足使用要求，装饰室内空间的作用。

顶棚的构造应从建筑功能、建筑声学、建筑照明、建筑热工、设备安装、管线敷设、维护检修、防火安全以及美观要求等多方面综合考虑。顶棚要求光洁、美观，能通过反射光照来改善室内采光及卫生状况，对某些特殊要求的房间，还要求顶棚具有隔声、防水、保温和隔热等功能。按构造形式不同，顶棚的类型分为直接式顶棚和悬吊式顶棚两种。

6.4.1 直接式顶棚构造

直接式顶棚是在屋面板或楼板结构底面直接喷浆、抹灰或粘贴装饰材料。直接式顶棚构造简单，构造层厚度小，可充分利用空间，装饰效果多样，用材少，施工方便，造价较低，但不能隐藏管线等设备，故一般用于装饰要求不高的建筑或空间高度受到限制的房间。

直接式顶棚的基本构造由底层(抹灰)、中间层(抹灰)、面层(各种饰面材料)组成。

根据面层的材料，直接式顶棚通常有涂刷顶棚、抹灰顶棚、贴面顶棚(如壁纸、装饰吸声板等)及其他各类板材顶棚等。

1. 涂刷顶棚

涂刷顶棚是在楼板底面填缝刮平后直接喷或刷大白浆、石灰浆等涂料，如图6.40所示，以增加顶棚的反射光照作用，通常用于装饰要求不高的房间。

2. 抹灰顶棚

当楼板底面不够平整或室内装修要求较高时，可在楼板底抹灰后再喷刷涂料。顶棚抹灰可用纸筋灰、水泥砂浆和混合砂浆等。

其中纸筋灰应用最普遍。纸筋灰应先用混合砂浆打底，再用纸筋灰罩面。

3. 贴面顶棚

贴面顶棚是在楼板底面用砂浆打底找平后，用胶粘剂粘贴墙纸、泡沫塑料板或装饰吸声板等材料，如图6.41所示。一般用于楼板底部平整、不需要顶棚敷设管线而装修要求又较高的房间，或有吸声、保温隔热等要求的房间。

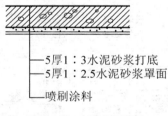

　　—5厚1：3水泥砂浆打底
　　—5厚1：2.5水泥砂浆罩面
　　—喷刷涂料

图6.40　喷刷顶棚构造

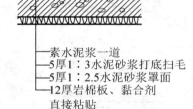

　　—素水泥浆一道
　　—5厚1：3水泥砂浆打底扫毛
　　—5厚1：2.5水泥砂浆罩面
　　—12厚岩棉板、黏合剂
　　直接粘贴

图6.41　贴面顶棚

6.4.2 悬吊式顶棚构造

悬吊式顶棚简称吊顶，是指悬挂在楼板或屋面板下面，通过悬挂物与主体结构连接在一起。吊顶具有保温、隔热、隔音和吸声作用，又可以结合灯具、通风口、音响、喷淋、消防和空调等设施进行整体设计，形成变化丰富的立体造型，改善室内环境，满足不同使用功能的要求。这种顶棚用于标准较高的房间及大型公共建筑中。

根据结构形式的不同，吊顶可分为整体式吊顶、活动式装配吊顶、隐蔽式吊顶和开敞式吊顶等；根据材料的不同，常见的吊顶有板材吊顶、轻钢龙骨吊顶和金属吊顶等。

1. 悬吊式顶棚的组成

悬吊式顶棚一般由吊杆(筋)、龙骨、面层三部分组成，其构造如图6.42所示。

1) 吊杆(筋)

吊杆(筋)的上端与楼板或屋面等承重结构相连，下端与主龙骨相连，是连接龙骨和承重结构的承重传力构件，可调整、确定悬吊式顶棚的空间高度。吊杆(筋)的形式和材料与龙骨的形式、材料及吊顶重量有关，常用的有金属吊杆(钢筋或型钢)及木方等。吊杆(筋)与楼板的连接，如图 6.43 所示。

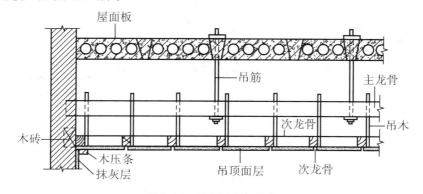

图 6.42　悬吊式顶棚构造

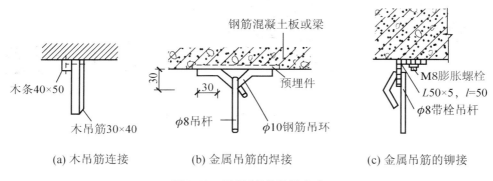

(a) 木吊筋连接　　　　　(b) 金属吊筋的焊接　　　　　(c) 金属吊筋的铆接

图 6.43　吊杆(筋)的连接方式

2) 龙骨

龙骨是吊顶中承上启下的部分，用来固定面层并承受其重量，一般由主龙骨和次龙骨组成。对于普通不上人吊顶，一般用木龙骨、轻钢龙骨及铝合金龙骨；上人吊顶常用型钢或大断面木龙骨。当顶棚跨度较大时，为保证顶棚的水平度，主龙骨中部应适当起拱。

3) 面层

面层是吊顶的表面层，常用的材料有石膏板(如装饰石膏板、纸面石膏板、吸声穿孔石膏板及嵌装式装饰石膏板等)、金属板(如金属微穿孔吸声板、铝合金装饰板、铝塑板等)及其他材料面板(纤维板、胶合板、塑料板及矿棉板等)。面层除具有装饰室内空间的作用外，还有吸声、反射等功能。几种悬吊式顶棚构造，如图 6.44～图 6.46 所示。

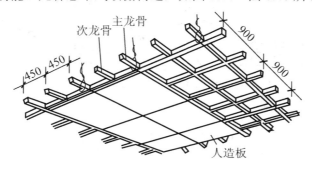

图 6.44　人造板悬吊顶棚构造

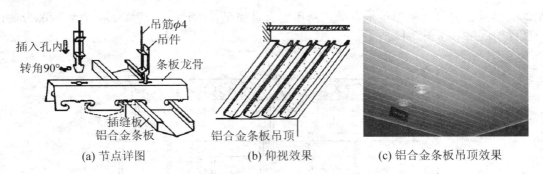

(a) 节点详图　　　　　　　(b) 仰视效果　　　　　　(c) 铝合金条板吊顶效果

图 6.45　铝合金龙骨铝合金条板吊顶构造

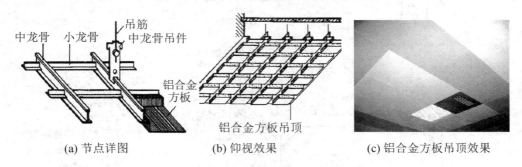

(a) 节点详图　　　　　　　(b) 仰视效果　　　　　　(c) 铝合金方板吊顶效果

图 6.46　铝合金龙骨铝合金方板吊顶

2. 悬吊式顶棚的细部构造

1) 吊杆、吊点的连接构造

吊杆与楼板或屋面板连接的节点称为吊点。在荷载变化处和龙骨被截断处要增设吊点。钢筋吊杆的直径一般为 6～8mm，用于一般悬吊式顶棚；型钢吊杆用于重型悬吊式顶棚或整体刚度要求高的悬吊式顶棚，其规格尺寸要通过结构计算确定；木吊杆一般用 40mm×40mm 或 50mm×50mm 的方木制作，用于木龙骨悬吊式顶棚。

吊杆距主龙骨端部距离不得大于 300mm，当大于 300mm 时，应增加吊杆。吊杆间距一般为 900～1200mm。当预埋的吊杆需接长时，必须搭接焊牢。吊杆的连接构造，如图 6.47 所示。

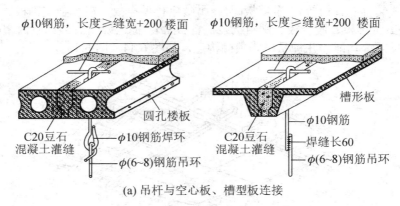

(a) 吊杆与空心板、槽型板连接

图 6.47　吊杆与楼板的连接

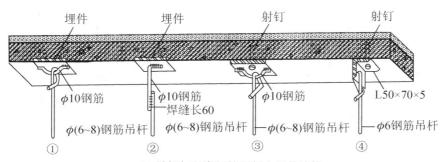

(b) 吊杆与现浇钢筋混凝土板的连接

图 6.47　吊杆与楼板的连接(续)

2) 龙骨的连接构造

(1) 木龙骨。木龙骨的断面一般为方形或矩形。主龙骨断面尺寸为 50mm×70mm，钉接或拴接在吊杆上，间距一般为 1.2～1.5m；主龙骨的底部钉装次龙骨，其间距由面板规格而定。次龙骨一般双向布置，其中一个方向的次龙骨垂直钉于主龙骨上，断面尺寸为 50mm×50mm，另一个方向的次龙骨断面尺寸为 30mm×50mm。

木龙骨使用前必须进行防火、防腐处理。龙骨之间用榫接、粘钉方式连接，如图 6.48 所示。

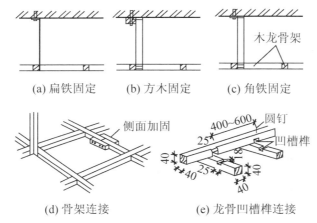

图 6.48　木龙骨连接构造

(2) 型钢龙骨。型钢龙骨有角钢、槽钢、工字钢等形式，主龙骨间距为 1.0～2.0m，其规格应根据荷载的大小确定。主龙骨与吊杆常用螺栓连接，主次龙骨之间用铁卡子、弯钩螺栓连接或焊接。

(3) 轻钢龙骨。轻钢龙骨按其承载能力分为 38、50、60 三个系列，38 系列龙骨适用于吊点距离在 0.9～1.2m 之间的不上人悬吊式顶棚；50 系列龙骨适用于吊点距离在 0.9～1.2m 之间的上人悬吊式顶棚，主龙骨可承受 80kg 的检修荷载；60 系列龙骨适用于吊点距离为 1.5m 的上人悬吊式顶棚，主龙骨可承受 80～100kg 的检修荷载。吊杆与主龙骨、主龙骨与中龙骨、中龙骨与小龙骨之间是通过吊挂件、接插件连接的，如图 6.49 所示。

3) 面板的连接构造

面板与龙骨的连接，有以下几种方式。

(1) 钉接。用铁钉、螺钉将饰面板固定在龙骨上。木龙骨一般用铁钉，型钢、轻钢龙骨用螺钉，钉距视板材材质而定，要求钉帽要埋入板内，并作防锈处理，如图 6.50(a)所示。适用钉接的板材有植物板、矿物板和铝板等。

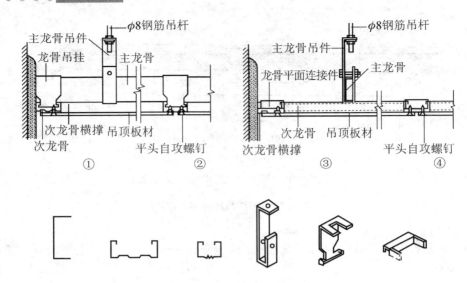

图 6.49　轻钢龙骨连接构造

(2) 粘接。用各种胶粘剂将板材粘贴于龙骨底面或其他基层板上，也可采用粘、钉结合的方式，连接更牢靠，如图 6.50(b)所示。

(3) 搁置。将饰面板直接搁置在倒 T 形断面的轻钢龙骨或铝合金龙骨上，如图 6.50(c)所示。有些轻质板材采用此方式固定，遇风易被掀起，应用物件夹住。

(4) 卡接。用特制龙骨或卡具将饰面板卡在龙骨上，这种方式多用于轻钢龙骨、金属类饰面板，如图 6.50(d)所示。

(5) 吊挂。利用金属挂钩龙骨将饰面板按排列次序组成的单体构件挂于其下，组成开敞悬吊式顶棚，如图 6.50(e)所示。

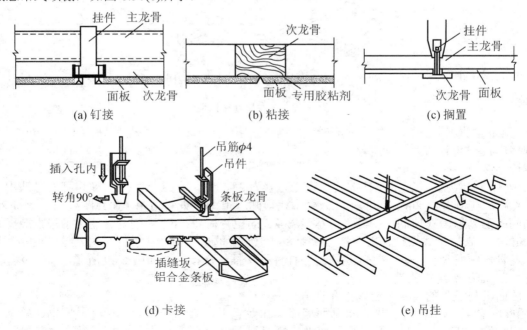

图 6.50　悬吊式顶棚饰面板与龙骨的连接构造

6.5　阳台与雨篷基本知识

6.5.1　阳台

阳台是建筑中特殊的组成部分,是人们进行户外活动的平台或空间,可以在上面休息、观景、晒衣、纳凉,满足人的精神需求。同时阳台的造型也对建筑物的立面起到装饰的作用,是住宅和旅馆等建筑中不可缺少的一部分。

1. 阳台的类型

阳台按其与建筑物外墙的相对位置关系可分为挑阳台(凸阳台)、凹阳台、半凸半凹阳台及转角阳台,如图 6.51 所示;按阳台栏板上部的形式不同可分为封闭式阳台和开敞式阳台;按使用功能不同又可分为生活阳台(靠近卧室和客厅)和服务阳台(靠近厨房)。

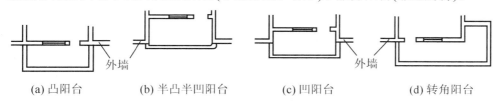

(a) 凸阳台　　(b) 半凸半凹阳台　　(c) 凹阳台　　(d) 转角阳台

图 6.51　阳台的类型

2. 阳台的组成及设计要求

阳台由承重结构(梁、板)和围护结构(栏杆或栏板、扶手)组成。作为建筑物的特殊组成部分,阳台要满足以下要求。

1) 安全适用

悬挑阳台的挑出长度不宜过大,应保证在荷载作用下不发生倾覆现象,以 1.2～1.8m 为宜,常用 1.5m 左右。阳台上的栏杆(栏板)是为保证人们在阳台上活动安全而设置的竖向构件,其净高应高于人体的重心,对于低层、多层住宅,阳台栏杆净高不应低于 1.05m;中高层住宅,阳台栏杆净高不应低于1.1m,但也不宜大于1.2m。

2) 坚固耐久

阳台所用材料和构造措施应经久耐用,承重结构宜采用钢筋混凝土,金属构件应作防锈处理,表面装修应注意色彩的耐久性和抗污染性。

3) 立面要求美观

阳台的美观是指可以利用阳台的形状、排列方式、色彩图案,给建筑物带来一种韵律感,为建筑物的形象增添风采。

3. 阳台的结构布置

阳台的结构形式、布置方式及材料应与建筑物的楼板结构布置统一考虑。按其受力和结构形式不同主要可分为搁板式和悬挑式,悬挑式又可分为挑板式和挑梁式。

1) 搁板式

搁板式一般适合于凹阳台或阳台两侧有凸出墙的阳台。将阳台板搁置于墙上,即形成搁板式阳台,如图 6.52 所示。阳台板型和尺寸与楼板一致,施工方便。

图 6.52 搁板式阳台

2) 挑板式

挑板式阳台有两种做法：一种做法是利用现浇或预制的楼板从室内向外延伸形成挑板式阳台，如图 6.53 所示。这种阳台构造简单，施工方便，是纵墙承重住宅阳台的常用做法。挑出的阳台底板与室内这部分楼板及压在两板端的横墙来平衡，以保证整体的稳定。

另一种做法是将阳台底板和过梁或圈梁整浇在一起，用梁的重量来平衡外挑板的重量，如图 6.54 所示。

挑板式阳台必须注意阳台板的抗倾覆问题，故阳台悬挑不宜过长，一般为 1.20m 左右。这种阳台板底平整，造型简洁，可以将阳台平面制成半圆形、弧形、多边形等形式，增加建筑物的整体美观。

3) 挑梁式

挑梁式阳台是从建筑物的横墙上伸出挑梁，上面搁置预制楼板(或现浇梁板)。阳台板上的荷载通过挑梁传给纵横墙，由压在挑梁上的墙体和楼板来抵抗阳台的倾覆力矩。这种结构布置受力合理，悬挑长度可适当大些，但挑梁压在墙中的长度应不小于 1.5 倍的挑出长度，挑板厚度不小于挑出长度的 1/12，如图 6.55 所示。

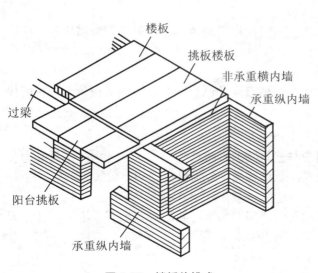

图 6.53 楼板外挑式

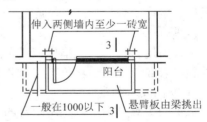

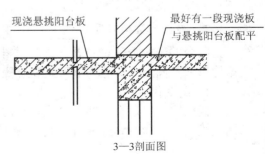

3—3剖面图

图 6.54 挑板式现浇阳台板

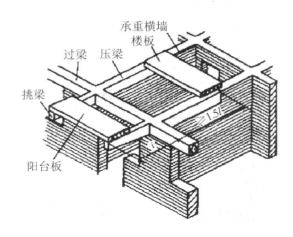

图 6.55　挑梁式阳台

挑梁式阳台底面不平整，挑梁端部外露，不仅影响美观，也使封闭阳台时构造复杂化，工程中一般在挑梁端部增设与其垂直的边梁，以加强阳台的整体性，并承受阳台栏杆的重量。

4. 阳台的细部构造

1) 阳台的栏杆(板)

阳台的栏杆(板)是阳台的围护构件，还承担使用者对阳台侧壁的水平推力，因此必须有足够的强度和适当的高度，以保证使用安全，还可以对整个建筑物起装饰美化作用。

阳台栏杆(板)的形式有空花栏杆、实心栏板，以及由空花栏杆和实心栏板组合而成的组合式栏杆。空花栏杆有金属栏杆、混凝土栏杆两种，金属栏杆一般采用圆钢、方钢、扁钢或钢管制作，如图 6.56 所示。空花栏杆垂直栏杆间净距不宜大于 110mm，不应设水平分格，以防儿童攀爬。此外，栏杆应与阳台板有可靠地连接，通常是在阳台板顶面预埋扁钢与金属栏杆焊接，也可将栏杆插入阳台板的预留孔洞中，用砂浆灌筑。

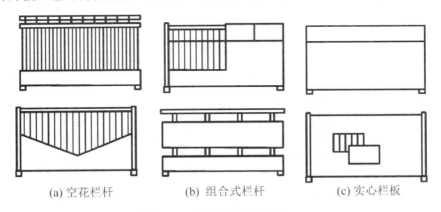

(a) 空花栏杆　　　　(b) 组合式栏杆　　　　(c) 实心栏板

图 6.56　阳台栏杆(板)形式

对于中高层、高层及寒冷地区住宅阳台宜采用实心栏板。栏板有钢筋混凝土栏板、玻璃栏板等，钢筋混凝土栏板可与阳台板整浇在一起，如图 6.57(a)所示，也可在地面上预制，借预埋铁杆与阳台板焊牢，如图 6.57(b)所示。玻璃栏板具有一定的通透性和装饰性，已逐渐用于住宅建筑的阳台。

为了防止物品坠落以及阳台排水的需要，栏杆与阳台板的连接处需采用 C20 混凝土设置挡水带。

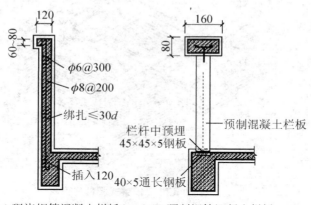

（a）现浇钢筋混凝土栏板　　　（b）预制钢筋混凝土栏板

图 6.57　钢筋混凝土栏板构造

2）阳台的扶手

扶手是供人手扶持所用，有木、钢筋混凝土、金属管、塑料等类型，空花栏杆上多采用金属管和塑料扶手，栏板多采用混凝土扶手。

钢筋混凝土扶手可采用现浇的方式，也可采用预制的。预制压顶与下部应有可靠的连接，可采用预埋铁件焊接和榫接坐浆的方式；金属扶手可采用焊接、铆接的方式；木扶手及塑料制品往往采用铆接的方式。

知 识 链 接

扶手与墙的连接，应将扶手或扶手中的钢筋伸入外墙的预留洞中，用细石混凝土或水泥砂浆填实固牢，如图 6.58(a)所示；现浇钢筋混凝土扶手与墙连接时，应在墙体内预埋 C20 细石混凝土块，从中伸出两根钢筋，长 300mm，与扶手中的钢筋绑扎后进行现浇，如图 6.58(b)所示；当扶手与外墙构造柱相连时，可先在构造柱内预留钢筋，并将其与扶手中钢筋焊接，或构造柱边的预埋件与扶手中钢筋焊接。

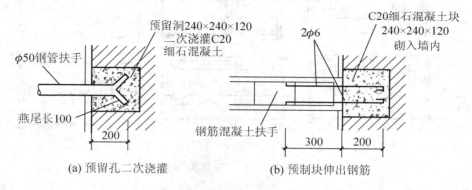

（a）预留孔二次浇灌　　　　　（b）预制块伸出钢筋

图 6.58　扶手与墙体的连接

3）阳台的排水

对于开敞式阳台，为避免阳台的雨水流入室内，要求阳台地面标高应低于室内地面标高 20～50mm，并沿排水方向做 0.5%～1% 的排水坡，使雨水能有组织地排出。

　　阳台的排水分为外排水和内排水两种方式，如图 6.59 所示。外排水即在阳台外侧设置泄水管(俗称水舌)将水排出，泄水管采用 $\phi40\sim\phi60$ 的镀锌钢管或 PVC 塑料管，向外伸出至少 80mm，以防排水时落到下层的阳台，适用于低层、低标准建筑；内排水即在阳台内侧设置排水管和地漏，将雨水经排水管直接排入地下排水管网，不影响建筑物立面美观，适用于高层和高标准建筑。

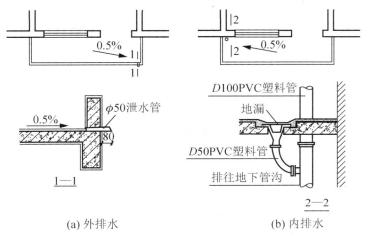

(a) 外排水　　　　　　　　　(b) 内排水

图 6.59　阳台外排水构造

6.5.2　雨篷

　　雨篷是设在建筑物出入口和顶层阳台的上部，起到遮挡雨雪、保护大门免受雨淋的构件，对建筑物的立面起到一定的装饰效果。雨篷给人们提供一个从室外到室内的过渡空间，对于建筑入口处的雨篷还具有标识引导作用。雨篷的形式多种多样，根据建筑材料和结构的不同，可分为钢筋混凝土雨篷、钢结构悬挑雨篷、玻璃采光雨篷等。

1. 钢筋混凝土雨篷

　　钢筋混凝土雨篷根据支承方式不同，有板式和梁板式两种，且多为现浇钢筋混凝土悬挑构件，其悬挑长度可根据建筑和结构设计的不同而定，一般为 1.0～1.5m。为防止雨篷产生倾覆，常将雨篷与入口处门上过梁或圈梁现浇在一起。

1) 板式雨篷

　　板式雨篷承受的荷载较小，因此雨篷板的厚度较薄，通常做成变截面形式，根部厚度为 1/10 挑出长度，但不小于 70mm，板端厚度不小于 50mm，雨篷宽度比门洞每边宽 250mm。雨篷梁宽度一般与墙同厚，如图 6.60(a)所示。

2) 梁板式雨篷

　　当门洞口尺寸较大，雨篷挑出尺寸也较大时，雨篷应采用梁板式结构，即雨篷由梁和板组成。为使雨篷底面平整，美观易清洁，常采用翻梁的形式，即板在梁的底部，如图 6.60(b)所示，一般在雨篷外沿用砖或钢筋混凝土板制成一定高度的卷檐。当雨篷尺寸更大时，可在雨篷下面设柱支撑。

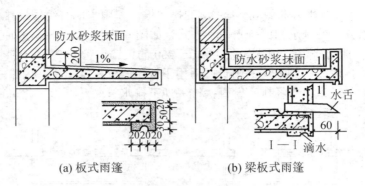

(a) 板式雨篷   (b) 梁板式雨篷

图 6.60 雨篷构造

○ 知 识 链 接 ••

悬臂式雨篷发生破坏的三种可能有：雨篷板根部断裂、雨篷梁弯剪扭破坏和雨篷整体倾覆。防止雨篷倾覆的构造措施，即保证雨篷梁上有足够的压重。

雨篷顶面应做好防水和排水处理。一般采用 20mm 厚的防水砂浆抹面进行防水处理，防水砂浆应顺墙上升，高度不小于 250mm，同时在板的下部边缘做滴水，防止雨水沿板底漫流，如图 6.61 所示。雨篷顶面需设置 1%的排水坡，并在一侧或双侧设排水管将雨水排除。为了立面的需要，可将雨水由落水管集中有组织地排放。

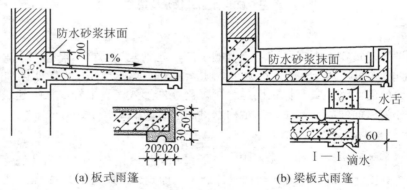

(a) 板式雨篷   (b) 梁板式雨篷

图 6.61 钢筋混凝土雨篷

2. 钢结构悬挑雨篷

钢结构悬挑雨篷由支撑系统、骨架系统和板面系统三部分组成，如图 6.62 所示。这种雨篷具有结构与造型简练、轻巧，施工便捷、灵活的特点，同时富有现代感，在现代建筑中使用越来越广泛。

3. 玻璃采光雨篷

玻璃采光雨篷是用阳光板、钢化玻璃做雨篷面板的新型透光雨篷，如图 6.63 所示。这种雨篷结构轻巧、造型美观、透明新颖、富有现代感，也是现代建筑中广泛使用的一种雨篷。

图 6.62　钢结构悬挑雨篷

图 6.63　玻璃采光雨篷

本章小结

(1) 本章主要介绍楼板层的组成，楼板层根据承重结构层所用材料不同，主要有钢筋混凝土楼板、压型钢板与混凝土复合楼板、木楼板，以及砖拱楼板等其他材料楼板层。其中，钢筋混凝土楼板根据施工方式不同，可分为现浇整体式、预制装配式以及现浇和预制结合的装配整体式楼板。

(2) 现浇钢筋混凝土楼板根据其受力情况分为板式楼板、梁板式楼板、无梁楼板以及压型钢板式楼板等。预制钢筋混凝土楼板可分为实心平板、槽形板和空心板三种类型。叠合楼板是由预制楼板和现浇钢筋混凝土层叠合而成的装配整体式楼板。

(3) 根据面层所用材料和施工方法不同，地面装修可分为几大类：整体类地面、块材类地面、木楼地面和涂料地面、塑料地面、粘贴类地面、活动地面等。

 推荐阅读资料

1. 《房屋建筑制图统一标准》(GB/T 50001—2010)
2. 《住宅设计规范》(GB/T 50096—2011)

习　题

一、选择题

1. 板在排列时受到板宽规格的限制，常出现较大的剩余板缝，当缝宽小于或等于120mm 时，可采用(　　)处理方法。

    A．用水泥砂浆灌实　　　　　　　　B．在墙体中加钢筋网片再灌细石混凝土

    C．沿墙挑砖或挑梁填缝　　　　　　D．重新选板

2. 现浇水磨石地面常嵌固玻璃条(铜条、铝条)分隔，其目的是(　　)。

    A．增添美观　　　　　　　　　　　B．便于磨光

    C．防止石层开裂　　　　　　　　　D．石层不起灰

3. 空心板在安装前，孔的两端常用混凝土或碎砖块堵严，其目的是(　　)。

    A．增加保温性　　　　　　　　　　B．避免板端被压坏

    C．避免板端滑移　　　　　　　　　D．增加整体性

4. 为排除地面积水，地面应有一定的坡度，一般为(　　)。

    A．1%～1.5%　　　B．2%～3%　　　C．0.5%～1%　　　D．3%～5%

5．预制钢筋混凝土梁搁置在墙上时，常需在梁与砌体间设置混凝土或钢筋混凝土垫块，其目的是(　　)。

    A．扩大传力面积　　　　　　　　B．简化施工

    C．增大室内净高

二、填空题

1．楼板层主要由_____、_____和_____组成，根据建筑物的使用功能不同，还可在楼板层中设置_____。

2．钢筋混凝土楼板根据施工方法的不同可分为_____、_____和_____ 3 种类型。

3．木楼地面根据构造形式不同，分为_____、_____和_____。

4．顶棚按饰面与基层的关系分为_____顶棚和_____顶棚两种。

5．阳台按其与建筑物外墙的相对位置关系可分为_____、_____、_____和_____。

6．雨篷根据建筑材料和结构的不同，可分为_____雨篷、_____雨篷、_____雨篷。

三、简答题

1．楼板层各组成部分有什么作用？

2．楼板层的设计要求有哪些？

3．楼板层有哪些类型？它们各自有什么特点？

4．什么是单向板？什么是双向板？它们在构造上各有什么特点？

5．常见的装配式钢筋混凝土楼板有哪些类型？各自有何特点？各适用于什么情况？

6．预制板在墙上和梁上的搁置要求如何？预制板和板之间的缝隙如何处理？

7．装配整体式钢筋混凝土楼板有何特点？

8．地坪层由哪几部分组成？常见的地面装修有哪几种？

9．阳台的结构布置形式有哪些？阳台上的排水如何处理？

10．阳台的栏杆(栏板)的高度有什么要求？

四、技能实训

1．参观所在学校的教学楼、公寓楼、餐厅的楼地面，并画出常见的几种地面装修构造图。

2．参观所在学校的教学楼、公寓楼的吊挂式顶棚，画出其构造图。

第7章

垂直交通设施

⚙ 学习目标

通过本章的学习，了解楼梯的类型及应用；熟悉楼梯的组成及尺度要求；掌握现浇楼梯的形式、结构特点及适用范围；熟悉预制楼梯的三种形式及构造节点；了解电梯、自动扶梯的形式和一般做法；了解室外台阶与坡道的构造。

⚙ 学习要求

能力目标	知识要点	相关知识	权重
了解楼梯的组成、类型及设计要求	楼梯的组成、类型	楼梯的组成、类型	10
掌握楼梯的布置、尺度设计	楼梯的布置、尺度设计	楼梯的布置、尺度设计	30
掌握钢筋混凝土楼梯构造	钢筋混凝土楼梯构造	钢筋混凝土楼梯构造	40
了解台阶和坡道的形式及构造	台阶和坡道的形式及构造	台阶和坡道的形式及构造	10
了解电梯的分类、组成、设计要求	电梯的分类、组成、设计要求	电梯的分类、组成、设计要求	10

引 例

楼梯是建筑的垂直交通联系部分，是搬运家具和在紧急状态下的安全疏散通道。楼梯在宽度、坡度、数量、位置、平面形式、细部构造等均有严格的要求。电梯用于高层和部分多层建筑，自动扶梯用于人流量大的公共建筑中，台阶用在室内或室外有高差的地面情况，坡道用在有车辆通行或无障碍的建筑中，爬梯则只用作检修梯，楼梯则广泛使用于建筑中。

如图 7.1 所示楼梯形式，室外楼梯造型轻巧，通透性强，给建筑外观增加了几分美感。住宅室内选择了螺旋楼梯和弧形楼梯，新颖别致；商场则选择了自动扶梯和观光电梯，适应性强。那么你知道楼梯有哪些类型吗？分别适用于什么建筑什么场合吗？又该如何设计呢？试结合不同建筑说一下楼梯形式该如何选择。

(a) 室外弧形楼梯

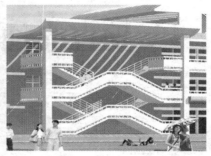

(b) 室外剪刀式楼梯

(c) 室内螺旋楼梯

(d) 室内弧形楼梯

(e) 观光电梯

(f) 自动扶梯

(g) 三跑楼梯

(h) 双跑平行楼梯

图 7.1 室内外楼梯形式对比

7.1　概　　述

7.1.1　楼梯的组成

楼梯一般由楼梯段、楼梯平台、栏杆(栏板)和扶手三部分组成，如图 7.2 所示。

1. 楼梯段

楼梯段又称"跑"，是楼梯的主要使用和承重部分，是联系两个不同标高平台的倾斜构件。楼梯段是由若干个连续的踏步组成。踏步(又称"级")由水平的踏面和垂直的踢面形成。

为减少人们上下楼梯时的疲劳和适应人行的习惯，一个楼梯段上的踏步数≤18 级，每个楼梯段上的踏步数≥3 级。

2. 楼梯平台

平台是指两楼梯段之间的水平板，有楼层平台、中间平台之分。其主要作用在于缓解疲劳，让人们在连续上楼时可在平台上稍加休息，故又称休息平台。同时，平台还是梯段之间转换方向的连接处，还用来分配到达各层的人流。

3. 栏杆(栏板)和扶手

栏杆是楼梯段的安全设施，一般设置在梯段的边缘和平台临空的一边，要求它必须坚固可靠，并保证有足够的安全高度。当楼梯段较宽时，常在楼梯段和平台靠墙一侧设置靠墙扶手。当梯段宽度很大时，则需在梯段中间加设中间扶手。

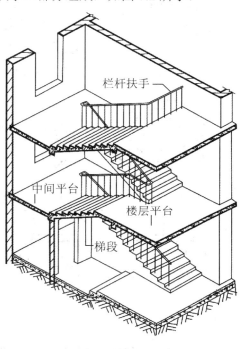

图 7.2　楼梯的组成

7.1.2　楼梯的形式

1. 按材料分类

有钢筋混凝土楼梯、钢楼梯、木楼梯和组合楼梯等。

2. 按位置分类

有室内楼梯和室外楼梯。

3. 按使用性质分类

有主要楼梯、辅助楼梯、疏散楼梯、消防楼梯等。

4. 按平面形式分类

根据楼梯的平面形式主要可分成直跑楼梯、双跑折角楼梯、双跑平行楼梯、双跑直楼梯、三跑楼梯、四跑楼梯、双分式楼梯、双合式楼梯、八角形楼梯、圆形楼梯、螺旋形楼梯、弧形楼梯、剪刀式楼梯、交叉式楼梯等，如图 7.3 所示。

5. 按楼梯间形式分

按照楼梯间的平面形式分，有封闭式楼梯、开敞式楼梯、防烟楼梯等，如图 7.4 所示。

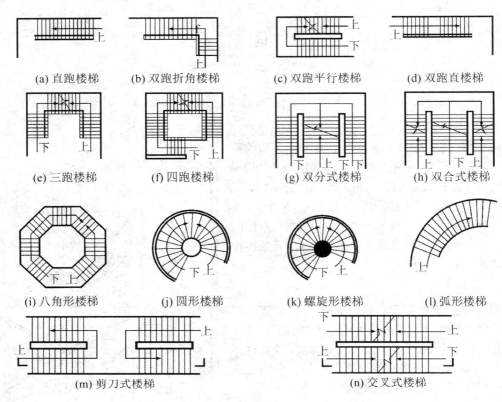

(a) 直跑楼梯　　(b) 双跑折角楼梯　　(c) 双跑平行楼梯　　(d) 双跑直楼梯

(e) 三跑楼梯　　(f) 四跑楼梯　　(g) 双分式楼梯　　(h) 双合式楼梯

(i) 八角形楼梯　　(j) 圆形楼梯　　(k) 螺旋形楼梯　　(l) 弧形楼梯

(m) 剪刀式楼梯　　(n) 交叉式楼梯

图 7.3　楼梯的形式

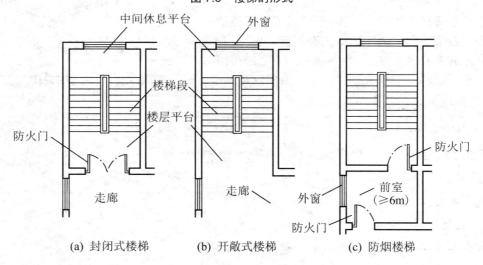

(a) 封闭式楼梯　　(b) 开敞式楼梯　　(c) 防烟楼梯

图 7.4　楼梯间的平面形式

1) 封闭式楼梯间

　　适用于五层以上的多层公共建筑，如医院、疗养院病房楼、设有空气调节系统的宾馆等建筑，以及高层建筑中 24m 以下的裙房，除单元式和通廊式住宅外的、建筑高度不超过 32m 的二类高层建筑及部分高层住宅。

其特点如下。

(1) 楼梯间应靠近外墙并应有直接采光和通风。当不能直接采光和自然通风时，应按防烟楼梯间规定设置。

(2) 楼梯间应设乙级防火门，并应向疏散方向开启。

(3) 楼梯间的首层紧接主要出口时，可将走道和门厅等包括在楼梯间内，形成扩大的封闭楼梯间，但应采用乙级防火门等防火措施与其他走道和房间隔开。

2) 开敞式楼梯间

主要用于五层以下的公共建筑以及其他普通多层建筑。

3) 防烟楼梯间

对于一类高层建筑，除单元式和通廊式住宅外的、建筑高度超过 32m 的二类高层建筑，以及塔式高层住宅均应设防烟楼梯间。

其特点如下。

(1) 楼梯间入口处应设前室、阳台或凹廊。

(2) 前室的面积：公共建筑不应小于 6m²，居住建筑不应小于 4.5m²。

(3) 前室和楼梯间的门均应为乙级防火门，并应向疏散方向开启。

(4) 其前室和楼梯间应有自然排烟或机械加压送风的防烟设施。

7.1.3　楼梯的设计要求

楼梯是建筑中重要的垂直交通设施，对建筑的正常使用和安全性负有不可替代的责任。其主要功能是满足人和物的正常运行和紧急疏散。对楼梯的设计要求首先是通行顺畅、行走舒适、坚固、耐久、安全。在设计时要保证楼梯有足够的宽度、合适的坡度，正确地选择楼梯及楼梯间墙体材料，还要符合施工和经济要求。楼梯造型要美观，尤其是公共建筑的主要楼梯，楼梯的形式、栏杆的处理都直接关系到室内空间观瞻效果。

7.2　楼梯的设计

7.2.1　楼梯的尺度

1. 楼梯的坡度及踏步尺度

楼梯坡度应根据使用情况合理选择，坡度大，行走吃力；坡度过小，加大了楼梯间进深，浪费面积。

在竖向交通设施中，楼梯、爬梯、台阶及坡度的主要区别在于坡度不同，它们的坡度范围如图 7.5 所示。

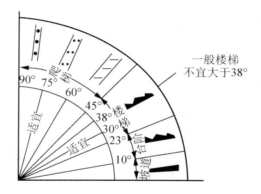

图 7.5　楼梯、爬梯及坡道的坡度范围

一般坡道的坡度≤10°，台阶的坡度范围在10°～23°，楼梯、自动扶梯的坡度范围在23°～45°，爬梯的坡度≥45°，电梯的坡度为90°。其中楼梯坡度为30°左右较合适。

楼梯的坡度实质上与楼梯踏步密切相关，踏步高与宽之比即可构成楼梯坡度。而踏步的高度和宽度之和与人的步距有关，踏步的宽度与人的脚长有关。踏面和踢面的尺寸宜满足以下经验公式

$$2h +b=600～620mm$$

式中　h——踏步高度；

　　　B——踏步宽常；

　　　600～620mm——人的平均步距。

当踏面宽300 mm时，人的脚可以完全放到踏面上，行走舒适；当踏面宽减小时，人行走时脚跟部分悬空，行走不方便，一般踏面宽不宜小于250 mm。居住建筑中，h一般取155～175 mm；公共建筑楼梯坡度平缓些，h一般取140～160 mm。居住建筑的踏步宽度b为260～300mm，公共建筑踏步宽度b为280～340 mm。常用楼梯踏步适宜尺寸见表7-1。

表7-1　常用楼梯适宜踏步尺寸(单位：mm)

建筑物 类别	居住建筑	学校、办公	剧院、会场	医院	幼儿园
踏步高 h	155～175	140～160	120～150	150	120～150
踏步宽 b	260～300	280～340	300～350	300	260～300

当踏面尺寸较小时，为了增加行走舒适度且不增加总进深，常将踏步出挑20～25mm，或将踢面前倾，使踏步宽度大于其水平投影宽度，如图7.6所示。出挑尺寸不宜过大，否则行走时不方便。

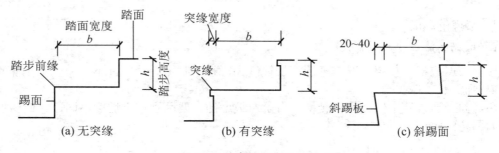

图7.6　踏步的形式和尺寸

2. 梯段的尺度

楼梯段的尺度分为梯段宽度和梯段长度。

宽度必须满足上下人流及搬运物品的需要。从确保安全角度出发，楼梯段宽度是由通过该梯段的人流股数确定的。一般来说，楼梯应至少满足两股人流通行，宽度不小于1100mm。

单人通行时为900mm，双人通行时为1000～1200mm，三人通行时为1500～1800mm。

还应满足各类建筑设计规范中，对梯段宽度的限定。如住宅≥1100mm，公共建筑梯段宽度≥1300mm等。

梯段长度(L)：指每一梯段的水平投影长度，其值 L=b(N-1)。其中 b 为踏步宽；N 为梯段踏步数，即踢面高步数。

3．平台宽度

平台宽度分为中间平台宽度 D_1 和楼层平台宽度 D_2，平台宽度应大于或等于梯段宽度，并≥1200mm。

4．梯井宽度

系指梯段之间形成的空档，以 60～200mm 为宜。儿童用梯应小于 120mm。

5．栏杆(栏板)和扶手高度

(1) 单扶手：一般建筑物楼梯扶手高度为 900mm，当顶层平台上水平扶手长度超过 500mm 时，其高度不应小于 1000mm，如图 7.7 所示。

(2) 双层扶手：幼托建筑的栏杆(栏板)上可增加一道 600～700mm 高的儿童扶手，如图 7.7 所示。

(3) 栏杆距离：不应大于 110mm。

(4) 栏杆高度：对一般室内楼梯≥900mm，靠梯井一侧水平栏杆长度＞500mm，其高度≥1000mm，室外楼梯栏杆高≥1100mm。

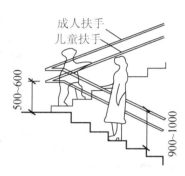

图 7.7　扶手高度位置

6．楼梯的净空高度

平台和梯段上的净空高度指平台面到上部结构最低处的距离，应不小于 2000mm。梯段下净空高度应大于 2200mm，如图 7.8 所示。

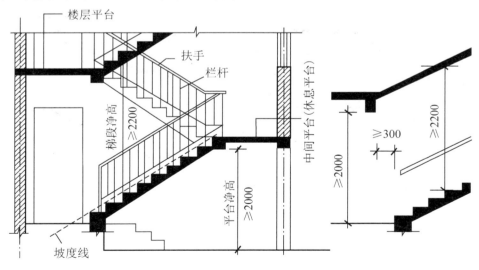

图 7.8　楼梯的净空高度

7．平台下设置入口的高度

为保证楼梯通行或搬运物件时不受影响，其净高在平台处应大于 2m；在梯段处应大于 2.2m。当楼梯底层中间平台下做通道时，为求得下面空间净高≥2000mm，常采用以下几种处理方法：图 7.9 为楼梯平台下设入口的几种形式。

(1) 将楼梯底层设计成"长短跑"，让第一跑的踏步数目多些，第二跑踏步少些，利用踏步的多少来调节下部净空的高度，这种处理必须加大进深，如图7.9(a)所示。

(2) 楼梯段长度不变，降低梯间底层的室内地面标高，这种处理，梯段构件统一，但是室内外地坪高差要满足使用要求，如图7.9(b)所示。

(3) 将上述两种方法结合，即降低底层中间平台下的地面标高，同时增加楼梯底层第一个梯段的踏步数量，满足楼梯净空要求，这种方法较常用，如图7.9(c)所示。

(4) 将底层采用单跑楼梯，这种方式多用于少雨地区的住宅建筑，设计时注意入口处雨篷底面标高的位置，保证净空高度在2m以上，如图7.9(d)所示。

(5) 取消平台梁，即平台板和梯段组合成一块折形板。

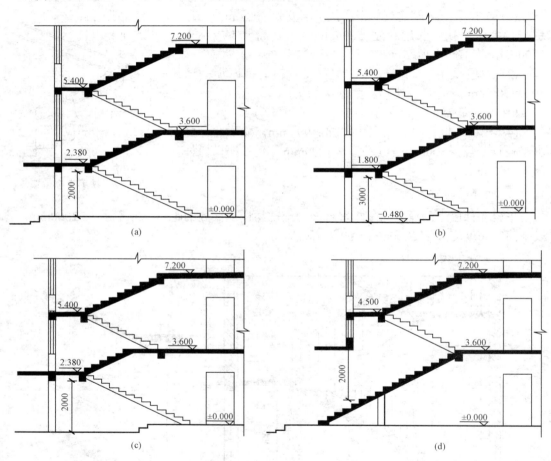

图 7.9　平台下设入口时楼梯净高设计的几种方法

7.2.2　楼梯的设计

1. 楼梯平面表示法

楼梯的平面图上有剖切线，如图7.10所示。在底层楼梯平面中一般只有上行段。中间层上行段同底层，下行段水平投影的可见部分至上行段的剖切线处为止。顶层楼梯仅有一个向下方向，无剖切线。各层平面均应用箭头和文字标明上、下行方向。

特　别　提　示

(1) 楼梯的数量、位置和梯间形式应方便使用并满足安全疏散的要求。

(2) 主要交通梯的梯段净宽不应少于两股人流。

(3) 楼梯应至少一侧设扶手，梯段宽达三股人流时应两侧设；达四股时应加设中间扶手。

(4) 踏步前缘应设有防滑措施。

(5) 儿童用梯梯井较宽时，须采取安全措施；栏杆应不易攀登，垂直杆件间净距应≤0.11m

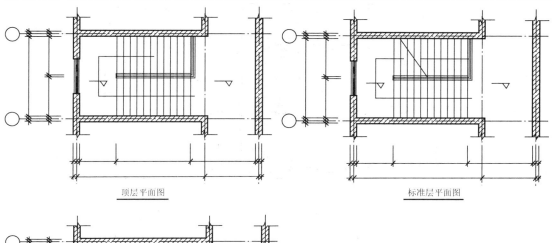

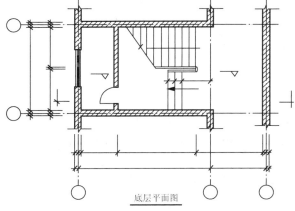

图 7.10　楼梯平面表示法

2. 设计步骤(图 7.11)

(1) 根据房屋的层数、耐火等级和使用人数计算楼梯总宽度。

(2) 确定楼梯数量和每部楼梯的梯段宽度。

(3) 根据房屋类型，确定踏步的高(h)和踏步宽(b)，即确定楼梯的坡度。

(4) 根据房屋的层高，计算每层踏步级数(N)。

(5) 根据房屋类型和楼梯在平面中的位置，确定楼梯形式。

(6) 确定平台的宽度和标高。

(7) 计算楼梯段的水平投影长度 L 和楼梯间进深最小净尺寸 B。

(8) 计算楼梯间的开间最小净尺寸 A。

(9) 按模数协调标准规定，确定楼梯间开间和进深的轴线尺寸。

(10) 绘制楼梯平面图和剖面方案图。

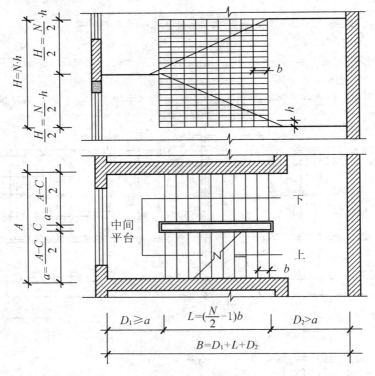

图 7.11　楼梯尺寸计算

3．设计案例

已知：某三层办公楼，室内外高差为 600mm，二、三层人数均为 270 人，设两部(查规范知)等宽的楼梯，该建筑耐火等级为二级，层高 3m，一层平台下供人通行，试设计该楼梯。

解：(1) 计算楼梯梯段总宽度。查规范知每百人宽度为 0.75m，故总宽度为 az=(270÷100)×0.75=2.025(m)。

(2) 计算每部楼梯梯段的宽度。a=az÷2=2.025÷2=1.013(m)，但疏散楼梯的最小宽度不小于 1.1m，故取 1.1m。

(3) 确定踏步尺寸：办公楼属公共建筑，取踏步宽 b=300mm，高 h=150mm。

(4) 计算每层级数 N：3000÷150=20 级。

(5) 确定楼梯形式：采用平行双跑式，每跑踏步数为 10 级。

(6) 确定平台的宽度和标高。

平台宽度：D=1.2m≥梯段宽。

平台标高：取平台位于上下层的中间(两梯跑级数相等)，则一层中间平台 1.5m，二层中间平台 4 .5m。

(7) 算梯段的水平投影长度 L 和梯间最小净进深 B。

$$L(最大)=踏面数×b=(10+2-1)×300=3300$$

梯间靠走廊一侧的平台宽度可借用部分走廊，适当减小，故楼梯间的进深最小尺寸：

$B=L+D_1+D_2(300)+2E=3300+1200+300+140=4940(E$ 为扶手中心至梯段边缘距离)。

(8) 计算梯间的最小净开间尺寸 A。

平行双跑式楼梯间最小净宽度(A)为两个梯段宽+两个扶手宽+C(梯井宽,一般≤200mm,≥60mm),即

$$A=2a+2E+C=1100×2+70×2+60=2400$$

(9) 最后确定楼梯间的开间和进深尺寸。根据模数协调标准和墙厚确定开间尺寸取2700mm,进深尺寸取 5100mm。

(10) 画出平剖面,如图 7.12 所示。

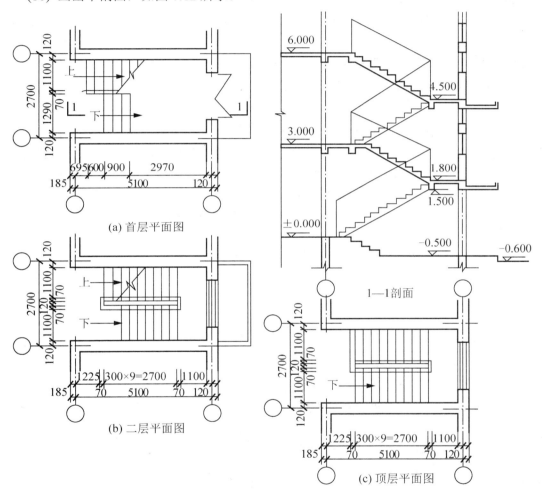

图 7.12   楼梯平面图与剖面图

7.3   钢筋混凝土楼梯构造

钢筋混凝土楼梯主要有现浇和预制装配两大类。

现浇钢筋混凝土楼梯的楼梯段和平台是整体浇筑在一起的,其整体性好、刚度大,施工不需要大型起重设备。

预制装配钢筋混凝土楼梯施工进度快，受气候影响小，构件由工厂生产，质量容易保证，但施工时需要配套的起重设备投资较多，整体性差，抗震性能差。

目前采用较多的是现浇钢筋混凝土楼梯。

7.3.1 现浇钢筋混凝土楼梯

1. 现浇钢筋混凝土楼梯的特点

现浇钢筋混凝土楼梯是指楼梯段、楼梯平台等整浇在一起的楼梯。它整体性好，刚度大，坚固耐久，抗震较为有利。但是在施工过程中，要经过支模板、绑扎钢筋、浇灌混凝土、振捣、养护、拆模等作业，受外界环境因素影响较大，工人劳动强度大。在拆模之前，不能利用它进行垂直运输，因而较适合于比较小且抗震设防要求较高的建筑中，对于螺旋形楼梯、弧形楼梯等形状复杂的楼梯，也宜采用现浇楼梯。

2. 现浇钢筋混凝土楼梯的分类及其构造

1) 钢筋混凝土板式楼梯

板式的楼梯段作为一块整浇板，斜向搁置在平台梁上，楼梯段相当于一块斜放的板，平台梁之间的距离即为板的跨度，如图 7.13(a)所示。楼梯段应沿跨度方向布置受力钢筋。

也有带平台板的板式楼梯，即把两个或一个平台板和一个梯段组合成一块折形板。这样处理平台下净空扩大了，但斜板跨度增加了，如图 7.13(b)所示。

当楼梯荷载较大，楼梯段斜板跨度较大时，斜板的截面高度也将很大，钢筋和混凝土用量增加，经济性下降。

板式楼梯常用于楼梯荷载较小，楼梯段的跨度也较小的住宅等房屋。板式楼梯段的底面平齐，便于装修。

特 别 提 示

板式楼梯荷载由梯段板传给平台梁，而后传到墙或柱上。

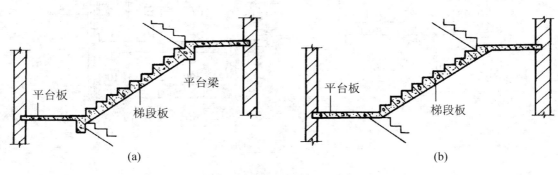

(a)   (b)

图 7.13 板式楼梯构造

2) 梁板式楼梯

梁板式楼梯是由踏步板、楼梯斜梁、平台梁和平台板组成的，如图 7.14 所示。梁板式梯段在结构布置上有双梁布置和单梁布置之分。

梁板式楼梯荷载由踏步板传给斜梁，再由斜梁传给平台梁，而后传到墙或柱上。

(1) 双梁式梯段。将梯段斜梁布置在踏步的两端，这时踏步板的跨度便是梯段的宽度，也就是楼梯段斜梁间的距离。梁板式楼梯与板式楼梯相比，板的跨度小，故在板厚相同的情况下，梁板式楼梯可以承受较大的荷载。反之，荷载相同的情况下，梁板式楼梯的板厚可以比板式楼梯的板厚减薄。而且踏步部分的混凝土，在板式梯段是一种负担，梁板式楼梯中则作为板结构的一部分，这样板的计算便可以扩大到踏步三角形中。

梁式楼梯按斜梁位置不同，分为正梁式(明步)和反梁式(暗步)两种。

① 正梁式：梯梁在踏步板之下，踏步板外露，又称为明步。形式较为明快，但在板下露出的梁的阴角容易积灰，如图 7.14(a)所示。

② 反梁式：梯梁在踏步板之上，形成反梁，踏步包在里面，又称为暗步，如图 7.14(b)所示。暗步楼梯段底面平整，洗刷楼梯时污水不致污染楼梯底面，但梯梁占去了一部分梯段宽度。边梁的宽度要做得窄一些，必要时可以和栏杆结合。

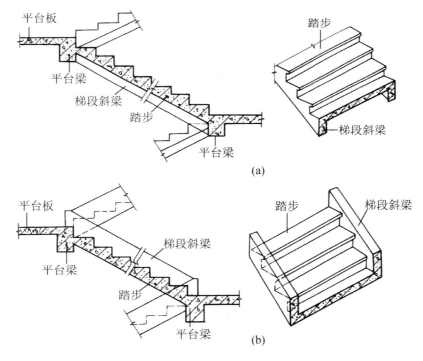

图 7.14　梁式楼梯构造

(2) 单梁式梯段。这种楼梯的每个梯段由一根梯梁支承踏步，踏步板两端或一端悬挑，梯梁布置有两种形式，一种是单梁悬臂式楼梯，它将梯段斜梁布置在踏步的一端，而将踏步另一端向外悬臂挑出，如图 7.15(a)所示。另一种是单梁挑板式楼梯，是将梯段斜梁布置在踏步的中间，让踏步从梁的两端挑出，如图 7.15(b)所示。这两种楼梯外形独特、轻巧，适用于通行量小、荷载不大、尺度较小的楼梯。

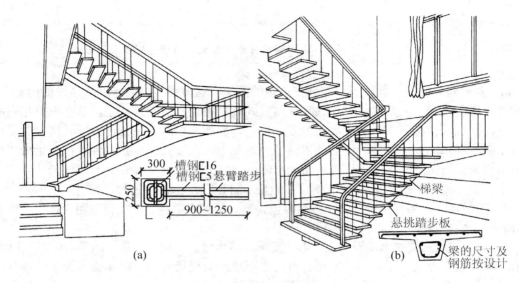

图 7.15　单梁式楼梯

7.3.2　预制装配式钢筋混凝土楼梯

1. 预制装配式钢筋混凝土楼梯的特点

在建筑工程中，随着预制装配式钢筋混凝土楼板的大量采用，一些建筑也开始采用预制装配式钢筋混凝土楼梯。预制装配式钢筋混凝土楼梯是指用预制厂生产或现场制作的构件安装拼合而成的楼梯。采用预制装配式楼梯可较现浇式钢筋混凝土楼梯提高工业化施工水平，节约模板，简化操作程序，较大幅度地缩短工期。但预制装配式钢筋混凝土楼梯的整体性、抗震性、灵活性等不及现浇钢筋混凝土楼梯。

2. 预制装配式钢筋混凝土楼梯的分类及其构造

1) 小型构件装配式楼梯

(1) 预制踏步。钢筋混凝土预制踏步从断面形式看，一般有一字形，正反 L 形和三角形三种，如图 7.16 所示。

一字形踏步制作方便，简支和悬挑均可。

L 形踏步有正反两种，即 L 形和倒 L 形。L 形踏步的肋向上，每两个踏步接缝在踢面上踏面下，踏面板端部可突出于下面踏步的肋边，形成踏口。同时下面的肋可作上面板的支承。倒 L 形踏步的肋向下，每两个踏步接缝在踢面下踏面上，踏面和踢面上部交接处看上去较完整。踏步稍有高差，可在拼缝处调整。此种接缝需处理严密，否则在楼梯段清扫时污水或灰尘可能下落，影响下面楼梯段的正常使用。不管正 L 形还是倒 L 形踏步，均可简支或悬挑。悬挑时须将压入墙的一端做成矩形截面。

三角形踏步最大特点是安装后底面严整。为减轻踏步自重，踏步内可抽孔。预制踏步多采用简支的方式。

(2) 预制踏步的支承结构。预制踏步的支承有两种形式，梁支承和墙支承。

梁承式支承的构件是斜向的梯梁。预制梯梁的外形随支承的踏步形式而变化。当梯梁支承一字形或 L 形踏步时，梯梁上表面须做成锯齿形，如图 7.17(a)所示。如果梯梁支承三角形踏步时，梯梁常做成上表面平齐的等截面矩形梁，如图 7.17(b)所示。

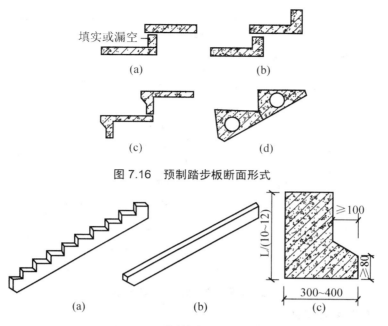

填实或漏空

(a)　　　　　　　　　　(b)

(c)　　　　　　　　　　(d)

图 7.16　预制踏步板断面形式

$L/(10\sim12)$ 　 ≥100 　 ≥80

300~400

(a)　　　　　　　　　(b)　　　　　　　(c)

图 7.17　梯斜梁形式及平台梁

墙承式楼梯依其支承方式不同可以分为悬挑踏步式楼梯和双墙支承式楼梯,如图 7.18、图 7.19 所示。

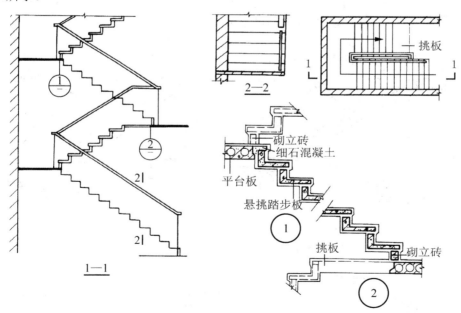

2—2

挑板

1—1

砌立砖

细石混凝土

平台板

悬挑踏步板

挑板

砌立砖

图 7.18　预制踏步悬挑式楼梯

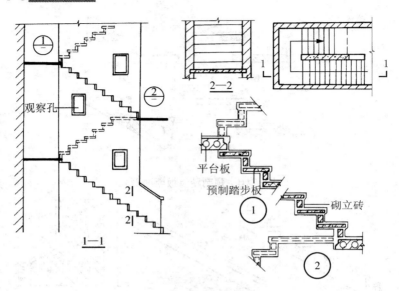

图 7.19　预制踏步墙承式楼梯

2) 中型构件装配式楼梯

中型构件装配式楼梯，一般由楼梯段和带平台梁的平台板两个构件组成。带梁平台板把平台板和平台梁合并成一个构件。当起重能力有限时，可将平台梁和平台板分开，如图 7.20 所示。这种构造做法的平台板，可以和小型构件装配式楼梯的平台板一样，采用预制钢筋混凝土槽形板或空心板两端直接支承在楼梯间的横墙上，或采用小型预制钢筋混凝土平板，直接支承在平台梁和楼梯间的纵墙上。

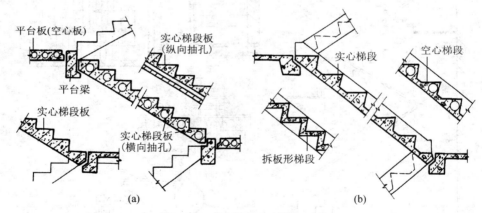

图 7.20　中型构件预制梯段组合

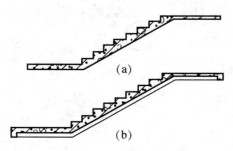

图 7.21　大型构件装配式楼梯形式

3) 大型构件装配式楼梯

大型构件装配式楼梯，是把整个梯段和平台预制成一个构件。按结构形式不同，有板式楼梯和梁板式楼梯两种，如图 7.21 所示。为减轻构件的重量，可以采用空心楼梯段。楼梯段和平台这一整体构件支承在钢支托或钢筋混凝土支托上。

大型构件装配式楼梯，构件数量少，装配化程度高，施工速度快，但施工时需要大型的起重运输设备，主要用于大型装配式建筑中。

7.3.3　楼梯的细部构造

1. 踏步面层及防滑处理

楼梯是供人行走的，楼梯的踏步面层应便于行走，耐磨、防滑，便于清洁，也要求美观。现浇楼梯拆模后一般表面粗糙，不仅影响美观，更不利于行走，一般需做面层。踏步面层的材料，视装修要求而定，常与门厅或走道的楼地面面层材料一致，常用的有水泥砂浆、水磨石、大理石和缸砖等，如图 7.22 所示。

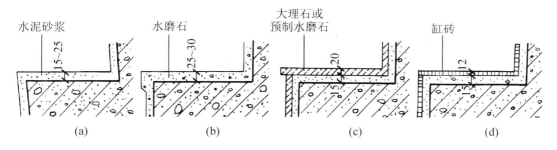

图 7.22　踏步面层构造

在通行人流量大或踏步表面光滑的楼梯，为防止行人在行走时滑跌，踏步表面应采取防滑和耐磨措施，通常是在踏步踏口处做防滑条。防滑材料可采用铁屑水泥、金刚砂、塑料条、橡胶条、金属条、马赛克等。最简单的做法是做踏步面层时，留二三道凹槽，但使用中易被灰尘填满，使防滑效果不够理想，且易破损。防滑条或防滑凹槽长度一般按踏步长度每边减去 150mm。还可采用耐磨防滑材料如缸砖、铸铁等做防滑包口，既防滑又起保护作用，如图 7.23 所示。标准较高的建筑，可铺地毯或防滑塑料或橡胶贴面，这种处理，走起来有一定的弹性，行走舒适。

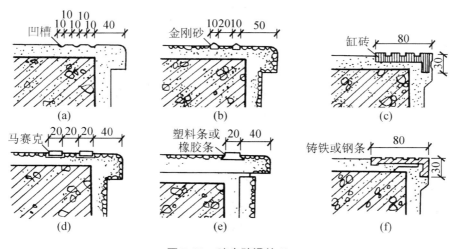

图 7.23　踏步防滑处理

2. 栏杆、栏板和扶手构造

1) 栏杆

栏杆多用方钢、圆钢、扁钢等型材焊接或铆接成各种图案，既起防护作用，又有一定

的装饰效果。常见栏杆形式如图 7.24 所示。常用栏杆断面尺寸为：圆钢$\phi16\sim\phi25$mm，方钢 15mm×15mm～25mm×25mm，扁钢(30～50mm)×(3～6mm)，钢管$\phi20\sim\phi50$mm。

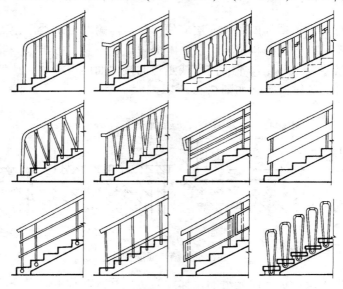

图 7.24　栏杆的形式

栏杆与楼梯段应有可靠的连接，连接方法主要有预埋铁件焊接，即将栏杆的立杆与楼梯段中预埋的钢板或套管焊接在一起；预留孔洞插接，即将栏杆的立杆端部做成开脚或倒刺插入楼梯段预留的孔洞，用水泥砂浆或细石混凝土填实；螺栓连接等，如图 7.25 所示。

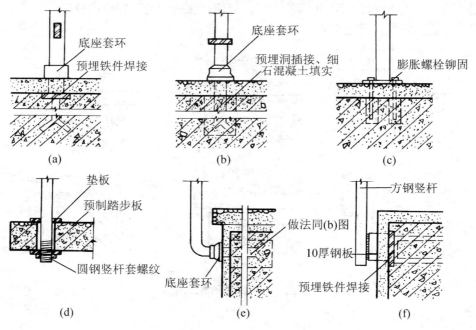

图 7.25　栏杆与梯段的连接

2) 栏板

用实体构造做成的栏板，多用钢筋混凝土、加筋砖砌体、有机玻璃等制作。对砖砌栏板，当栏板厚度为 60mm(即标准砖侧砌)时，外侧要用钢筋网加固，再用钢筋混凝土扶手与栏板连成整体，如图 7.26(a)所示；现浇钢筋混凝土楼梯栏板经支模、扎筋后，与楼梯段整浇如图 7.26(b)所示；预制钢筋混凝土楼梯栏板则用预埋钢板焊接。

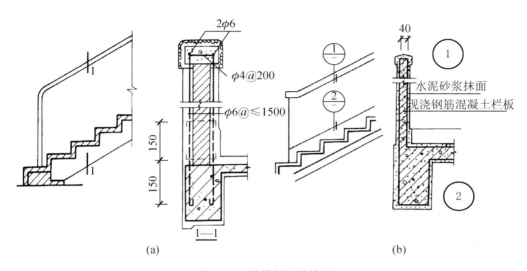

图 7.26　楼梯栏板的构造

3) 扶手

扶手一般采用硬木、塑料和金属材料制作，其中硬木扶手常用于室内楼梯。室外楼梯的扶手则很少采用木料，以避免产生开裂或翘曲变形。金属和塑料是室外楼梯扶手常用的材料。另外，栏板顶部的扶手可用水泥砂浆或水磨石抹面而成，也可用大理石板、预制水磨石板或木板贴面制成。常见扶手类型，如图 7.27 所示。

楼梯扶手与栏杆应有可靠的连接，连接方法视扶手材料而定。硬木扶手与金属栏杆的连接，通常是在金属栏杆的顶部先焊接一根带小孔的通长扁铁，然后用木螺丝通过扁铁上预留小孔，将木扶手和栏杆连接成整体；塑料扶手与金属栏杆的连接方法和硬木扶手类似，或塑料扶手通过预留的卡口直接卡在扁铁上；金属扶手与金属栏杆多用焊接。

楼梯扶手有时必须固定在侧面的砖墙或混凝土柱上，如顶层安全栏杆扶手、休息平台护窗扶手、靠墙扶手等。扶手与砖墙连接时，一般是在砖墙上预留 120mm×120mm×120mm 预留孔洞，将扶手或扶手铁件伸入洞内，用细石混凝土或水泥砂浆填实固牢；扶手混凝土墙或柱连接时，一般在墙或柱上预埋铁件，与扶手铁件焊接，也可用膨胀螺栓连接，或预留孔洞插接，如图 7.28 所示。

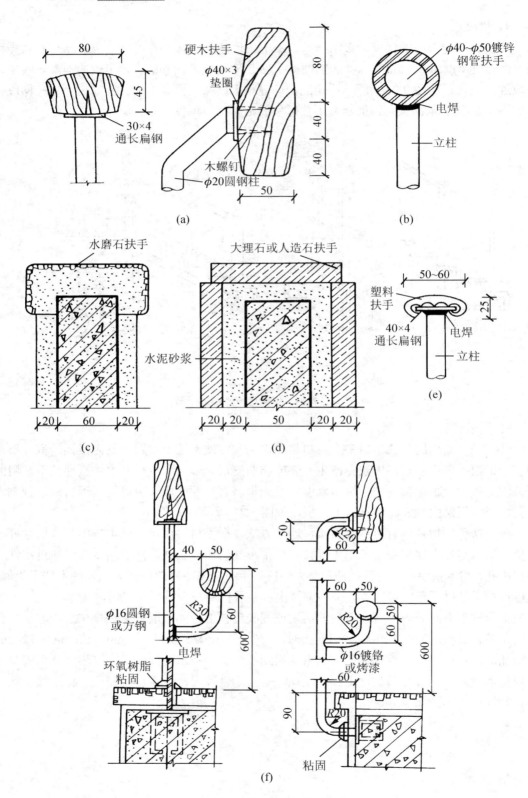

图 7.27 扶手的类型

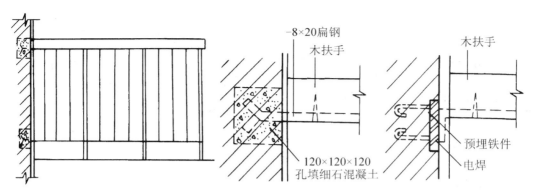

图 7.28　扶手与墙、柱的连接构造

7.4　室外台阶与坡道

引　例

　　一般在设计建筑物入口处时，都要设置室外平台，作为室内外高差的一个过度平台，而不同标高地面的交通联系多采用台阶，当有车辆通行、室内外地面高差较小或有无障碍要求时，可采用坡道，如图 7.29 所示。台阶和坡道在设计时要考虑哪些因素呢？

图 7.29　建筑入口处台阶与坡道

　　台阶和坡道在入口处对建筑物立面具有一定的装饰作用，设计时既要考虑实用，又要考虑美观。

1.　台阶与坡道的形式

　　台阶由踏步和平台组成。台阶的坡度应比楼梯小，踏步的高宽比一般为 1：4～1：2，通常踏步高度为 100mm，踏步宽度为 300～400mm。平台设置在出入口与踏步之间，起缓冲作用。平台深度一般不小于 900mm，为防止雨水积聚或溢水室内，平台面宜比室内地面低 20～60mm，并向外找坡 1%～3%，以利排水。室外台阶的形式有单面踏步式、三面踏步式，单面踏步带垂带石、方形石、花池等形式。坡道多为单面形式，极少三面坡的。大型公共建筑还常将可通行汽车的坡道与踏步结合，形成壮观的大台阶。台阶与坡道形式如图 7.30 所示。

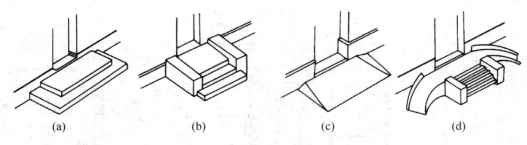

图 7.30　台阶与坡道的形式

2. 台阶构造

室外台阶应坚固耐磨，具有较好的耐久性、抗冻性和抗水性。台阶按材料不同，有混凝土台阶、石台阶和钢筋混凝土台阶等。其中混凝土台阶应用最普遍。混凝土台阶由面层、混凝土结构层和垫层组成。面层可采用水泥砂浆或水磨石面层，也可采用缸砖、马赛克、天然石或人造石等块材，垫层可采用灰土、三合土或碎石等，如图 7.31 所示。

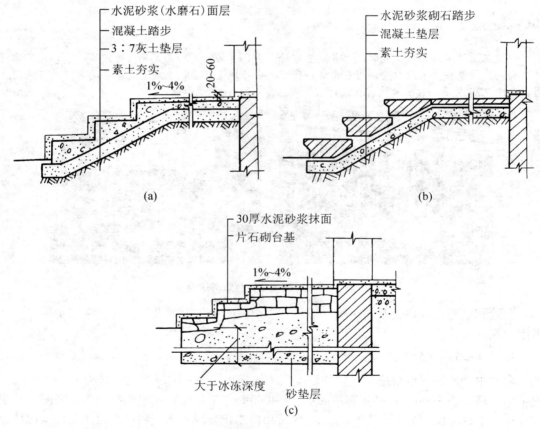

图 7.31　台阶的构造

3. 坡道构造

室外门前为了便于车辆上下，常做坡道。坡道的坡度与使用要求、面层材料和做法有关。坡度大，使用不便；坡度小，占地面积大，不经济。坡道的坡度一般为 1：12～1：6。

面层光滑的坡道，坡度不宜大于 1∶10；粗糙材料和设防滑条的坡道，坡度可稍大，但不应大于 1∶6，锯齿形坡道的坡度可加大至 1∶4。

　　坡道与台阶一样，也应采用耐久、耐磨和抗冻性好的材料，一般多采用混凝土坡道，也可采用天然石坡道等。坡道的构造要求和做法与台阶相似，但坡道由于平缓故对防滑要求较高。混凝土坡道可在水泥砂浆面层上划格，以增加摩擦力，亦可设防滑条，或做成锯齿形。天然石坡道可对表面作粗糙处理。坡道构造，如图 7.32 所示。

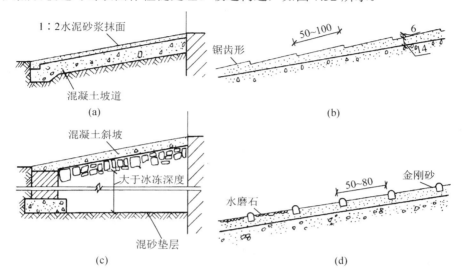

图 7.32　坡道的构造

特　别　提　示

　　台阶同散水一样与主体结构之间有 20mm 的变形缝，注意变形缝的处理。

7.5　电梯与自动扶梯

7.5.1　电梯

1. 电梯的类型及组成

　　电梯按其用途可分为乘客电梯、住宅电梯、病床电梯、客货电梯、载货电梯和杂物电梯等，如图 7.33 所示。

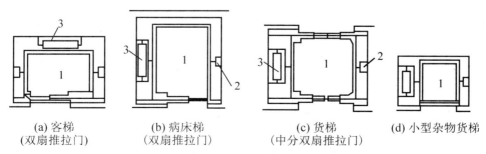

图 7.33　电梯的类型
1—电梯厢；2—导轨及撑架；3—平衡重

电梯主要由机房、井道、轿厢三大部分组成,如图 7.34 所示。

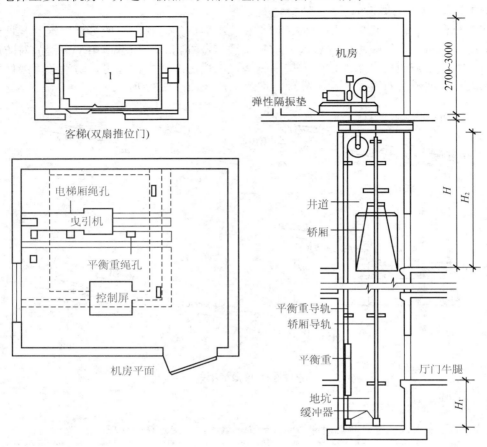

客梯(双扇推位门)

机房平面

机房

弹性隔振垫

井道

轿厢

平衡重导轨

轿厢导轨

平衡重

厅门牛腿

地坑

缓冲器

2700~3000

图 7.34 电梯组成

2. 电梯的构造及要求

1) 电梯井道

(1) 井道的尺寸。井道的高度包括底层端站地面至顶层端站楼面的高度、井道顶层高度和井道底坑深度。井道底坑是电梯底层端站地面以下的部分。考虑电梯的安装、检修和缓冲要求,井道的顶部和底部应留有足够的空间。井道顶层高度和底坑深度视电梯运行速度、电梯类型及载重量而定,井道顶层高度一般为 3.8~5.6m,底坑深度为 1.4~3.0m。

(2) 井道的防火和通风。电梯井道应选用坚固耐火的材料,一般多采用钢筋混凝土井道,也可采用砖砌井道,应在井道底部和中部及地坑等适当位置设不小于 300mm×600mm 的通风口,上部可以和排烟口结合,排烟口面积不少于井道面积的 3.5%。通风口总面积的 1/3 应经常开启。通风管道可在井道顶板或井道壁上直接通往室外。井道上除了开设电梯门洞和通风孔洞外,不应开设其他洞口。

(3) 井道的隔振隔声。一般在机房机座下设弹性垫层外,还应在机房与井道间设隔声层,高度为 1.5~1.8m。

(4) 井道底坑。坑底一般采用混凝土垫层,厚度按缓冲器反力确定。为便于检修,须考虑坑壁设置爬梯和检修灯槽,坑底位于地下室时,宜从侧面开一检修用小门,坑内预埋件按电梯厂要求确定。

2）电梯门套

电梯厅门门套装修的构造做法应与电梯厅的装修统一考虑，可有水泥砂浆抹灰、水磨石或木板装修；高级的还可采用大理石或金属装修，如图 7.35 所示。

3）电梯机房

一般至少有两个面每边扩出 600mm 以上的宽度，高度多为 2.5～3.5m。机房应有良好的天然采光和自然通风，机房的围护结构应具有一定的防火、防水和保温、隔热性能。为了便于安装和检修，机房的楼板应按机器设备要求的部位预留孔洞。

7.5.2　自动扶梯

如图 7.36 所示，自动扶梯是一种在一定方向上能大量、连续输送流动客流的装置。它具有结构紧凑、重量轻、耗电省、安装维修方便等优点，多用于人流较大的公共场所，并可用于室外。

图 7.35　电梯门套装修　　　　　图 7.36　自动扶梯

自动扶梯适用于有大量人流上下的公共场所，如火车站、商场、地铁车站等。自动扶梯是建筑物楼层间连续效率最高的载客设备。一般自动扶梯均可正、逆两个方向运行，可作提升及下降使用。机器停转时可作普通楼梯使用。

自动扶梯是电动机械牵动梯级踏步连扶手带上下运行。机房悬在楼板下面，因此这部分楼板须做成活动的，如图 7.37 所示。

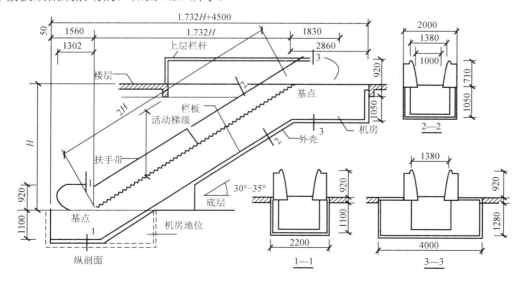

图 7.37　自动扶梯的组成示意

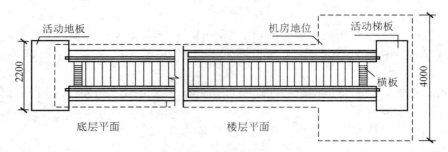

图 7.37　自动扶梯的组成示意(续)

　　自动扶梯常有平行排列、交叉排列和集中交叉三种布置方式，自动扶梯的坡度比较平缓，一般采用 30°，运行速度为 0.5～0.7m/s，宽度按输送能力有单人和双人两种。型号规格见表 7-2。

表 7-2　自动扶梯型号规格

梯型	输送能力(人/h)	提升高度 H	速度(m/s)	扶梯宽度	
				净宽 B(mm)	外宽 B_1(mm)
单人梯	5000	3～10	0.5	600	1350
双人梯	8000	3～8.5	0.5	1000	1750

本章小结

　　(1) 在建筑中，联系各个楼层之间以及不同高差之间的垂直交通设施有楼梯、电梯、自动扶梯、台阶、坡道等。

　　(2) 楼梯是建筑物中重要的结构构件，应满足交通及疏散作用。楼梯主要由楼梯段、楼梯平台、栏杆扶手所组成。常见的楼梯平面形式有直跑楼梯、双跑折角楼梯、双跑平行楼梯、双跑直楼梯、三跑楼梯、四跑楼梯、双分式楼梯、双合式楼梯、八角形楼梯、圆形楼梯、螺旋形楼梯、弧形楼梯、剪刀式楼梯、交叉式楼梯等。

　　(3) 楼梯的尺度确定主要是指梯段宽度、平台的宽度、踏步尺寸、净空高度的确定，楼梯尺度设计应满足相关要求。

　　(4) 钢筋混凝土楼梯按施工方式分为现浇整体式和预制装配式。现浇钢筋混凝土楼梯整体性好，刚度大，坚固耐久，对抗震较为有利。按传力特点分为板式楼梯和梁式楼梯两种。预制装配式楼梯根据预制构件大小分为小型、中型和大型构件装配式楼梯。

　　(5) 楼梯细部构造主要包括踏步面层处理、栏杆、栏板和扶手构造。

　　(6) 室外台阶和坡道是建筑物入口处室内外不同标高地面的交通联系构件，设计应坚固耐久、抗冻、防水。

推荐阅读资料

1. 《民用建筑设计通则》(GB 50352—2005)
2. 《建筑设计防火规范》(GB 50016—2006)
3. 《建筑设计资料集》

习　题

一、填空题

1. 楼梯主要由_____、_____、_____等三部分组成。
2. 现浇钢筋混凝土楼梯，按梯段传力类点分_____、_____两种。
3. 计算楼梯踏步尺寸常用的经验公式为_____。
4. 楼梯净空高度在平台处不应小于_____，在梯段处不应小于_____。

二、单项或多项选择题

1. 楼梯构造不正确的是(　　)。
   A. 楼梯踏步的踏面应光洁、耐磨、易于清扫
   B. 水磨石面层的楼梯踏步近踏口处，一般不做防滑处理
   C. 水泥砂浆面层的楼梯踏步近踏口处，可不做防滑处理
   D. 楼梯栏杆应与踏步有可靠连接
2. 关于楼梯的构造说法正确的是(　　)。
   A. 单跑楼梯梯段的踏步数一般不超过 15 级
   B. 踏步宽度不应小于 280
   C. 一个梯段的踏面数与踢面数相等
   D. 楼梯各部位的净空高度均不应小于 2m
3. 梁板式梯段由(　　)两部分组成。
   A. 平台、栏杆　　　　　　　　　B. 栏杆、梯斜梁
   C. 梯斜梁、踏步板　　　　　　　D. 踏步板、栏杆

三、简答题

1. 楼梯设计要求是什么？
2. 平台宽度和楼梯段的宽度的尺度要求有哪些？
3. 楼梯平台下作通道净空高度不满足要求时，采取哪些方法予以解决？
4. 楼梯坡度如何确定？踏步高与踏步宽和行人的步距的关系如何？
5. 栏杆扶手的高度如何确定？
6. 楼梯踏面防滑构造措施有哪些？
7. 室外台阶的组成、形式、构造要求及做法如何？
8. 坡道的防滑措施有哪些？

四、楼梯构造设计

某三层内廊式办公楼，层高 3300mm，开敞式楼梯间开间 3300mm，进深 5100mm，室内外高差 450mm，墙厚 240mm，轴线居中，试设计一个平行双跑楼梯。

第8章

屋 顶

学习目标

通过本章的学习使学生了解屋顶的组成及构造，以及排水和防水的做法。理解和掌握以下几点：屋盖的作用、要求、组成和分类；防排水的形成；屋盖的防水、保温隔热的细部做法。

学习要求

能力目标	知识要点	权重
了解屋顶的作用和形式、设计要求、防排水的形成、排水方式	屋顶的作用、设计要求和屋顶的形式及屋顶的排水方式及坡度形成方式	35
掌握平屋顶构造	平屋顶的特点与组成、排水方法、构造	45
了解坡屋顶构造	坡屋顶的形式、组成、结构体系、构造	20

引 例

屋顶有很多种形式，它是建筑形象的一个重要部分，如图 8.1 所示，常被称为建筑的第五个立面，如何选择屋顶形式、设计好屋顶构造、做好屋顶的排水、防水等功能设计，是人们必须要考虑的问题。

(a) 马鞍形屋顶

(b) 穹顶屋面

(c) 薄壳建筑

(d) 坡屋顶(重檐庑殿顶)

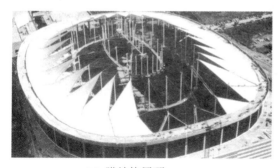

(e) 膜结构屋顶

(f) 悬索结构

(g) 平屋顶屋面

(h) 球形屋顶

图 8.1 屋顶形式

8.1 概　　述

8.1.1 屋顶的作用及设计要求

1. 屋顶的作用

屋顶是建筑物的重要组成部分，它是房屋最上面起覆盖作用的外围护构件，也是建筑物的造型构件。主要有三个作用：①承重作用，它既承受作用于屋面上竖向荷载，又起到水平支撑作用；②围护作用，用以抵御自然界的雨雪风霜、太阳辐射、气温变化，以及其他一些外界的不利因素对内部使用空间的影响；③装饰建筑立面。

2. 屋顶的设计要求

1) 强度和刚度要求

首先要有足够的强度以承受作用于其上的各种荷载的作用，其次要有足够的刚度，防止过大的变形导致屋面防水层开裂而渗水。

2) 防水排水要求

屋顶防水排水是屋顶构造设计应满足的基本要求，是一项综合性的技术问题。它与屋顶的形式、屋面坡度、防水材料、屋面构造等有关。在屋顶的构造设计中，主要是依靠"堵"和"导"的共同作用来完成防水要求的，所谓"堵"就是采用相应防水材料阻止雨水向下渗漏，而"导"就是将屋面积水顺利排除的措施。

3) 保温隔热要求

屋顶作为建筑物最上层的外围护结构，应具有良好的保温隔热的性能。在严寒和寒冷地区，屋顶构造设计应主要满足冬季保温的要求，尽量减少室内热量的散失；在温暖和炎热地区，屋顶构造设计应主要满足夏季隔热的要求，避免室外高温及强烈的太阳辐射对室内生活和工作的不利影响。

4) 美观要求

在建筑技术日益先进的今天，如何应用新型的建筑结构和种类繁多的装修材料来处理好屋顶的形式和细部，提高建筑物的整体美观效果，是建筑设计中不容忽视的问题。

🔵 特　别　提　示

屋顶的防水是屋面设计和施工的核心。瓦屋面和波形瓦屋面：以导为主，以堵为辅。平屋面：以堵为主，以导为辅。

8.1.2 屋顶的组成与类型

屋顶主要由屋面和支承结构所组成，有些还有各种形式的顶棚以及保温、隔热、隔声和防火等其他功能防御所需要的各种层次和设施。

根据屋顶的外形和坡度划分，屋顶可以分为平屋顶、坡屋顶和曲面屋顶等多种形式，如图 8.2 所示。

1. 平屋顶

平屋顶通常是指屋面坡度小于 5% 的屋顶，常用坡度范围为 2%～3%。其一般构造是用现浇或预制的钢筋混凝土屋面板作基层，上面铺设卷材防水层或其他类型防水层。其构造简单，节约材料，屋面便于利用，但造型单一。

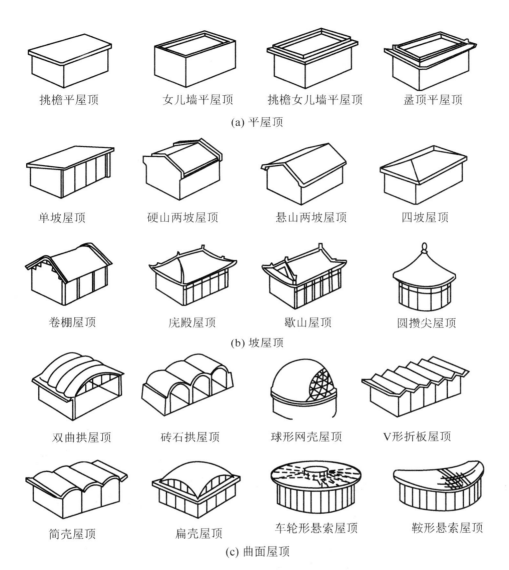

(a) 平屋顶

挑檐平屋顶　　女儿墙平屋顶　　挑檐女儿墙平屋顶　　盝顶平屋顶

(b) 坡屋顶

单坡屋顶　　硬山两坡屋顶　　悬山两坡屋顶　　四坡屋顶

卷棚屋顶　　庑殿屋顶　　歇山屋顶　　圆攒尖屋顶

(c) 曲面屋顶

双曲拱屋顶　　砖石拱屋顶　　球形网壳屋顶　　V形折板屋顶

筒壳屋顶　　扁壳屋顶　　车轮形悬索屋顶　　鞍形悬索屋顶

图 8.2　屋顶形式

2. 坡屋顶

坡屋顶通常是指屋面坡度大于 10%的屋顶，常用坡度范围为 10%～60%。有单坡、双坡、四坡、歇山等多种形式。传统的坡屋顶屋面多以各种小块瓦作为防水材料，所以坡度一般较大。坡屋顶排水快，保温、隔热性能好，但是承重结构的自重较大，施工难度也较大。现在的坡屋顶建筑多根据建筑造型需要设置，坡屋顶的屋面材料采用钢筋混凝土，而瓦材只起装饰作用。

3. 曲面屋顶

随着科学技术的发展，出现了许多新型的屋顶结构形式，如拱结构、薄壳结构、悬索结构和网架结构等。这类屋顶受力合理，能充分发挥材料的力学性能，节约材料，但施工复杂，造价较高，一般用于较大体量的公共建筑。

8.1.3 屋面排水设计

为了迅速排除屋面雨水，保证水流畅通，需进行周密的排水设计，其内容包括：选择屋顶坡度，确定排水方式，进行屋顶排水组织设计及绘制屋顶平面图。

1. 屋顶坡度的表示方法及形成

1）屋顶坡度的表示方法

屋顶坡度的常用表示方法有角度法、斜率法和百分比法三种，如图 8.3 所示。斜率法是以屋顶高度与坡面的水平投影长度之比表示，可用于平屋顶或坡屋顶；百分比法是以屋顶高度与坡面的水平投影长度的百分比表示，多用于平屋顶；角度法是以倾斜屋面与水平面的夹角表示，多用于有较大坡度的坡屋顶，目前在工程中较少采用。

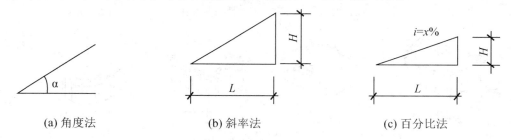

(a) 角度法　　　　　　　(b) 斜率法　　　　　　　(c) 百分比法

图 8.3　屋面坡度的表示方法

2）屋面坡度的形成

屋顶排水坡度的形成主要有材料找坡和结构找坡两种，如图 8.4 所示。

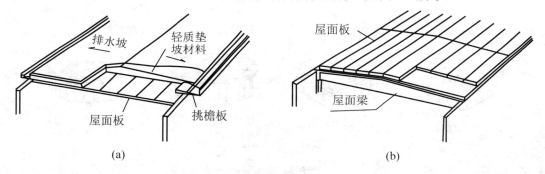

图 8.4　屋面排水坡度的形成

材料找坡，又称垫置坡度或填坡，是指将屋面板像楼板一样水平搁置，然后在屋面板上采用轻质材料铺垫而形成屋面坡度的一种做法。常用的找坡材料有水泥炉渣、石灰炉渣等；材料找坡坡度宜为 2%左右，找坡材料最薄处一般应不小于 30mm 厚。材料找坡的优点是可以获得水平的室内顶棚面，空间完整，便于直接利用，缺点是找坡材料增加了屋面自重。如果屋面有保温要求时，可利用屋面保温层兼作找坡层。目前这种做法被广泛采用。

结构找坡，又称搁置坡度或撑坡，是指将屋面板倾斜地搁置在下部的承重墙或屋面梁及屋架上而形成屋面坡度的一种做法。这种做法不需另加找坡层，屋面荷载小，施工简便，造价经济，但室内顶棚是倾斜的，故常用于室内设有吊顶棚或室内美观要求不高的建筑工程中。

3）影响屋面坡度的因素

屋面坡度的大小与屋面材料的种类和尺寸、当地降雨量、屋顶结构形式、其他功能要求等因素有关。坡度选得太大会造成浪费，太小容易漏水。所以要综合考虑各方面因素，合理选择屋面坡度。

(1) 防水材料的种类与尺寸大小的影响。材料尺寸小、接缝多，容易产生缝隙渗漏，坡度宜选大些，反之，尺寸大、密封整体性好，坡度就可以小些。

(2) 建筑物所在地区年降雨量、降雪量大小的影响。降雨量大，漏雨可能性较大，排水坡度应适当增加，反之，坡度小些。

(3) 屋顶结构形式和建筑造型的影响。从结构方面考虑，坡度越小越好，从造型方面考虑，有时要求坡度会大些。

(4) 其他因素的影响。如屋面排水路线的长短、是否上人屋面(上人屋面坡度一般取1%~2%)、是否蓄水屋面等。

2. 屋顶排水方式及排水设计

1) 屋顶的排水方式

屋顶的排水方式分为无组织排水和有组织排水两大类，如图 8.5、图 8.6 所示。

无组织排水又称自由落水，是指屋面雨水直接从挑出外墙的檐口自由落下至地面的一种排水方式。无组织排水一般适用于低层建筑、少雨地区建筑及积灰较多的工业厂房。

图 8.5　无组织排水

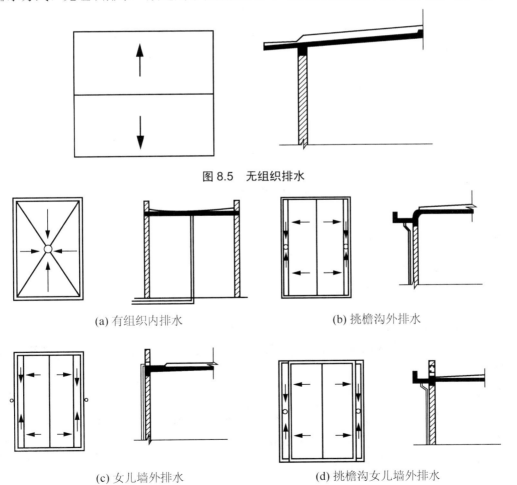

(a) 有组织内排水　　　　　　　　(b) 挑檐沟外排水

(c) 女儿墙外排水　　　　　　　　(d) 挑檐沟女儿墙外排水

图 8.6　有组织排水

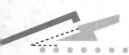

有组织排水是指屋面雨水通过排水系统，有组织地排至室外地面或地下管沟的一种排水方式。外排水是建筑中优先考虑选用的一种排水方式，一般有檐沟外排水、女儿墙外排水、女儿墙檐沟外排水等多种形式，檐沟的纵向排水坡度一般为 0.5%～1%；内排水是在大面积多跨屋面、高层建筑以及有特殊需要时常采用的一种排水方式，这种方式会使雨水经雨水口流入室内雨水管，再由地下管道将雨水排至室外排水系统。

2) 屋面排水设计

屋面排水设计的主要任务是：首先将屋面划分成若干个排水区，然后通过适宜的排水坡和排水沟，分别将雨水引向各自的落水管再排至地面。屋面排水的设计原则是排水通畅、简捷，雨水口负荷均匀。具体步骤是：①确定屋面坡度的形成方法和坡度大小；②选择排水方式，划分排水区域；③确定天沟的断面形式及尺寸；④确定落水管所用材料和大小及间距，绘制屋顶排水平面图。单坡排水的屋面宽度不宜超过 12m，矩形天沟净宽不宜小于200mm，天沟纵坡最高处离天沟上口的距离不小于 120mm。落水管的内径不宜小于 75mm，落水管间距一般为 18～24m，每根落水管可排除约 200m² 的屋面雨水，如图 8.7 所示。

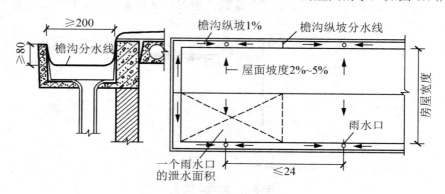

图 8.7 屋顶排水组织

屋面排水方式的选择应综合考虑建筑要求、气候条件和使用特点，优先选用外排水。

8.1.4 屋面防水

1. 防水原理

屋面防水是利用防水材料的不透水性，材料间相互搭接形成一个封闭的不透水覆盖层，并利用与之相适应的排水坡度使降于屋面的雨水和融化的雪水因势利导地迅速排离屋面，以达到防水的目的。

2. 屋面的防水等级

由于屋面的多样性，为了使屋面防水做到经济合理，我国现行的《屋面工程技术规范》根据建筑物的性质、重要程度、使用功能以及防水层耐久年限等，将屋面防水划分为四个等级，各等级均有不同的设防要求，见表 8-1。

表 8-1　屋面防水等级和设防要求

项目		建筑物类别	防水层使用年限	防水选用材料	设防要求
屋面的防水等级	I级	特别重要的民用建筑和对防水有特殊要求的工业建筑	25年	宜选用合成高分子防水卷材、高聚物改性沥青防水卷材、合成高分子防水涂料、细石防水混凝土等材料	三道或三道以上防水设防,其中应用一道合成高分子防水卷材,且只能有一道厚度不小于2mm的合成高分子防水涂膜
	II级	重要的工业与民用建筑、高层建筑	15年	宜选用高聚物改性沥青防水卷材、合成高分子防水卷材、合成高分子防水涂料、高聚物改性沥青防水涂料、细石防水混凝土、平瓦等材料	二道防水设防,其中应有一道卷材;也可采用压型钢板进行一道设防
	III级	一般的工业与民用建筑	10年	应选用三毡四油沥青防水卷材、高聚物改性沥青防水卷材、合成高分子防水卷材、高聚物改性沥青防水涂料、合成高分子防水涂料、沥青基防水涂料、刚性防水层、平瓦、油毡瓦等材料	一道防水设防,或两种防水材料复合使用
	IV级	非永久性的建筑	5年	可选用二毡三油沥青防水卷材、高聚物改性沥青防水涂料、沥青基防水涂料、波形瓦等材料	一道防水设防

特别提示

①屋面防水等级不是建筑物的等级;②屋面防水层耐用年限不是建筑物的耐用年限;③一道防水设防不一定是一层或一遍(是指具有单独防水能力的一个防水层次)。

8.2　平　屋　顶

引例

平屋顶因其能适应各种平面形状,构造简单,施工方便,屋顶表面便于利用等优点,成为建筑采用的主要屋顶形式。平屋顶有哪些构造层次?需采用哪些构造措施以满足其作为屋顶的功能要求?

8.2.1　平屋顶的构造组成

平屋顶一般由屋面层(防水层)、结构层、保温隔热层、顶棚层四大主要部分组成。但由于地区差异及建筑功能要求的不同,各地平屋顶构造层次也有所不同。

1. 屋面层(防水层)

防水层是平屋顶防水构造的关键,其主要作用是阻止水进入建筑内部。由于平屋顶坡度小、排水缓慢,因此要加强层的防水构造处理,根据材料性质可分为柔性防水、刚性防水、涂膜防水等。

2. 结构层

结构层的作用是承担屋顶的所有重量，通常为预制或现浇的钢筋混凝土屋面板。对于结构层的要求是必须有足够的强度和刚度。

3. 保温隔热层

为防止外界温度变化对建筑物室内空间带来影响，需在屋顶构造中设置保温层或隔热层。保温隔热层应根据气候特点选择材料及构造方案，其位置则视具体情况而定，一般保温层设在承重层与防水层之间，通风隔热层应设在防水层之上或承重层之下。保温材料一般为轻质多孔结构，如聚苯乙烯泡沫塑料、膨胀珍珠岩、加气混凝土砌块等。

4. 顶棚层

顶棚层位于屋顶的底部，用来满足室内对顶部的平整度和美观要求。其做法与楼板基本相同。

8.2.2 平屋顶的防水

1. 柔性防水屋面

柔性防水屋面是将柔性防水卷材或片材用胶结材料粘贴在屋面基层上，形成一个大面积的封闭防水覆盖层，是典型的以"堵"为主的防水构造。这种防水材料有一定的延伸性，有利于适应直接暴露在大气层的屋面和结构造成的温度变形，故称柔性防水屋面，也称卷材防水屋面，可以适用于防水等级Ⅰ～Ⅳ级建筑的屋面防水。

1) 卷材防水材料

防水卷材包括沥青类卷材、高聚物改性沥青防水卷材和合成高分子防水卷材三类。

(1) 卷材。

① 沥青类防水卷材。传统上用得最多的是纸胎石油沥青油毡。

沥青油毡防水屋面的防水层容易产生起鼓、沥青流淌、油毡开裂等问题，从而导致防水质量下降和使用寿命缩短，近年来在实际工程中已较少采用。

② 高聚物改性沥青类防水卷材。高聚物改性沥青类防水卷材是以高分子聚合物改性沥青为涂盖层，纤维织物或纤维毡为胎体，粉状、粒状、片状或薄膜材料为覆面材料制成的可卷曲片状防水材料，如 SBS 改性沥青油毡。

③ 合成高分子防水卷材。凡以各种合成橡胶、合成树脂或二者的混合物为主要原料，加入适量化学助剂和填充料加工制成的弹性或弹塑性卷材，均称为高分子防水卷材，如三元乙丙橡胶防水卷材。

高分子防水卷材具有重量轻，适用温度范围宽(-20～80℃)，耐候性好，抗拉强度高(2～18.2MPa)，延伸率大(可大于 45%)等优点。

(2) 卷材黏合剂。用于沥青卷材的黏合剂主要有冷底子油、沥青胶等。

冷底子油是将沥青稀释溶解在煤油、轻柴油或汽油中制成，涂刷在水泥砂浆或混凝土层面作打底用。

沥青胶是在沥青中加入填充料加工制成的，有冷、热两种，每种又均有石油沥青胶和煤油沥青胶两种。

用于高聚物改性沥青卷材和高分子防水卷材的黏合剂主要为各种与卷材配套使用的溶剂型胶粘剂。

如何正确选用防水材料

(1) 按规范"屋面防水等级和设防要求"中防水层选用材料的规定，根据屋面防水等级、建筑物的类别和重要程度、设防要求选择相应的防水材料。

(2) 根据当地历年最高、最低气温、屋面坡度、使用条件等因素，选择耐热度和柔性相适应的防水材料。

(3) 根据地基变形程度、结构形式、当地年温差和日温差以及震动等因素，选择拉伸性能相适应的防水材料。

(4) 根据防水层的暴露状况，选择耐紫外线、耐老化保持率高或耐霉烂性能相适应的防水材料。

(5) 根据屋面防水构造形式，对于复合防水屋面，选用材性相容的防水材料。

2) 柔性防水屋面的基本构造层次及做法

柔性防水屋面是由多层材料叠合而成的，其构造层次如图 8.8 所示。

(1) 结构层。柔性防水屋面的结构层通常为预制或现浇的钢筋混凝土屋面板。对于结构层的要求是必须有足够的强度和刚度。

(2) 找坡层。这一层只有当屋面采用材料找坡时才设。通常的做法是在结构层上铺垫 1:(6~8)水泥炉渣或水泥膨胀蛭石等轻质材料来形成屋面坡度。

(3) 找平层。防水卷材应铺贴在平整的基层上，否则卷材会发生凹陷或断裂，所以在结构层或找坡层上必须先做找平层。找平层可选用 15~30mm 厚的 1:3~1:2.5 水泥砂浆、细石混凝土和沥青砂浆等，找平层宜设分格缝，分格缝也叫分仓缝，是为了防止屋面不规则裂缝以适应屋面变形而设置的人工缝。分格缝缝宽一般为 20mm，且缝内应嵌填密封材料。

保护层: a.粒径3~5mm绿豆砂(普通油毡)
　　　　b.粒径1.5~2mm石粒或砂粒(SBS油毡自带)
　　　　c.氯丁银粉胶、乙丙橡胶的甲苯溶液加铝粉

防水层: a.普通沥青油毡卷材(三毡四油)
　　　　b.高聚物改性沥青防水卷材(如SBS改性沥青卷材)
　　　　c.合成高分子防水卷材

结合层: a.冷底子油
　　　　b.配套基层及卷材胶粘剂

找平层: 20厚1:3水泥砂浆

找坡层: 按需要而设(如1:8水泥炉渣)

结构层: 钢筋混凝土板

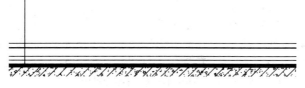

图 8.8 柔性防水屋面构造层次

(4) 结合层。结合层的作用是使卷材与基层胶结牢固。沥青类卷材通常用冷底子油作结合层，高分子卷材则多用配套基层处理剂。以油毡卷材为例，为了使第一层热沥青能和找平层牢固地结合，须涂刷一层既能和热沥青黏合，又容易渗入水泥砂浆找平层内的稀释沥青溶液，俗称冷底子油。另外，为了避免油毡层内部残留的空气或湿气，在太阳的辐射

下膨胀而形成鼓泡，导致油毡皱折或破裂，应在油毡防水层与基层之间设有蒸汽扩散的通道，故在工程实际操作中，通常将第一层热沥青涂成点状(俗称花油法)或条状，然后铺贴首层油毡。

(5) 防水层。防水层是由防水卷材和相应的卷材黏结剂分层黏结而成的，要根据地基变形、结构形式、当地历年最高气温、温差、屋面坡度等条件选用相适应的卷材，卷材层数或厚度由防水等级和材料种类确定。

● 特 别 提 示 ....

(1) 卷材铺设前基层必须干净、干燥，并涂刷与卷材配套使用的结合层，以保证防水层与基层粘贴牢固。

(2) 卷材一般分层铺贴。当屋面坡度小于 3% 时，卷材宜平行屋脊从檐口到屋脊向上铺贴；屋面坡度为 3%～15% 时，卷材可以平行或垂直屋脊铺贴；屋面坡度大于 15% 或屋面受振动荷载时，沥青卷材应垂直屋脊铺贴。铺贴卷材应采用搭接法，上下搭接不小于 70mm，左右搭接不小于 100mm。多层卷材铺贴时，上下层卷材的接缝应错开。当屋面防水层为二毡三油时，可采用逐层搭接半张的铺设方法，操作较为简便。

....

(6) 保护层。保护层的作用是保护柔性防水层，防止防水层迅速老化、沥青流淌。保护层的材料做法，应根据防水层所用材料和屋面的利用情况而定。

不上人时，沥青油毡防水屋面一般在防水层撒粒径为 3～5mm 的小石子作为保护层，高分子卷材如三元乙丙橡胶防水屋面等通常是在卷材面上涂刷水溶型或溶剂型的浅色保护着色剂，如氯丁银粉胶等。

上人屋面的保护层，常用的做法有：铺贴缸砖、大阶砖、混凝土板等块材；在防水层上现浇 30～40mm 厚的细石混凝土。

3) 柔性防水屋面的细部构造

(1) 泛水构造。泛水是指屋面防水层与垂直屋面凸出物交接处的防水处理。柔性防水屋面在泛水构造处理时应注意：①铺贴泛水处的卷材应采取满粘法，即卷材下满涂一层胶结材料；②泛水应有足够的高度，迎水面不低于 250mm，非迎水面不低于 180mm，并加铺一层卷材；③屋面与立墙交接处应做成弧形(R=50～100mm)或 45°斜面，使卷材紧贴于找平层上，而不致出现空鼓现象；④做好泛水的收头固定，当女儿墙较低时，卷材收头可直接铺压在女儿墙压顶下，压顶做好防水处理，如图 8.9(a)所示；当女儿墙为砖墙时，可在砖墙上预留凹槽，卷材收头应压入凹槽内固定密封，凹槽距屋面找平层最低高度不小于 250mm，凹槽上部的墙体应做好防水处理，如图 8.9(b)所示。当女儿墙为混凝土时，卷材收头直接用压条固定于墙上，用金属或合成高分子盖板作挡雨板，并用密封材料封固缝隙，以防雨水渗漏，具体构造如图 8.9(c)所示。

(2) 檐口构造。柔性防水屋面的檐口构造有无组织排水挑檐和有组织排水挑檐及女儿墙檐口等，在檐口构造处理时应注意：①无组织排水檐口卷材收头应固定密封，在距檐口卷材收头 800mm 范围内，卷材应采取满粘法；②有组织排水在檐沟与屋面交接处应增铺附加层，且附加层宜空铺，空铺宽度应为 200mm，卷材收头应密封固定，同时檐口饰面要做好滴水；③女儿墙檐口构造处理的关键是做好泛水的构造处理。女儿墙顶部通常应做混凝土压顶，并设有坡度坡向屋面。常见檐口构造如图 8.10～图 8.12 所示。

(3) 雨水口构造。雨水口是将天沟的雨水汇集至雨水管的连通构件，要求排水通畅、防止渗漏和堵塞。雨水口的材料常用有铸铁和 UPVC 塑料，分为直管式雨水口和弯管式雨水口两种。

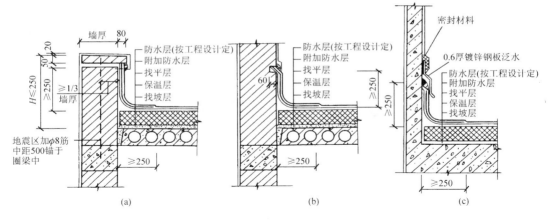

图 8.9　卷材防水屋面的泛水构造

直管式雨水口，用于外檐沟排水或内排水。弯管式雨水口，用于女儿墙外排水。

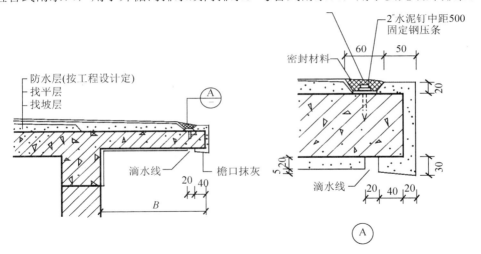

图 8.10　自由落水挑檐构造

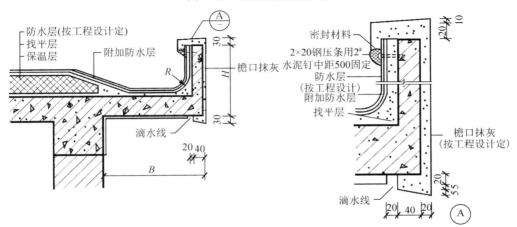

图 8.11　挑檐沟檐口构造

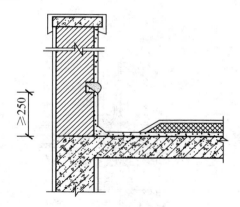

图 8.12　女儿墙内檐沟檐口

雨水口的位置应注意其标高,保证为排水最低点,雨水口周围直径 500mm 范围内坡度不应小于 5%,如图 8.13 所示。

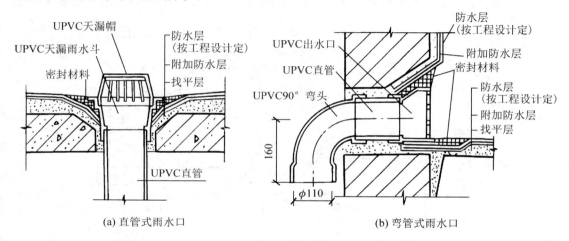

(a) 直管式雨水口　　　　　　　　　(b) 弯管式雨水口

图 8.13　雨水口构造

(4) 屋面出入口。屋面出入口又分为水平出入口和垂直上人口。

水平出入口是指从楼梯间或阁楼到达上人屋面的出入口。除要做好屋面防水层的收头以外,还要防止屋面积水从入口进入室内,出入口要高出屋面两级踏步,如图 8.14(a)所示。

垂直上人口是为屋面检修时上人用。若屋顶结构为现浇钢筋混凝土,可直接在上人口四周浇出孔壁,将防水层收头压在混凝土或角钢压顶下,上人口孔壁也可用砖砌筑,其上做混凝土压顶。上人口应加盖钢制或木制包镀锌铁皮孔盖,如图 8.14(b)所示。

2. 刚性防水屋面

刚性防水屋面是以防水砂浆抹面或密实混凝土浇捣而成的刚性材料防水层。其主要优点是施工方便、节约材料、造价经济和维修方便。缺点是表观密度大、对温度变化和结构变形较为敏感,施工技术要求较高,易产生裂缝渗水,要采取防水的构造措施。主要用于防水等级为Ⅲ级屋面防水,也可用于Ⅰ、Ⅱ级防水中的一道防水层,不适用于设有松散材料保温层及受较大振动或冲击荷载的建筑屋面。刚性防水屋面坡度宜为 2%~3%,并应采用结构找坡。

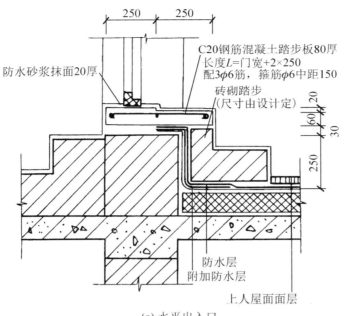

（a）水平出入口

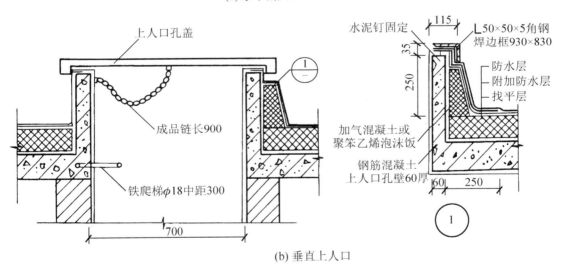

（b）垂直上人口

图 8.14 屋面出入口

1）刚性防水屋面的基本构造层次及做法

（1）结构层。刚性防水屋面的结构层必须具有足够的强度和刚度，故通常采用现浇或预制的钢筋混凝土屋面板。刚性防水屋面一般为结构找坡，坡度以 3%～5%为宜。屋面板选型时应考虑施工荷载，且排列方向一致，以平行屋脊为宜。为了适应刚性防水屋面的变形，屋面板的支承处应做成滑动支座，其做法一般为在墙或梁顶上用水泥砂浆找平，再干铺两层中间夹有滑石粉的油毡，然后搁置预制屋面板，并且在屋面板端缝处和屋面板与女儿墙的交接处都要用弹性物嵌填。如屋面为现浇板，也可在支承处做滑动支座。屋面板下如有非承重墙，应与板底脱开 20mm，并在缝内填塞松软材料。

（2）找平层。为了保证防水层厚薄均匀，通常应在预制钢筋混凝土屋面板上先做一层

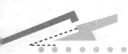

找平层，找平层的做法一般为 20mm 厚 1：3 水泥砂浆，若屋面板为现浇时可不设此层。

(3) 隔离层。隔离层的做法一般是先在屋面结构层上用水泥砂浆找平，再铺设沥青、废机油、油毡、油纸、黏土、石灰砂浆、纸筋灰等。有保温层或找坡层的屋面，也可利用它们做隔离层。

(4) 防水层。刚性防水屋面防水层的做法有防水砂浆抹面和现浇配筋细石混凝土面层两种。目前，通常采用后一种。具体做法是现浇不小于 40mm 厚的细石混凝土，内配 ϕ4mm 或 ϕ6mm，间距为 100~200mm 的双向钢筋网片。由于裂缝容易出现在面层，钢筋应居中偏上，使上面有 15mm 厚的保护层即可。为使细石混凝土更为密实，可在混凝土内掺外加剂，如膨胀剂、减水剂、防水剂等，以提高其抗渗性能。

2) 刚性防水屋面的细部构造

(1) 分格缝构造。刚性防水屋面的分格缝应设置在屋面温度年温差变形的许可范围内和结构变形敏感的部位。因此，分格缝的纵横间距一般不宜大于 6m，且应设在屋面板的支承端、屋面转折处、防水层与凸出屋面结构的交接处，并应与屋面板板缝对齐，如图 8.15 所示，分格缝宽一般为 20~40mm，为了有利于伸缩，首先应将缝内防水层的钢筋网片断开，然后用弹性材料如泡沫塑料或沥青麻丝填底，密封材料嵌填缝上口，最后在密封材料的上部还应铺贴一层防水卷材，如图 8.16 所示。

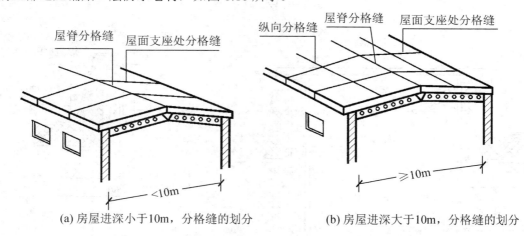

(a) 房屋进深小于10m，分格缝的划分　　(b) 房屋进深大于10m，分格缝的划分

图 8.15　刚性屋面分格缝的划分

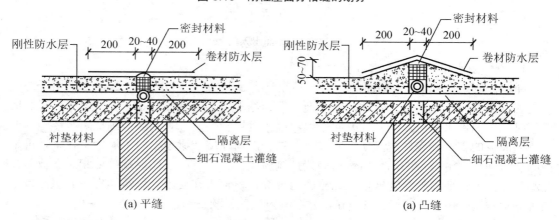

(a) 平缝　　　　　　　　　　　　(a) 凸缝

图 8.16　分格缝防水

(2) 泛水构造。刚性防水屋面的泛水构造是指在刚性防水层与垂直屋面凸出物交接处的防水处理,可先预留宽度为 30mm 的缝隙,并且用密封材料嵌填,再铺设一层卷材或涂抹一层涂膜附加层,收头做法与柔性防水屋面泛水做法相同,如图 8.17 所示。

(3) 檐口构造。刚性防水屋面檐口的形式一般有自由落水挑檐口、挑檐沟外排水檐口和女儿墙外排水檐口三种做法。

① 无组织排水檐口一般是根据挑檐挑出的长度,直接利用混凝土防水层悬挑,也可以在增设的钢筋混凝土挑檐板上做防水层。这两种做法都要注意处理好檐口滴水,如图 8.18 所示。

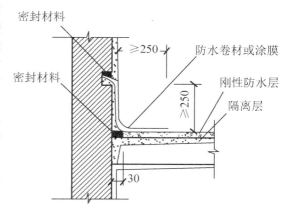

图 8.17　刚性屋面泛水构造图

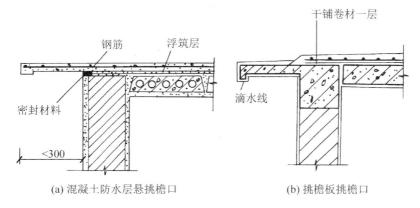

(a) 混凝土防水层悬挑檐口　　　　(b) 挑檐板挑檐口

图 8.18　自由落水挑檐口

② 挑檐沟外排水檐口一般是采用现浇或预制的钢筋混凝土槽形天沟板,在沟底用低强度的混凝土或水泥炉渣等材料垫置成纵向排水坡度。屋面铺好隔离层后再浇筑防水层,防水层应挑出屋面至少 60mm,并做好滴水,如图 8.19 所示。

③ 女儿墙外排水檐口处常做成矩形断面天沟,做法与前面女儿墙泛水相同,天沟内需铺设纵向排水坡,如图 8.20 所示。

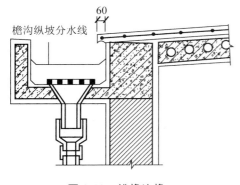

图 8.19　挑檐沟檐口

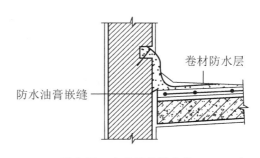

图 8.20　女儿墙外排水檐口

④ 雨水口构造。刚性防水屋面的雨水口也有直管式雨水口和弯管式雨水口两种做法，如图 8.21 所示。

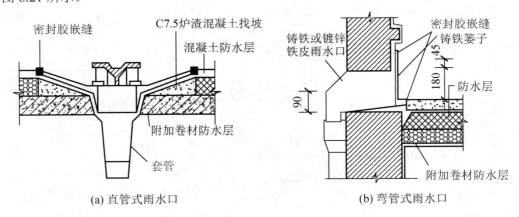

(a) 直管式雨水口　　　　　　　　　　(b) 弯管式雨水口

图 8.21　刚性防水屋面雨水口构造

3. 涂膜防水屋面

涂膜防水屋面是用防水材料涂刷在屋面基层上，利用涂料干燥或固化后不透水的性能来达到防水目的，涂膜防水屋面具有防水效果好、黏结力强、延伸性大、耐腐蚀、耐老化、弹性好、冷作业、施工方便等优点，但涂膜防水价格较贵，且是以“堵”为主的防水方式，成膜后要加以保护，以防硬杂物碰坏。主要用于Ⅲ、Ⅳ级的屋面防水，也可用作Ⅰ、Ⅱ级屋面多道防水设防中的一道。

1) 防水涂料种类

(1) 涂料。防水涂料种类很多，按其溶剂或稀释剂的类型可分为溶剂型、水溶性、乳液型等；按施工方法分可分为热熔型、常温型等；按其成膜厚度分为厚质涂料和薄质涂料。如水性石棉沥青防水涂料、膨胀土沥青乳液和石灰乳化沥青等沥青基防水涂料，涂成的膜厚一般为 4～8mm，称为厚质涂料；而高聚物改性沥青防水涂料和合成高分子防水涂料涂成的膜较薄，一般为 2～3mm，称为薄质涂料。

(2) 胎体增强材料。某些防水涂料需要与胎体增强材料(即所谓布)配合，以增强涂层的贴附覆盖能力和抗变形能力，使用较多的胎体增强材料有中性玻璃纤维网格布或中碱玻璃布、聚酯无纺布等。

2) 涂膜防水屋面的构造及做法

涂膜防水屋面的构造层次如图 8.22 所示。

涂膜防水层是通过分层、分遍的涂布，最后形成一道防水层。可在涂层中加铺胎体增强材料，以加强防水性能，特别是防水薄弱部位的防水性能，如图 8.23 所示。

3) 涂膜防水屋面的细部构造

涂膜防水屋面的细部构造要求及做法类同于卷材防水屋面，可参照去做。

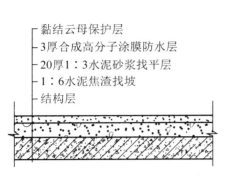

图 8.22   涂膜防水屋面构造层次

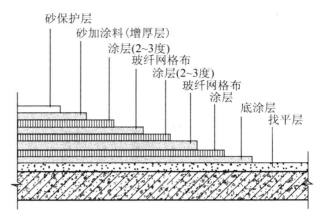

图 8.23   涂膜防水屋面涂层做法

8.2.3   平屋顶的保温

冬季室内采暖时，气温较室外高，热量通过围护结构向外散失。为了防止室内热量散失过多、过快，须在围护结构中设置保温层。以使室内有一个便于人们生活和工作的环境。平屋顶的保温是在屋顶上加设保温材料来满足保温要求的。保温层的材料和构造方案是根据使用要求、气候条件、屋面的结构形式、防水处理办法、施工条件等综合考虑确定的。

1. 保温材料的选择

保温材料多为导热系数小的多孔、疏松、轻质或纤维材料，一般有以下三种类型。

1) 散料类

如炉渣、矿渣等工业废料，以及膨胀陶粒、膨胀蛭石和膨胀珍珠岩等。

2) 整体类

一般是以散料类保温材料为骨料，掺入一定量的胶结材料，现场浇筑而形成的整体保温层，如水泥炉渣、水泥膨胀珍珠岩及沥青蛭石、沥青膨胀珍珠岩等。同散料类保温材料相同，也应先做水泥砂浆找平层，再做卷材防水层。以上两种类型的保温材料都可兼作找坡材料。

3) 板块类

一般现场浇筑的整体类保温材料都可由工厂预先制作成板块类保温材料，如预制膨胀珍珠岩、膨胀蛭石，以及加气混凝土、泡沫塑料等块材或板材。

2. 平屋顶的保温构造

根据屋顶保温层与防水层的相对位置的不同，可归纳为三种保温类型，即正铺法和倒铺法及复合法，如图 8.24 所示。

1) 正铺法

正铺法是将保温层设在结构层之上、防水层之下，从而形成封闭式保温层的一种屋面做法。这种形式构造简单、施工方便，目前广泛采用。

在正铺法保温卷材屋面中，常常由于室内水蒸气会上升而进入保温层，致使保温材料受潮，降低保温效果，所以通常要在保温层之下先做一道隔汽层。隔汽层的做法一般是在结构层上做找平层，然后根据不同需要可涂一层沥青，也可铺一毡两油或二毡三油。

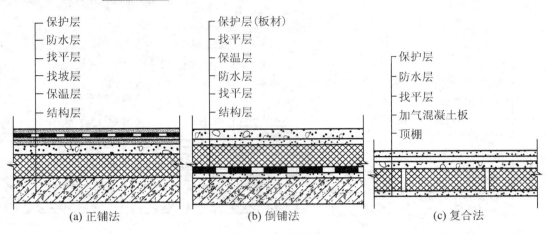

(a) 正铺法　　　　　　(b) 倒铺法　　　　　　(c) 复合法

图 8.24　保温屋顶构造

设置隔汽层的屋顶，可能会出现一些不利情况：由于结构的变形和开裂，隔汽层油毡会出现移位、裂隙、老化和腐烂等现象；保温层下设隔汽层以后，保温层的上下两个面都被防水材料封住，内部的湿气反而排泄不出去，会导致隔汽层局部或全部失效。还有就是冬季采暖房屋室内温度高，湿度大，蒸汽分压力大，设置隔汽层会导致室内湿气排不出去，使结构层产生凝结现象。要解决以上情况，有以下两种方法。

(1) 隔汽层下设透气层。即在结构层和隔汽层之间设一透气层，使室内透过结构层的蒸汽得以流通扩散，并设置相应出风口，把余压排泄出去。透气层的构造处理可用前面所述卷材与基层的结合构造，如花油法等，也可在找平层中做透气道。透气层的出风口一般设在檐口或靠女儿墙根部。房屋进深大于 10m 时，中间也应设透气口。注意透气口不宜太大，避免冷风或雨水渗入。

(2) 保温层中设透气层。具体做法是在保温层上加砾石或陶粒透气层或在保温层中做排气道，排气道内用大粒径炉渣或粗质纤维填塞，既可保温又可透气。找平层在相应位置应留槽作排气道，并在整个屋面纵横贯通。排气道间距宜为 6m，屋面面积每 $36m^2$ 宜设一个排气孔。排气道上口干铺油毡一层，用玛蹄脂单边点贴覆盖。保温层设透气层后，一般要在檐口或屋脊处留通风口。具体构造如图 8.25 所示。

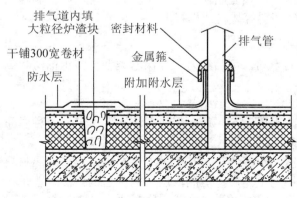

图 8.25　保温层内设透气层及通风口构造

2) 倒铺法

倒铺法是将保温层设置在防水层之上，从而形成敞露式保温层的一种屋面做法。倒铺法的屋面层次与传统的屋面铺设层次相反，故称之为倒铺法。

倒铺法的优点是防水层不受太阳辐射和剧烈气候变化的直接影响，不易受外来机械损伤。缺点是须选用吸湿性低、耐候性强、长期浸水不会腐烂的保温材料，经实践，聚苯乙烯泡沫塑料板或聚氨酯泡沫塑料板可作为倒铺屋面的保温层，但须做保护层覆盖且要有足够的重量以防保温层在下雨时漂浮，可用混凝土板或大粒径砾石。

3) 复合法

复合法就是将保温层与结构层组成复合板的形式，复合板既是结构构件，又是保温构件，有三种做法，一种是保温层设在槽形板的下面；一种是保温层放在槽形板朝上的槽口内；还有一种是将保温层与结构层融为一体，如图 8.26 所示。

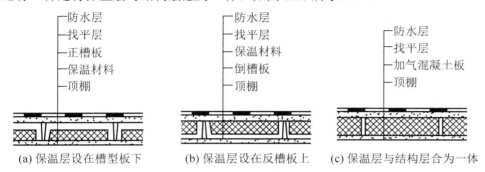

(a) 保温层设在槽型板下　　(b) 保温层设在反槽板上　　(c) 保温层与结构层合为一体

图 8.26　保温层与结构层结合

8.2.4　平屋顶的隔热

夏季，特别在我国南方炎热地区，太阳的辐射会使得屋顶的温度剧烈升高，影响室内的生活和工作条件。因此，要求对屋顶采取隔热降温措施。隔热降温的原理是尽量减少直接作用于屋顶表面的太阳辐射能，并减少屋面热量向室内散发。常见的隔热措施有以下几种。

1. 通风隔热屋面

1) 架空通风隔热屋面

这种隔热屋面是将通风层设在结构层的上面，一般做法是用预制板块架空搁置在防水层上，如图 8.27 所示，这样它对结构层和防水层都能起到保护作用，架空材料可以用预制混凝土板、筒瓦及各种形式的混凝土构件。

架空通风隔热屋面的设计要点有：①架空层应有适当的净高，一般以 180～240mm 为宜；②架空层周边应设一定数量的通风孔，宽度较大的屋面在屋脊处应设通风桥，如图 8.28 所示，以保证空气流通；③当女儿墙上不宜开设通风孔时，应距女儿墙 250mm 范围内不铺架空板；④架空板的支架可用砖砌，其间距视隔热板尺寸而定。

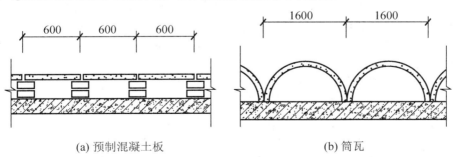

(a) 预制混凝土板　　　　　　(b) 筒瓦

图 8.27　架空通风隔热屋面构造

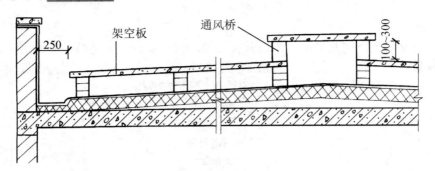

图 8.28　通风桥与通风口

2) 顶棚通风隔热屋面

顶棚通风隔热屋面是利用顶棚与结构层之间的空气间层，通过在外墙上开设通风口使内部空气流通，带走屋面传导下来的热量，如图 8.29 所示。

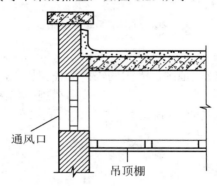

图 8.29　顶棚通风隔热屋面构造

顶棚通风隔热屋面的设计要点有：①顶棚通风层应有足够的净空高度，一般为 500mm 左右；②需设置一定数量的通风孔，以利空气对流；③通风孔应考虑防飘雨措施；④注意解决好屋面防水层的保护问题，避免防水层开裂而引起渗漏。

2. 实体材料隔热屋面

1) 蓄水屋面

蓄水隔热屋面是在屋面上蓄存一层水，利用水的反射和吸热蒸发作用减少下部结构的吸热，降低对室内的热影响，达到降温隔热的目的。蓄水屋面分开敞式和封闭式两种做法，在我国南方多采用开敞式，北方宜采用封闭式。蓄水屋面不宜在寒冷地区、地震区和振动较大的建筑上使用。

蓄水隔热屋面的构造与刚性防水屋面基本相同，只是增设了分仓壁、泄水孔、过水孔和溢水孔，如图 8.30 所示。

蓄水屋面的设计要点有：①首先应有合适的蓄水深度，一般为 150~200mm；②根据屋面面积的大小，用分仓壁将屋面划分为若干个蓄水区，每区的最大边长一般不大于 10m，在分仓壁底部应设过水孔，使整个屋面上水能相互贯通；③合理设置溢水孔和泄水孔，保证适宜的蓄水深度以及便于在不需隔热降温时将积水排除；④应有足够的泛水高度，至少应高出溢水孔的上口 100mm 左右；⑤应注意做好管道的防水处理，避免渗漏。

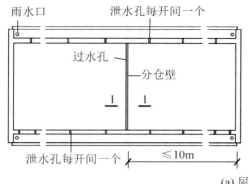

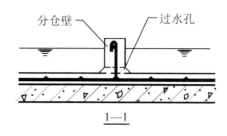

(a) 屋面划分区域

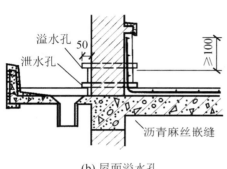

(b) 屋面溢水孔

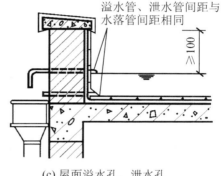

(c) 屋面溢水孔、泄水孔

图 8.30　蓄水屋面

2) 种植屋面

种植屋面是在平屋顶上种植植物,利用植物光合作用时吸收的热量和植物对阳光的遮挡来达到隔热的目的。

种植屋面的设计要点有:①种植介质应尽量选用谷壳、膨胀蛭石等轻质材料,以减轻屋顶自重;②屋顶四周须设栏杆或女儿墙作为安全防护措施,保证上屋顶人员的安全;③挡墙下部设排水孔和过水网,过水网可采用堆积的砾石,它能保证水通过而种植介质不流失,如图 8.31 所示。

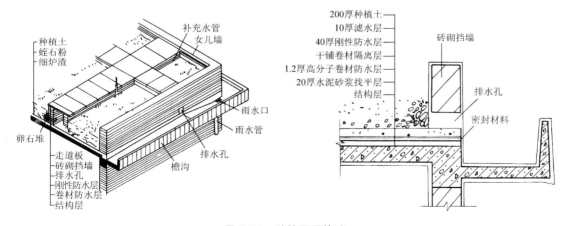

图 8.31　种植屋面构造

3. 反射降温屋顶

反射降温屋顶利用材料表面的颜色和光滑度对热辐射的反射作用，将一部分热量反射回去，从而达到降温的目的。屋顶表面可以铺浅颜色材料，如浅色的砾石，或刷白色的涂料及银粉，都能使屋顶产生降温的效果。如果在顶棚通风屋顶的基层中加一层铝箔纸板，就会产生二次反射作用，这样会进一步改善屋顶的隔热效果，也减少了灰尘对反射层的污染。

8.3　坡　屋　顶

引　例

如图 8.32 所示的两栋建筑，屋面采用的都是坡屋顶，但是在承重结构体系上有什么不一样呢？思考两种建筑采用的屋面形式、构造组成及构造做法。

图 8.32　坡屋顶建筑

8.3.1　坡屋顶的组成

坡屋顶一般由承重结构、屋面面层两部分组成，根据需要还有顶棚、保温层。

1. 承重结构

承重结构主要承受屋面各种荷载并传到墙或柱上，一般有木结构、钢筋混凝土结构、钢结构等。

2. 屋面

屋面是屋顶上的覆盖层，包括屋面盖料和基层。屋面材料有平瓦、油毡瓦、波形水泥石棉瓦、彩色钢板波形瓦、玻璃板、PC 板等。

3. 顶棚

顶棚是屋顶下面的遮盖部分，起遮蔽上部结构构件，使室内平整，改变空间形状及其保温隔热和装饰作用。

4. 保温、隔热层

保温、隔热层起保温隔热作用，可设在屋面层或顶棚层。

8.3.2　坡屋顶的承重结构体系

1. 坡屋顶的承重结构类型

1) 山墙承重

山墙承重是将横墙顶部按屋面坡度大小砌成三角形，在墙上直接搁置檩条或钢筋混凝土屋面板支承屋面传来的荷载，如图 8.33 所示。

这种承重方式一般适合于多数开间相同且并列的房屋，如住宅、旅馆、宿舍等。其优点是节约钢材和木材，构造简单，施工方便，房间的隔音、防火效果好，是一种较为合理的承重体系。

2) 屋架承重

屋架承重是指利用建筑物的外纵墙或柱支承屋架，然后在屋架上搁置檩条来承受屋面重量的一种承重方式，如图 8.34 所示。这种承重方式多用于要求有较大空间的建筑，如食堂、教学楼等。

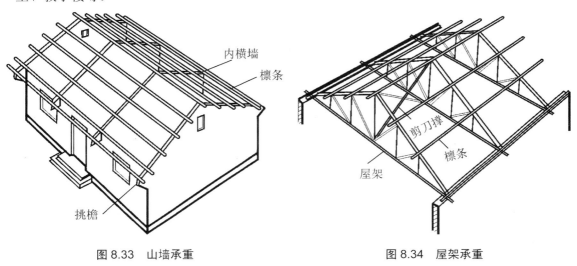

图 8.33　山墙承重　　　　　　　　　图 8.34　屋架承重

3) 梁架承重

梁架承重是我国传统的结构形式，它一般由立柱和横梁组成屋顶和墙身部分的承重骨架，檩条把一排排梁架联系起来形成整体骨架，如图 8.35 所示，在这里墙只起围护和分隔作用。这种承重系统的主要优点是结构牢固，抗震性能好。

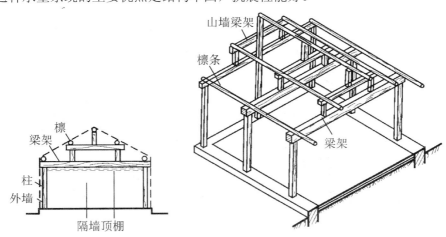

图 8.35　梁架承重

4) 钢筋混凝土屋面板承重

近年来常做的钢筋混凝土屋面板无檩体系瓦屋面，是将屋面板直接搁在山墙、屋架或屋面梁上，瓦主要起装饰造型作用。

这种承重系统特点是节省木材，提高了建筑物的防火性能，构造简单，近年来常用于住宅建筑和风景园林建筑中。

2. 坡屋顶的承重构件

1) 檩条

檩条是沿房屋纵向搁置在屋架或山墙上的屋面支承梁。檩条所用材料应与屋架材料相同，一般有木檩条、钢檩条及钢筋混凝土檩条等。

2) 屋架

屋架形式通常为三角形，由上弦、下弦和腹杆组成，所用材料有木材、钢材及钢筋混凝土等。

3. 承重体系布置

坡屋顶承重体系的布置主要是指屋架和檩条的布置，其布置方式应视屋顶形式而定。

8.3.3 坡屋顶的屋面做法

1. 传统的平瓦屋面

1) 空铺平瓦屋面

空铺平瓦屋面也叫冷摊瓦屋面，是平瓦屋面中最简单的一种做法，具体做法是在檩条上固定椽条，然后再在椽条上钉挂瓦条并直接挂瓦。这种屋面做法的特点是施工方便、经济，但雨雪易从瓦缝飘进室内，故通常用于质量要求不高的临时建筑中，如图 8.36(a)所示。

2) 实铺平瓦屋面

实铺平瓦屋面也叫木望板瓦屋面，具体做法是在檩条上铺钉一层 15～20mm 厚的平口毛木板，即木望板，板与板间可不留缝隙，也可留 10～20mm 的缝隙，木望板上平行于屋脊方向干铺一层油毡，再用 30×10mm 的板条(称压毡条或顺水条)将油毡钉牢，最后在压毡条上平行于屋脊方向钉挂瓦条并挂瓦，挂瓦条的断面和间距与冷摊瓦屋面相同，如图 8.36(b)所示。这样，挂瓦条与油毡之间因夹有顺水条而有了空隙，便于把飘入瓦缝的雨水排出，所以这种屋面的防水能力较空铺平瓦屋面有了很大的提高，同时也提高了屋面的保温隔热性能，但它的缺点是耗用木材较多，造价相对较高，故多用于质量要求较高的建筑中。

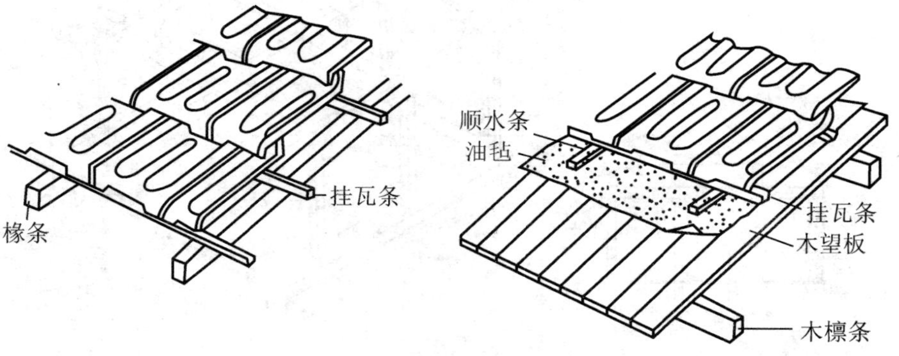

(a) 空铺平瓦屋面　　(b) 实铺平瓦屋面

图 8.36　传统平瓦屋面

2. 钢筋混凝土板平瓦屋面

钢筋混凝土板平瓦屋面是以钢筋混凝土板为屋面基层的平瓦屋面。

平瓦有粘土平瓦和水泥平瓦。适宜排水坡度为 20%～50%，坡度大于 50%时需加强固定。

钢筋混凝土板平瓦屋面的构造可分为以下两种。

1) 钢筋混凝土挂瓦板平瓦屋面

这种屋面是用预应力或非预应力的钢筋混凝土挂瓦板直接搁置在横墙或屋架上，代替实铺平瓦屋面中的檩条、屋面板和挂瓦条，成为三合一的构件，如图 8.37 所示。挂瓦板的屋面坡度不宜小于 1∶2.5，挂瓦板与砖墙或屋架固定时，可将挂瓦板两端挂在预埋在砖墙或屋架中的钢筋头上，再用 1∶3 水泥砂浆填实。挂瓦板的细部尺寸应与平瓦的尺寸相符，断面形式有Ⅱ形、Ｔ形、Ｆ形三种，并在板筋根部留有泄水孔，以排除由瓦面渗下的雨水。这种屋面的优点是构造简单，节约木材且防水可靠，但在施工时应严格控制构件的几何尺寸，切实保证施工质量，避免因瓦材搭接不密实而造成雨水渗漏。

2) 钢筋混凝土板瓦屋面

钢筋混凝土板瓦屋面是将钢筋混凝土板既作为结构层又作为屋面基层，上面盖瓦。瓦的铺设可以根据屋面坡度选用窝瓦或挂瓦。

窝瓦：在屋面板上抹水泥砂浆或石灰砂浆将瓦黏结，如图 8.38(a)所示。

挂瓦：坡度较大屋顶用挂瓦条挂瓦，构造做法是钢筋混凝土屋面板上用水泥钉钉挂瓦条，平瓦钻孔用双股铜丝绑于挂瓦条上，瓦下坐混合砂浆，如图 8.38(b)所示。

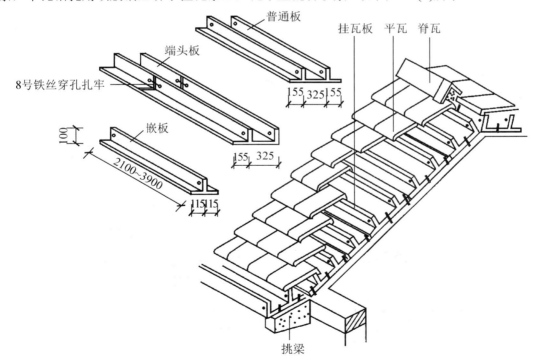

图 8.37 钢筋混凝土挂瓦板平瓦屋面

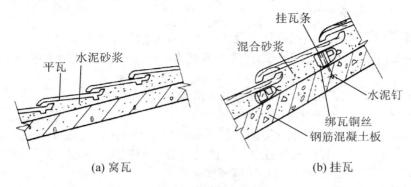

(a) 窝瓦   (b) 挂瓦

图 8.38　钢筋混凝土板瓦屋面

8.3.4　坡屋顶的细部构造

1. 檐口构造

檐口按位置可分为纵墙檐口和山墙檐口。

1) 纵墙檐口

纵墙檐口根据建筑的造型和排水的要求可做成有组织排水和自由落水两种。当坡屋顶采用无组织排水时，应将屋面伸出纵墙形成挑檐，挑檐的构造做法有砖挑檐、椽条挑檐、挑檐木挑檐和钢筋混凝土挑板挑檐等，如图 8.39 所示。当坡屋顶采用有组织排水时，一般多采用外排水，需在檐口处设置檐沟，檐沟的构造形式一般有钢筋混凝土挑檐沟和女儿墙内檐沟两种，如图 8.40 所示。

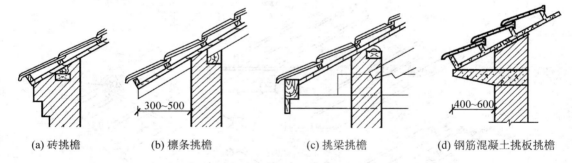

(a) 砖挑檐   (b) 檩条挑檐   (c) 挑梁挑檐   (d) 钢筋混凝土挑板挑檐

图 8.39　无组织排水纵墙挑檐

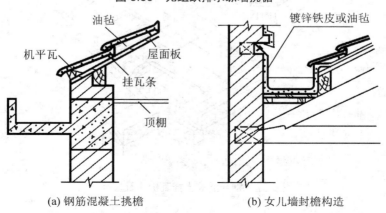

(a) 钢筋混凝土挑檐   (b) 女儿墙封檐构造

图 8.40　有组织排水纵墙挑檐

2) 山墙檐口

山墙檐口按屋面形式有硬山和悬山两种做法。硬山檐口是指山墙高出屋面的构造做法，在山墙与屋面交接处应作好泛水处理，如图 8.41 所示。悬山檐口是指屋面挑出山墙的构造做法，其构造一般是将檩条挑出山墙，再用木封檐板(也称博风板)封住檩条端部，如图 8.42 所示。

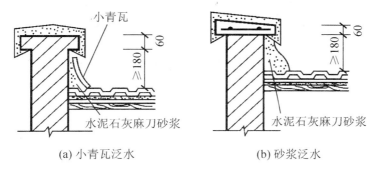

(a) 小青瓦泛水　　　　　(b) 砂浆泛水

图 8.41　硬山檐口构造

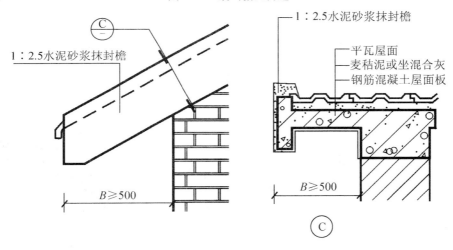

图 8.42　悬山檐口构造

2. 屋脊、天沟和斜沟构造

互为相反的坡面在高处相交形成屋脊，屋脊处应用 V 形脊瓦盖缝，如图 8.43(a)所示。在等高跨和高低跨屋面相交处会形成天沟，两个互相垂直的屋面相交处会形成斜沟。天沟和斜沟应保证有一定的断面尺寸，上口宽度应为 300～500mm，沟底一般用镀锌铁皮铺于木基层上，镀锌铁皮两边包钉在木条上，木条高度要使瓦片搁上后能与其他瓦片平行，同时还可防止溢水。在天沟两侧的屋面卷材最好要包到木条上，或者在铁皮斜向的下面，附加卷材一层。斜沟两侧的瓦片要锯成一条与斜沟平行的直线，挑出木条 40mm 以上。另一种做法是用弧形瓦或缸瓦作斜天沟，搭接处要用麻刀灰窝实，如图 8.43(b)所示。

 特 别 提 示

一定要处理好坡屋面的天沟、屋脊的细部构造，否则很容易漏水。

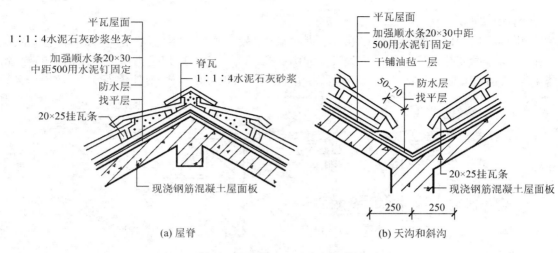

(a) 屋脊　　　　　　　　　　(b) 天沟和斜沟

图 8.43　屋脊、天沟和斜沟构造

8.3.5　坡屋顶的保温

　　坡屋顶的保温有屋面层保温和顶棚层保温两种做法。当采用屋面层保温时，其保温层可设置在瓦材下面或檩条之间。当屋顶为顶棚层保温时，通常需在吊顶龙骨上铺板，板上设保温层，可以收到保温和隔热的双重效果。坡屋顶保温材料可根据工程的具体要求，选用散料类、整体类或板块类材料。坡屋顶保温构造如图 8.44 所示。

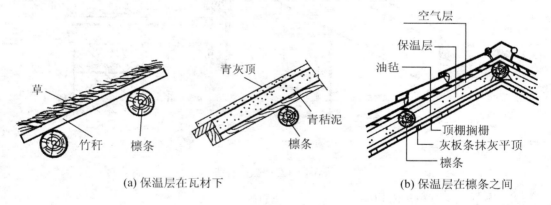

(a) 保温层在瓦材下　　　　　　(b) 保温层在檩条之间

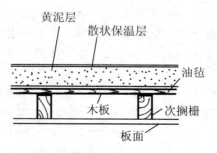

(c) 顶棚上设保温层

图 8.44　坡屋顶保温构造

8.3.6　坡屋顶的隔热

在炎热地区的坡屋面应采取一定的构造处理来满足隔热的要求，坡屋顶一般利用屋顶通风来隔热，有以下两种方式。

1. 屋面通风

把屋面做成双层，在檐口设进风口，屋脊设出风口，利用空气流动带走间层的热量，以降低屋顶的温度，如图 8.45 所示。

2. 吊顶棚通风

利用吊顶棚与坡屋面之间的空间作为通风层，在坡屋顶的歇山、山墙或屋面等位置设进风口，如图 8.46 所示。

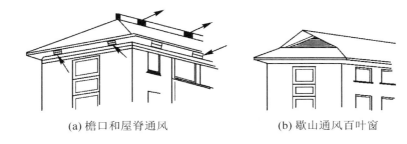

(a) 檐口和屋脊通风　　　　　　　(b) 歇山通风百叶窗

图 8.45　坡屋顶利用屋面通风

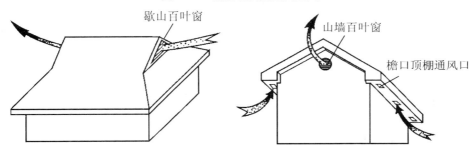

(a) 歇山百叶窗　　　　　　　(b) 山墙百叶窗和檐口通风口

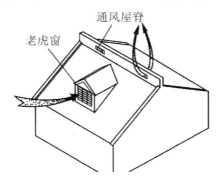

(c) 老虎窗与通风屋脊

图 8.46　吊顶棚通风

本 章 小 结

(1) 屋顶位于建筑物的最顶部,主要有三个作用,一是承重作用,承受雨雪、检修、自重等荷载;二是围护作用,防御自然界的雨雪、太阳辐射和冬季低温等的影响;三是装饰建筑立面作用,屋顶的形式对建筑立面和整体造型有很大的影响。

(2) 屋面有平屋顶、坡屋顶和曲面屋顶三种类型。平屋顶是指屋面排水坡度小于或等于10%的屋顶,坡屋顶是指屋面排水坡度大于10%的屋顶,曲面屋顶是指由各种薄壳结构、悬索结构、网架结构等作为屋顶承重结构的屋顶。

(3) 平屋顶的防水构造分为柔性防水、刚性防水和涂膜防水屋面等几种形式,屋顶隔热降温的构造做法主要有通风隔热、蓄水隔热、植被隔热、反射隔热等。

(4) 平屋顶排水方式主要有无组织排水、有组织排水两大类。有组织排水分内排水和外排水。

(5) 坡屋顶一般由承重结构、屋面和顶棚等基本部分组成,必要时可增设保温层或隔热层。

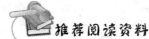

推荐阅读资料

1.《民用建筑设计通则》(GB 50352—2005)
2.《屋面工程技术规范》(GB 50345—2012)
3.《严寒和寒冷地区居住建筑节能设计标准》(JGJ 26—2010)

习 题

一、选择题

1. 屋顶是建筑物最上面起维护和承重作用的构件,屋顶构造设计的核心是(　　)。
   A. 承重　　　　　　　　　　　B. 保温隔热
   C. 防水和排水　　　　　　　　D. 隔声和防火

2. 平屋顶主要是由下面哪几种组成的?(　　)
   A. 结构层、顶棚层、防水层　　B. 顶棚层、保温层、屋面层
   C. 屋面层、保护层、顶棚层　　D. 隔热层、保护层、结构层

3. 刚性防水屋面的优点叙述正确的是(　　)。
   A. 造价低廉、节约材料、对温度变化不敏感
   B. 节约材料、造价低廉、施工方便、维修较方便
   C. 造价低廉、施工方便、不易产生裂缝和渗漏水
   D. 施工技术要求高

4. 下列哪种建筑的屋面应采用有组织排水方式?(　　)
   A. 高度较低的简单建筑　　　　B. 积灰多的屋面
   C. 有腐蚀介质的屋面　　　　　D. 降雨量较大地区的屋面

5. 下列哪种构造层次不属于不保温屋面?(　　)
   A. 结构层　　　B. 找平层　　　C. 隔汽层　　　D. 保护层

6. 平屋顶卷材防水屋面油毡铺贴正确的是(　　)。
   A. 油毡平行于屋脊时,从檐口到屋脊方向铺设
   B. 油毡平行于屋脊时,从屋脊到檐口方向铺设
   C. 油毡铺设时,应顺常年主导风向铺设

D．油毡接头处，短边搭接应不小于 70mm
7．屋面防水中泛水高度最小值为(　　)。
A．150　　　　　B．200　　　　　C．250　　　　　D．300

二、填空题

1．屋面在构造设计时应注意＿＿＿＿、＿＿＿＿、＿＿＿＿、＿＿＿＿、＿＿＿＿等问题。

2．屋顶按外观形式可分为＿＿＿＿、＿＿＿＿、＿＿＿＿等类型。

3．屋顶排水方式有＿＿＿＿、＿＿＿＿、＿＿＿＿、＿＿＿＿等几种。

4．用普通的水泥砂浆和混凝土作为刚性屋面防水层，需采用＿＿＿＿、＿＿＿＿和＿＿＿＿等防水措施。

三、判断题

1．从排水、结构、经济等角度考虑，屋面排水坡度越大越好。　　　　　(　　)

2．排水坡度的形成方法有垫置找坡和搁置找坡。其中搁置找坡又称材料找坡。(　　)

3．刚性防水屋面在施工完成后出现裂缝和漏水是最严重的问题。　　　(　　)

4．普通的水泥砂浆和混凝土可以直接作为刚性屋面的防水层。　　　　(　　)

四、简答题

1．屋顶作为房屋最上层覆盖的结构，其主要功能有哪些？

2．简述结构找坡与材料找坡的主要区别。

3．简要说明无组织排水的优点。

4．油毡屋面的构造层有哪些？油毡屋面出现开裂、起鼓、流淌的原因是什么？如何采取构造措施加以防止？

5．什么是刚性防水屋面？其基本构造层次及作用是什么？

6．刚性防水屋面容易开裂的原因何在？可以采取哪些构造措施预防开裂？

7．什么是涂料防水屋面？其基本构造层次有哪些？

第9章

门　窗

学习目标

通过本章的学习，要求学生熟悉门窗的作用、类型及组合；掌握木门、铝合金门、钢窗、塑钢窗、铝合金窗的构造及安装；熟悉构造遮阳的类型、作用及使用范围。

学习要求

能力目标	知识要点	相关知识	权重
熟悉门窗的作用、分类	门窗的作用、分类	门窗的作用、分类、尺寸	15
掌握各类门的组成及构造	木门、铝合金门的组成及构造	木门的组成，镶板门、夹板门、拼板门、弹簧门的构造，铝合金门的特点、构造、安装	35
掌握各类窗的构造及安装	钢窗、塑钢窗、铝合金窗的构造及安装	钢窗、塑钢窗、铝合金窗的特点、构造、安装	35
熟悉遮阳构造	遮阳构造	遮阳的类型、作用、使用范围	15

引　例

　　门与窗是房屋建筑中重要的组成部分，也是房屋建筑中的两个重要的维护构件，和房屋的其他基本组成部件比较，它们最大的特点就是可启闭，其面积约占外墙面积的 1/5。

　　门窗在建筑立面构图中的影响也较大，它的尺度、比例、形状、组合、透光材料的类型等，都影响着建筑的艺术效果。

　　一般的门和窗通常要求具有保温、隔声、防渗风、防漏雨的能力。在寒冷地区采暖期内，由门窗缝隙渗透而损失的热量约占全部采暖耗热量的 25%，门窗的密闭要求是北方门窗保温节能极其重要的内容。对于门窗，在保证其主要功能和经济条件的前提下，还要求门窗坚固、耐久、灵活、便于清洗、维修和工业化生产。门窗可以像某些建筑配件和设备一样，作为建筑构件的成品，以商品形式在市场上供销，如图 9.1 所示。

图 9.1　门、窗实物图

9.1　门窗的作用、分类、尺寸、构造要求

1. 门

1) 门的作用

　　门是房屋建筑的非承重构件之一，是人们进入房间和室内外的通行口，起交通出入、分隔和联系室内外空间的作用，兼具通风、采光的作用。根据建筑物的功能要求和所处环境，还应具有保温、防盗、隔声、节能和便于工业化生产等功能。建筑主要出入口的门，其造型、颜色对建筑立面还起到重要的装饰作用。

2) 门的分类

　　(1) 按门在建筑中所处的位置，可分为外门和内门。外门位于外墙上，应满足保温、隔热、耐腐蚀、防风沙及造型美观的要求。内门位于内墙上，应满足隔音、隔视线等要求。

　　(2) 按门所使用的材料，可分为木门、钢门、铝合金门、塑钢门、玻璃钢门和无框玻璃钢门等。木门加工制作方便，价格低廉，应用广泛，但防火能力较差。钢门强度高，防火性能好，透光率高，在建筑上应用广泛，但钢门保温较差，易腐蚀。铝合金门美观，有良好的装饰性和密闭性，但成本高，保温差。塑料门同时具有木材的保温性和铝材的装饰性，是近年来为节约木材和有色金属发展起来的新品种，其刚度和耐久性还有待进一步提高。

　　(3) 按门的使用功能，可分为一般门和特殊门。特殊门是指有特别使用功能要求的门，构造复杂，一般用于对门有特别的使用要求时，如防火门、保温门、防盗门和防爆门。

　　(4) 按门的开启方式，可分为平开门、弹簧门、推拉门、折叠门、转门等，如图 9.2 所示。

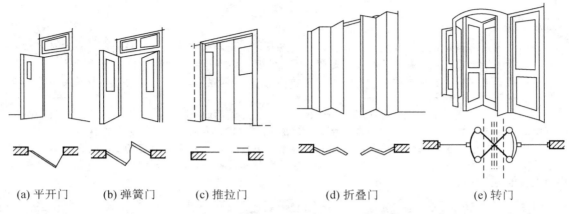

| (a) 平开门 | (b) 弹簧门 | (c) 推拉门 | (d) 折叠门 | (e) 转门 |

图 9.2　门的开启方式

① 平开门。平开门是水平开启的门，门扇围绕铰链转动。其门扇有单扇、双扇，内开和外开形式。平开门构造简单，开启灵活，制作安装简便，维修方便，是建筑中最常见、使用最广泛的门。

② 弹簧门。弹簧门采用弹簧铰链或地弹簧做法，开启后能自动关闭，有单扇和双扇之分。单向弹簧门的合页设在门的侧面，常用于有自动关闭要求的房间中，如公共卫生间等。双向弹簧门需用内外双向弹动的弹簧合页或采用设于地面上的地弹簧，多用于出入人流较大和需要自动关闭的公共场所，如公共建筑门厅的门等。双向弹簧门扇上一般要安装玻璃，避免出入人流相互碰撞。

③ 推拉门。推拉门是门扇通过上下轨道，左右推拉滑行进行开关，有单扇和双扇之分，开启后门扇可隐藏于内墙或悬于墙外。开启时节省空间，不易变形，但难以严密关闭，构造复杂。推拉门对疏散不利，在人流众多的地方，可以采用光电管或触动式设施使推拉门自动启闭。

④ 折叠门。当两个房间相连的洞口较大，或大房间需要临时分隔成两个小房间时，可用多扇折叠式门，可折叠推移到洞口一侧或两侧。但每侧均为双扇折叠门时，在两个门扇侧边用合页连接在一起，开关可同普通平开门一样。两侧均为多扇折叠门时，除在相邻各扇的侧面装合页之外，还需要在门顶和门底装滑轮和导轨及可转动的五金配件。每侧折叠三扇或更多的门扇时，虽然仍可称之为门，实际上已成为折叠或移动式隔墙了。

⑤ 转门。三扇或四扇在两个固定弧形门套内旋转的门，由于门始终是关着，因此保温、隔声的效果好。转门可作为公共建筑中人员出进频繁，且有采暖和空调设备的情况下的外门，对减弱和防止内外空气对流有一定作用。开/关时各门扇之间形成的封闭空间起着门斗作用。在转门的两边还应设平开门或弹簧门，以作为不需要空气调节的季节或大量人流疏散之用。

其次，还有上翻门、升降门和卷帘门，各适合不同条件的需要。

3) 门的尺寸

门的尺寸通常是指门洞的高、宽尺寸。一般民用建筑门洞的高度不宜小于 2100mm。如设有亮子时，亮子高度一般为 300～600mm，门洞高度为门扇高加亮子高，再加上门框及门框与墙间的构造缝隙尺寸，即门洞高度一般为 2400～3000mm。公共建筑大门高度可根据美观需求适当提高。

门的宽度：单扇门为 700～1000mm，双扇门为 1200～1800mm。宽度为 2100mm 以上时，可设成三扇、四扇门或双扇带固定扇的门，因为门扇过宽易产生翘曲变形，也不利于开启。次要框架(如卫生间、储藏室等)门的宽度可窄些，一般为 700～800mm。

现在一般民用建筑门(木门、铝合金门、钢门)均编制成标准图，在图上注明类型和相关尺寸，设计时可按需要直接选用。

特 别 提 示

门作为交通疏散通道，其洞口尺寸应根据通行、搬运及与建筑物的比例关系确定，并符合现行《建筑模数协调统一标准》(GBJ 2—1986)的规定。

2. 窗

1) 窗的作用

窗是组成房屋建筑的非承重围护构件之一。其主要功能是采光、通风、观测眺望。根据建筑物的功能要求和所处环境，还应具有保温、隔声、阻挡风沙雨雪、节能和工业化生产等功能。窗的散热量约为维护结构散热量的 2～3 倍，窗的面积越大，散热量也随之加大，因此窗兼具隔热作用。

2) 窗的分类

(1) 按窗的层数可分为单层窗和双层窗两种，其中，单层窗构造简单，造价低，多用于一般建筑中，双层窗保温隔热效果好，适用于要求高的建筑。

(2) 按窗的框架材料可分为木窗、钢窗、铝合金窗和塑料窗单一材料的窗，以及塑钢窗、铝塑窗等复合材料的窗。其中，铝合金窗和塑钢窗外观精美、造价适中、装配化程度高，铝合金窗耐久性好，塑钢窗的密封、保温性能优，所以在建筑工程中应用广泛；木窗由于消耗木材量大，耐火性、耐久性和密闭性能差，其应用已受到限制。

(3) 按窗的开启方式的不同，可分为固定窗、平开窗、悬窗、立转窗、推拉窗等，如图 9.3 所示。

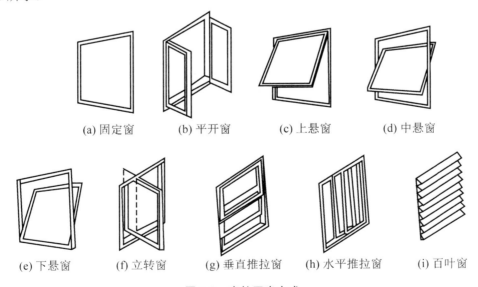

(a) 固定窗　　(b) 平开窗　　(c) 上悬窗　　(d) 中悬窗

(e) 下悬窗　　(f) 立转窗　　(g) 垂直推拉窗　　(h) 水平推拉窗　　(i) 百叶窗

图 9.3　窗的开启方式

① 固定窗。固定窗为不能开启的窗(包括在必要时可以卸下的窗)，不设窗扇，将玻璃直接镶嵌在窗框上(也有的设窗扇，将窗扇固定在框上)。仅作采光和观望用，通常用于走

建筑构造与设计

道的采光窗和一般窗的固定部位。

② 平开窗。平开窗的窗扇用铰链与窗框连接，是一种可以水平开启的窗，有向外开、向内开之分，向外开启有利于防止雨水流入室内，且不占室内空间，采用较广。平开窗构造简单，制作、安装、维修、开启都比较方便，所以用量最大。

③ 悬窗。悬窗按横轴的位置不同，有上悬、中悬、下悬之分。外开的上悬和中悬窗便于防雨，多用于外墙。悬窗亦可用于内墙，作为高侧窗和门的亮窗，易于通风。下悬窗不利于挡雨，在民用建筑中用者极少。另一种形式的下悬平开窗，是在窗口边框中安设复杂的金属配件，既可下悬开关，也可以平开，根据使用者的需要，随手改换开关方式。可用于住宅和办公之类的房屋中，由于部件复杂，成本高于其他可开窗。

④ 立转窗。立转窗的窗扇可沿竖轴转动，竖轴可设于窗扇中心，或略偏于窗扇的一侧。立转窗的通风效果好，但不够严密，防雨防寒性能差。立转窗通常用于大型公共建筑，常用于楼梯间、走道的间接采光窗和门亮子等处，有利于采光和通风。

⑤ 推拉窗。推拉窗分为水平推拉窗和垂直推拉窗，水平推拉窗须上下设轨槽，垂直推拉窗需设滑轮和平衡锤。推拉窗开关时不占室内空间，但推拉窗不能全部同时开启，可开启面积最大不超过 1/2 的窗面积。水平推拉窗扇受力均匀，所以窗扇尺寸可以大些，但五金件较贵。

3) 窗的尺寸

窗的尺寸主要是指窗洞口的尺寸，主要取决于房间的采光通风、构造做法和建筑造型等要求。通常用窗地面积比来确定房间的窗口面积，窗地面积比是指窗口面积与房间地面面积之比，其数值在有关设计标准或规范中有具体规定。窗洞口面积确定后，根据建筑层高确定窗洞口高度。窗洞口宽度根据洞口面积、洞口高度即可确定。

窗洞口的高度与宽度尺寸通常采用扩大模数 3M 数列作为洞口的标志尺寸，一般洞口高度为 600～3600mm。

窗地比最低值见表 9-1。

表 9-1　窗地比最低值

建筑类别	房间或部位名称	窗地比
宿舍	居室、管理室、公共活动室、公用厨房	1/7
住宅	卧室、起居室、厨房	1/7
	厕所、卫生间、过厅	1/10
	楼梯间、走廊	1/14
托幼	音体活动室、活动室、乳儿室、寝室	1/7
	喂奶室、医务室、保健室、隔离室	1/6
	其他房间	1/8
文化馆	展览、书法、美术、游艺、文艺、音乐、舞蹈、戏曲	1/4
	排练、教室	1/5
图书馆	阅览室、装裱间、陈列室、报告厅	1/4
	会议室、开架书库、视听室、闭架书库	1/6
	走廊、门厅、楼梯、厕所	1/10
办公	办公室、研究室、接待室、打字室、陈列室、复印室、设计绘图室	1/6
	阅览室	

3. 门窗的构造要求

(1) 应满足使用功能和坚固耐用的要求，如交通安全、采光通风、抵抗风雨等侵蚀的要求。

(2) 尺寸规格应统一，符合《建筑模数协调统一标准》的要求，做到经济、美观。

(3) 使用上应开启灵活，关闭紧密。

(4) 维护上满足便于擦洗和维修方便的要求。

9.2　门　的　构　造

9.2.1　门的构造组成

门一般由门框和门扇两部分组成，如图 9.4 所示。门框又称门樘，是门与墙体的连接部分，由上框、边框、中横框和中竖框组成。门扇一般由上冒头、中冒头、下冒头和边梃组成骨架，中间固定门芯板，为了通风采光，可在门的上部设腰窗(俗称上亮子)，亮子有固定、平开及上、中、下悬等形式。门框与墙间的缝隙常用木条盖缝，称门头线，俗称贴脸。门上常用的五金零件有铰链、插销、门锁、拉手、停门器等。

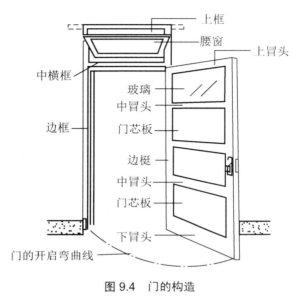

图 9.4　门的构造

9.2.2　平开木门

1. 门框

1) 门框的断面尺寸

门框的断面形式与门的类型、层数有关，同时应利于门的安装，并具有一定的密闭性，如图 9.5 所示。门框的断面尺寸主要考虑接榫牢固，还要考虑制作时刨光损耗。门框的尺寸：双裁口的木门框(门框上安装两层门扇时)厚度和宽度为(60～70)mm×(130～150)mm，单裁口的木门框(只安装一层门扇时)为(50～70)mm×(100～120)mm。

为便于门扇密闭，门框上要有裁口(或铲口)。根据门扇数与开启方式的不同，裁口的形式和尺寸为单裁口与双裁口两种。单裁口用于单层门，双裁口用于双层门或弹簧门。裁口宽度要比门扇宽度大 1～2mm，以利于安装和门扇开启。裁口深度一般为 8～10mm。

由于门框靠墙一面易受潮变形，则常在该面开 1～2 道背槽，以免产生翘曲变形，同时也利于门框的嵌固。背槽的形状可为矩形或三角形，深度约 8～10mm，宽约 12～20mm。

2) 门框的安装

门框的安装按施工方式分塞口和立口两种，如图 9.6 所示。

塞口是墙砌好后再安装门框。洞口的宽度应比门框大 20～30mm，高度比门框高 10～20mm。门洞两侧砖墙上每隔 500～600mm 预埋木砖或预留缺口，门框与墙间的缝隙需用沥青麻丝嵌填。

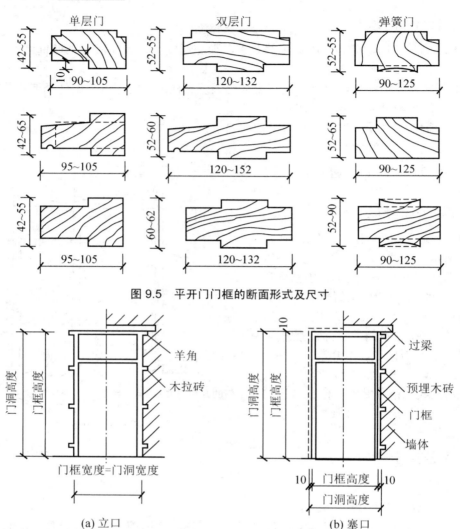

图 9.5 平开门门框的断面形式及尺寸

图 9.6 门框的安装方式

立口(又称立樘子)是在砌墙前先用支承立门框后砌墙，门框与墙结合紧密，但立门框与砌墙工序交叉，施工不便。

3) 门框与墙的相对位置

门框与墙的相对位置有内平、外平和立中几种情况。一般情况下多做在开门方向一边，与抹灰面齐平，尽可能使门扇开启后能贴近墙面。对较大尺寸的门，为能牢固地安装，多居中设置。

门框靠墙一边为防止受潮变形多设置背槽，门框外侧的内外角做灰口，缝内填弹性密封材料。表面作贴脸板和木压条盖缝，贴脸板一般为 15～20mm 厚、30～75mm 宽。木压条厚与宽约为 10～15mm，装修标准高的建筑，还可在门洞两侧和上方设筒子板。

2. 门扇

根据门扇的不同构造形式，常见的木门门扇有镶板门、夹板门、拼板门、弹簧门等几种。

1) 镶板门

镶板门是应用最广的一种门,门扇由骨架和门芯板组成。骨架一般由上冒头、下冒头及边梃组成,有时中间还有横冒头或竖向中梃。门芯板可采用木板、胶合板、硬质纤维板、塑料板等。有时门芯板可部分或全部采用玻璃,则称为半玻璃(镶板)门或全玻璃(镶板)门。用窗纱或百叶代替,则为纱门或百叶门。另外不同材料的门芯板也可根据需要组合,如图 9.7 所示。

镶板门的门扇骨架的厚度一般为 40~45mm,纱门的厚度可薄一些,多为 30~35mm。上冒头、中间冒头和边梃的宽度一般为 75~120mm,下冒头的宽度较大,习惯是同踢脚的高度相同,一般为 150~200mm,可减少门扇变形并保护门芯板。中冒头为了便于开槽装锁,其宽度可适当增加,以弥补开槽对中冒头材料的削弱。

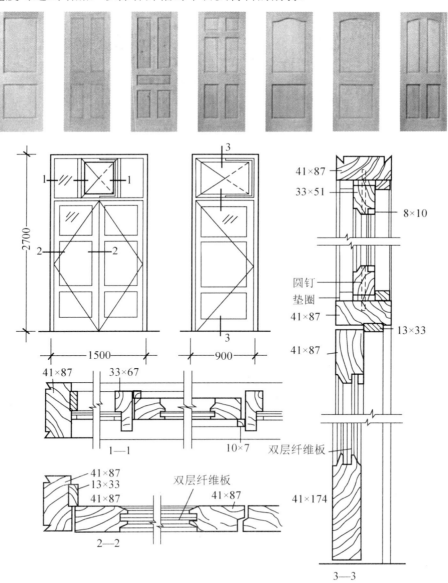

图 9.7　镶板门构造

木制门芯板一般用 10～15mm 厚的木板拼装成整块、镶入边梃和冒头中，板缝应结合紧密。门芯板的拼接方式有四种，分别为平缝胶合、木键拼缝、高低拼缝和企口缝，如图 9.8 所示。工程中常用的为高低缝和企口缝。

(a) 平缝胶合　　(b) 木键拼缝　　(c) 高低拼缝　　(d) 企口缝

图 9.8　门芯板的拼接方式

门芯板在边梃和冒头中的镶嵌方式有暗槽、单面槽以及双边压条等三种，如图 9.9 所示。其中，暗槽结合最牢，工程中用得较多，其他两种方法多用于玻璃、纱网及百叶的安装。

(a) 暗槽　　　　(b) 单面槽　　　　(c) 双面压条

图 9.9　门芯板镶嵌方式

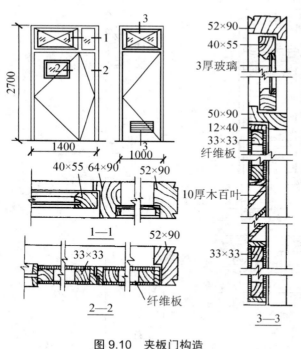

图 9.10　夹板门构造

2) 夹板门

夹板门也称贴板门或胶合板门，是用断面较小的方木做成骨架，两面粘贴面板而成，如图 9.10 所示。门扇面板可用胶合板、塑料面板或硬质纤维板，面板和骨架形成一个整体，共同抵抗变形。夹板门构造简单，可利用小料、短料制作，它的自重轻，外形简洁，保温隔热性能好，对制作工艺要求较高，便于工业化生产。在一般民用建筑中广泛用作内门，作为外门及防潮环境的门则须采用防水胶合板，并提高面板与骨架的胶合质量。

骨架边框截面通常为(30～35)mm×(33～60)mm，肋条截面通常为(10～25)mm×(33～60)mm，间距一般为200～400mm，为节约木材，也可用浸塑蜂窝纸板代替肋条。为了使夹板内的湿气易于排出，减少面板变形，骨架内的空气应贯通，可在上部设小通气孔。另外，门的四周可用 15～20mm 厚的木条镶边，以取得整齐美观的效果。

夹板门也可以在上半部开设局部窗口，镶以玻璃，或在下半部开设百叶成为百叶夹板门，在镶嵌门锁和门拉手位置应局部填木块加强。

3) 拼板门

拼板门的构造与镶板门相同，由骨架和拼板组成，只是拼板门的拼板是用 35～45mm 厚的木板拼接而成，因而自重较大，但坚固耐久，多用于车间、库房的外门。

4) 弹簧门

弹簧门是指利用弹簧铰链，开启后能自动关闭的门。弹簧铰链有单面弹簧、双面弹簧和地弹簧等形式。

单面弹簧门多为单扇，常用于需有温度调节及气味要遮挡的房间，如厨房、厕所等。

双向弹簧门通常都为双扇门，其门扇在双向可自由开关，适用于公共建筑的过厅、走廊及人流较多的房间。门框不需裁口，一般做成与门扇侧边对应的弧形对缝，为避免两门扇相互碰撞，又不使缝过大，通常上下冒头做平缝，两扇门的中缝做圆弧形，其弧面半径约为门厚的 1～1.2 倍。

地弹簧门的构造与双扇弹簧门基本相同，地弹簧门的铰轴装在地板上。

弹簧门的开启一般都比较频繁，对门扇的强度和刚度要求比较高，门扇一般要用硬木，用料尺寸应比普通镶板门大一些，弹簧门门扇的厚度一般为 42～50mm，上冒头、中冒头和边梃的宽度一般为 100～120mm，下冒头的宽度一般为 200～300mm。

5) 镶玻璃门和半截玻璃门

如将镶板门中的全部门芯板换成玻璃，即为镶玻璃门。如将镶板门中的部分门芯板换成玻璃，即为半截玻璃门。

6) 纱门、百叶门

在门扇骨架内镶入纱窗或百叶，即为纱门或百叶门，此时因重量减轻，门料可较镶板门薄 5～10 mm。

9.2.3　铝合金门

● 知 识 链 接

铝合金是 20 世纪 70 年代发展的一种新型材料，它是在铝中加入镁、锰、铜、锌、硅等元素形成的合金材料。其型材用料系薄壁结构，型材断面中留有不同形状的槽口和孔，分别具有空气对流、排水、密封等作用。

1. 铝合金门的特点

铝合金门窗具有质量轻、强度高、耐腐蚀、密闭性好等优点，近年来越来越多地在建筑中被广泛应用。为了改善铝合金门窗的热桥散热，目前已有一种采用外铝合金、中间夹泡沫塑料的新型门窗型材。

2. 铝合金门的构造

铝合金门的型材截面形式和规格是随开启方式和门面积划分的，铝合金门的开启方式有平开门、推拉门、弹簧门、自动门等。各种铝合金门都由不同的断面型号的铝合金型材、配套零件及密封件加工制作而成，如图 9.11 所示。

不同部位、不同开启方式的铝合金门窗，其壁厚均有规定。普通铝合金门窗型材壁厚不得小于 0.8mm；地弹簧门型材壁厚不得小于 2mm；用于多层建筑室外的铝合金门窗型材壁厚一般为 1.0～1.2mm；高层建筑室外的铝合金门窗型材壁厚不小于 1.2mm。

3. 铝合金门窗的框料系列

系列名称是以铝合金门窗框的厚度构造尺寸来区别各种铝合金门窗的称谓。如平开门门框厚度构造尺寸为 50mm 宽，即称为 50 系列铝合金平开门；推拉窗窗框厚度构造尺寸为 90mm 宽，即称为 90 系列铝合金推拉窗。

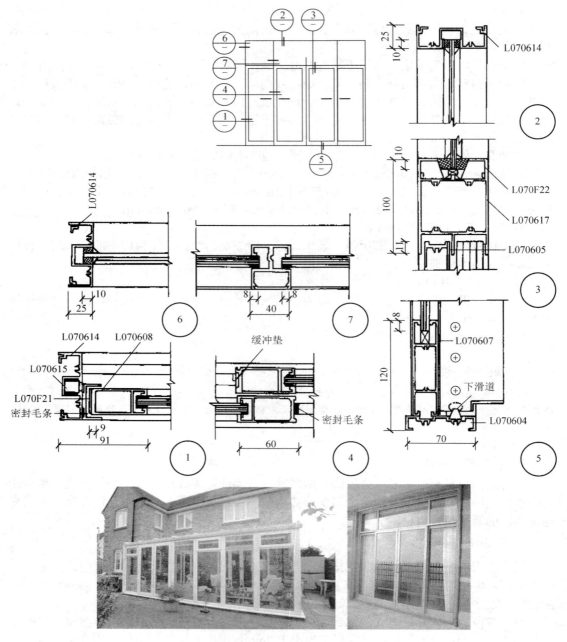

图 9.11　铝合金门的构造

4. 铝合金门的安装

　　铝合金门与墙体的连接用塞口法，在结束土建工程、粉刷墙面前进行。门框的固定方式是将镀锌锚固板的一端固定在门框外侧，另一端与墙体中的预埋件焊接或锚固在一起，再填以矿棉毡、泡沫塑料条、聚氨酯发泡剂等软质保温材料，填实处用水泥砂浆抹好，留5～8mm 深的槽口，槽内用密封胶封实。玻璃是嵌固在铝合金门料的凹槽内，并加密封条。其连接方法有：射钉固定；墙上预埋铁件连接；金属膨胀螺栓连接；墙上预留孔洞埋入燕尾铁角连接，如图 9.12 所示。

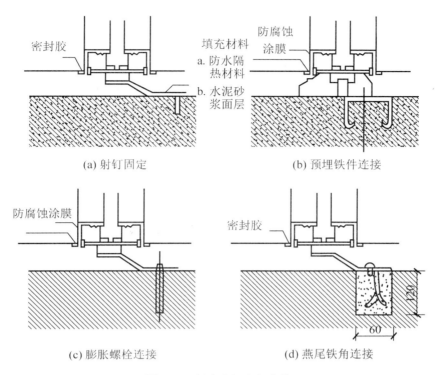

(a) 射钉固定　　　　　　　　　　(b) 预埋铁件连接

(c) 膨胀螺栓连接　　　　　　　　(d) 燕尾铁角连接

图 9.12　铝合金门窗的安装

9.2.4　玻璃自动门

现在很多大型公共建筑的主入口采用无框玻璃门，大大丰富了建筑的立面效果。无框玻璃门是用整块安全平板玻璃直接做成门扇，立面简洁。玻璃门扇有弧形门和直线门之分，门扇能够由光感设备自动启闭，常见的有脚踏感应和探头感应两种方式，如图 9.13 所示。若为非自动启闭时，应有醒目的拉手或其他识别标志，以防止发生安全问题。

图 9.13　全玻璃自动门

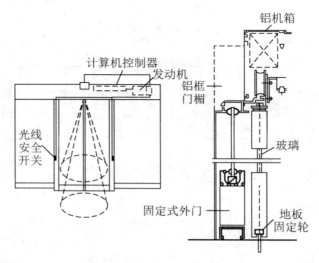

图 9.13　全玻璃自动门(续)

9.2.5　特殊门介绍

1.　防火门

防火门有钢质防火门、木质防火门、玻璃防火门、防火卷帘门等。钢质防火门由槽钢组成门扇骨架，如图 9.14 所示。内填防火材料，如矿棉毡等，根据防火材料的厚度不同，确定防火门的等级，然后外包 1.5mm 厚的薄钢板。

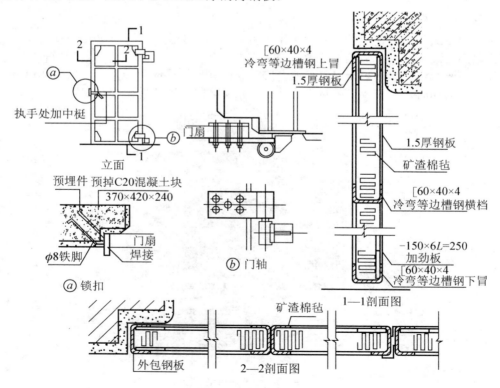

图 9.14　钢质防火门

2. 隔声门

隔声门的门扇材料、门缝的密闭处理及五金件的安装处理，都会影响隔声效果。因此，门扇的面层应采用整体板材，门扇的内层应尽量利用其空腔构造及吸声材料来增加门扇的隔声能力，如图 9.15 所示。

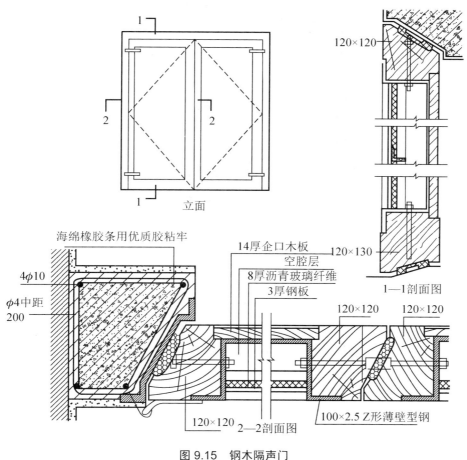

图 9.15　钢木隔声门

9.3　窗 的 构 造

9.3.1　窗的构造组成

窗一般由窗框和窗扇两部分组成，如图 9.16 所示。窗框又称窗樘，是窗与墙体的连接部分，由上框、下框、边框、中横框和中竖框组成。窗扇是窗的主体部分，分为活动扇和固定扇两种，一般由上冒头、中冒头、边梃和窗芯(又叫窗棂)组成骨架，中间固定玻璃、窗纱或百叶。窗扇和窗框多用五金零件相连接，常用的五金零件包括铰链、拉手、导轨及滑轮等。窗框与墙的连接处，为满足不同的要求，有时加贴脸、窗台板、窗帘盒等。

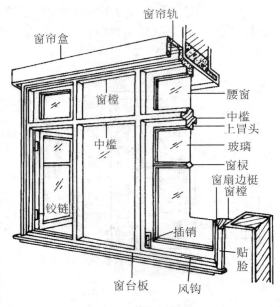

图 9.16　窗的组成

9.3.2　铝合金窗

1. 铝合金窗的特点

铝合金窗是以铝合金型材来做窗框和扇框，具有重量轻、强度高、耐腐蚀，并具有很好的气密性和水密性，便于工业化生产的优点，广泛用于宾馆、住宅、办公、医疗建筑等。

2. 铝合金窗的构造

铝合金窗的类型有推拉窗、平开窗、固定窗、悬挂窗、百叶窗等，各种窗都用不同断面型号的铝合金型材和配套零件及密封件加工制成。通常多采用水平推拉式的开启方式，窗扇在窗框的轨道上滑动开启。窗扇与窗框之间用尼龙密封条进行密封，并可以避免金属材料之间相互摩擦。玻璃卡在铝合金窗框料的凹槽内，并用橡胶压条固定，如图 9.17 所示。

图 9.17　铝合金窗的构造

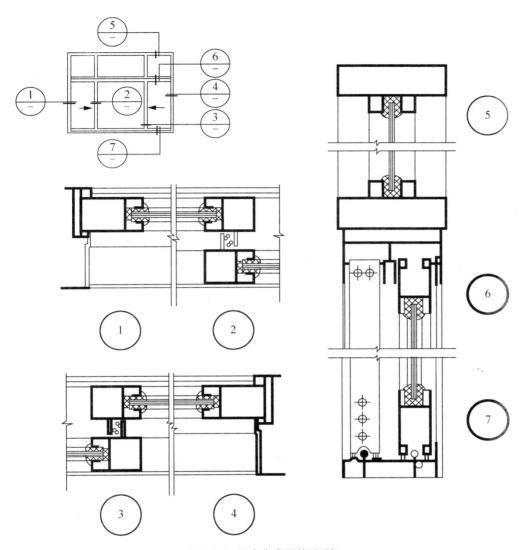

图 9.17　铝合金窗的构造(续)

3. 铝合金窗的安装

铝合金窗安装时，将窗框在抹灰前立于窗洞处，与墙内预埋件对正，然后用木楔将三边固定，经检验确定窗框水平、垂直、无翘曲后，用连接件将铝合金窗框固定在墙上，最后填入软填料或其他密封材料封固。连接件多采用焊接、膨胀螺栓或射钉等方法。

9.3.3　塑钢窗

●（知　识　链　接）

塑钢窗是以改性硬质聚氯乙烯(简称 UPVC)为主要原料，加上一定比例的稳定剂、着色剂、填充剂、紫外线吸收剂等辅助剂，挤出成型的各种断面中空异型材。经切割后，在其内腔衬以型钢加强筋，用热熔焊接机焊接成型为窗框扇，配装上橡胶密封条、压条、五金件等附件而制成的窗即所谓的塑钢窗。

1. 塑钢窗的特点

塑钢窗具有强度好、耐冲击、抗风压、防盗性能好，保温、隔热、隔声性好，防水、气密性能优良，防火、耐老化、耐腐蚀、使用寿命长，易保养、外观精美、清洗容易等优点。由于其生产过程省能耗、少污染而被公认为节能型产品，故得到广泛的应用。

2. 塑钢窗的构造

塑钢窗与铝合金窗相似，可采用平开、推拉、立转、固定等形式开启，如图 9.18 所示。

（特）（别）（提）（示）

塑钢窗中，由于塑料型材的拉伸强度是铝型材的 1/3，弹性模量是铝型材的 1/36，因此，塑料型材的截面尺寸和壁厚设计得比铝型材要大，而且还要在其型材空腔中加增钢材，以满足窗的抗风压强度和装配五金附件的需要。为提高节能效果，寒冷地区主要采用塑钢中空玻璃窗。

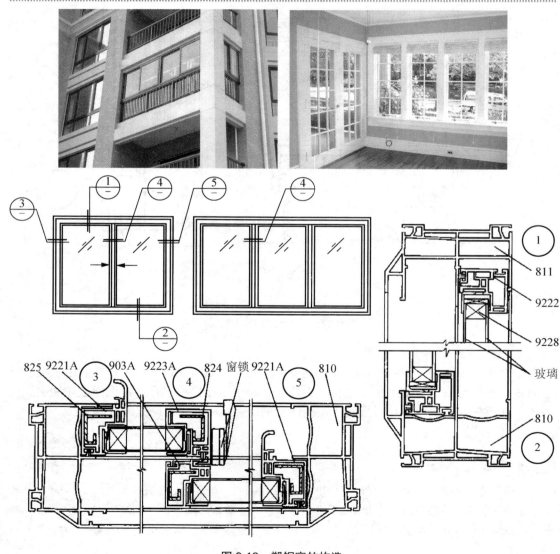

图 9.18　塑钢窗的构造

3. 塑钢窗的安装

塑钢窗多采用塞口法进行安装。窗框与墙体的连接固定一般有以下两种方法。

(1) 连接铁件固定法。窗框通过固定铁件与墙体连接，将固定铁件的一端用自攻螺钉安装在窗框上，固定铁件的另一端用射钉或塑料膨胀螺钉固定在墙体上，如图 9.19(a)所示。

(2) 直接固定法。用木螺钉直接穿过窗框型材与墙体内预埋木砖相连接，如图 9.19(b)所示，或者用塑料膨胀螺钉直接穿过窗框将其固定在墙体上。

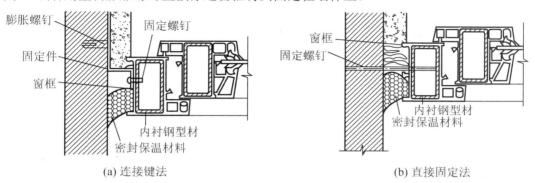

(a) 连接键法   (b) 直接固定法

图 9.19   塑钢窗窗框与墙体的连接节点

9.4   遮   阳   构   造

9.4.1   遮阳的作用

在炎热地区的夏季，阳光如果直射室内，会使房间局部过热并产生眩光，从而影响人们的工作和生活，因此，设置遮阳设施是十分必要的。遮阳设施不仅能解决遮阳、隔热、挡雨等问题，同时又能丰富建筑的立面效果、美化建筑、改变建筑的形象。

9.4.2   遮阳设施的基本形式

遮阳的类型根据设计手法和选用的材料与制作方法的不同，可分为绿化遮阳、简易遮阳和建筑构造遮阳等。

1. 绿化遮阳

绿化遮阳是通过在房屋附近种植树木或攀爬植物来遮阳，一般用于底层建筑，是一种既有效，又经济、美观的措施。

2. 简易遮阳

简易遮阳可以利用苇席、篷布、竹帘、木百叶或塑料薄膜等制成可以活动的遮阳设施。它便于就地取材、经济易行、灵活调节，又方便安装和拆卸，但耐久性差，主要用于标准较低的建筑或临时性建筑，如图 9.20 所示。

3. 建筑构造遮阳板

结合建筑立面处理的窗过梁、檐口等，用钢筋混凝土等构件做成永久性遮阳板，成为建筑物的组成部分。

其特点是美观耐久，还可兼挡雨板，但造价较高。构造遮阳在目前的工程中使用最为普遍，按其形状及效果而言，可分为五种基本形式：水平遮阳、垂直遮阳、综合遮阳、挡板遮阳和旋转遮阳，如图 9.21 所示。

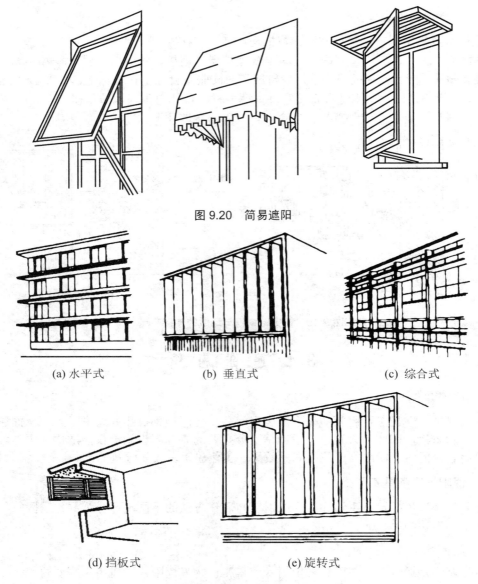

图 9.20 简易遮阳

(a) 水平式   (b) 垂直式   (c) 综合式

(d) 挡板式   (e) 旋转式

图 9.21 构造遮阳的形式

1) 水平遮阳板

设于窗洞口上方或中部，能遮挡从窗口上方射来、高度角较大的阳光，适于南向或接近南向的建筑。固定式水平遮阳板可以是实心板、栅形板、百叶板，设于窗的上侧。水平板有单层板和双层板，双层水平板可以缩小板的挑出长度。水平状态的栅形板、百叶板和离墙的实心板有利于室内通风和外墙面的散热。实心板多为钢筋混凝土预制件，现场安装，也可以做成钢板(丝)网水泥砂浆轻型板。栅形板和百叶板可为钢板、型钢、铝合板型材等现场装配。

2) 垂直遮阳板

设于窗洞口两侧或中部，能遮挡从窗口两侧斜射来、高度角较小的阳光，适于东西朝向的建筑物。根据光线的来向和具体处理的不同，垂直遮阳板可以是垂直于墙面，或可倾

238

斜于墙面。垂直遮阳板所用材料和板型，基本上与水平板相似。

3) 综合遮阳板

综合遮阳板是兼顾窗口上方和左右方斜射阳光的遮挡。适用于南向、南偏东、南偏西等朝向，以及北回归线以南低纬度地区的北向窗口。

4) 挡板遮阳板

能遮挡太阳高度角较小、正射窗口的阳光。挡板遮阳板如同离开窗口的外表面一定距离的垂直挂帘，可以是格式挡板、板式挡板或百叶式挡板。主要适用于东、西向，太阳高度角较低，正射窗口的阳光。有利于通风，但影响视线。

5) 旋转遮阳板

可以遮挡任意角度的阳光，在窗外侧一定距离，设置排列有序的竖向旋转的遮阳挡板，通过旋转角度达到不同的遮阳要求。

9.4.3　遮阳板的构造处理

(1) 水平遮阳板由于阳光照射板面后产生辐射热影响室内，可将遮阳板底比窗上口提高 200mm 左右，这样当风吹入室内时，还可减少被遮阳板加热的空气进入室内[图 9.22(a)]。

(2) 为了减轻水平遮阳板的重量和使热量随气流上升散发，可做成空格式百叶板，百叶板格片与太阳光线垂直[图 9.22(b)]。

(3) 实心水平遮阳板与墙面交接处需注意防水处理，以免雨水渗入墙内[图 9.22(c)]。

(4) 当设置多层悬出式水平遮阳板时，需注意留出窗扇开启时所占空间，以免影响窗户开启[图 9.22(d)、图 9.22(e)]。

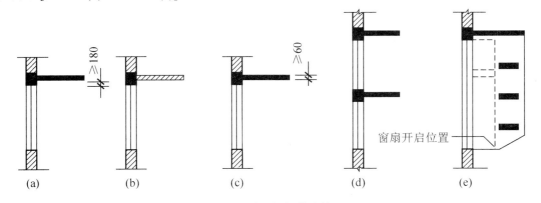

图 9.22　遮阳板的构造处理

　应用案例

1. 观察你所在学校建筑物中的门和窗，指出其种类、材质、主要的组成部分及特点。
2. 组织参观门窗的施工现场，熟悉常见门窗的构造形式。

本 章 小 结

本章对各类门窗的组成和构造进行了详细的阐述。

(1) 门与窗是房屋建筑中重要的组成部分，也是房屋建筑中的两个重要的维护构件，门的主要作用是交通联系、分隔空间，并兼有采光和通风的作用；窗的主要作用是采光、通风、眺望。同时两者还应具有保温、隔热、隔声、防水、防火、装饰和工业化生产等功能。

(2) 门由门框、门扇、亮子、五金零件及附件组成。按门在建筑物中所处的位置分有内门和外门；按门的材料分有木门、钢门、铝合金门、塑钢门、玻璃钢门和无框玻璃钢门等；按门的开启方式，分有平开门、弹簧门、推拉门、折叠门、卷帘门、转门等。

(3) 窗由窗框、窗扇和五金零件组成。按窗的层数可分有单层窗和双层窗两种；按窗的框架材料可分有木窗、钢窗、铝合金窗和塑料窗单一材料的窗，以及塑钢窗、铝塑窗等复合材料的窗。按窗的开启方式的不同，可分有固定窗、平开窗、悬窗、立转窗、推拉窗等。

(4) 门框、窗框在墙体中的安装方法有"立口"和"塞口"两种。立口即先立门框后砌墙体；塞口是在砌墙时留出洞口，待主体工程结束后再安装门窗框。

 推荐阅读资料

1. 《建筑模数协调统一标准》(GBJ 2—1986)
2. 《民用建筑供暖通风与空气调节设计规范》(GB 50736—2012)
3. 《塑料门窗工程技术规程》(JGJ 103—2008)
4. 《建筑采光设计标准》(GB 50033—2013)

习 题

一、填空题

1. 门按开启方式可分为_____、_____、_____、_____等。
2. 窗按开启方式可分为_____、_____、_____、_____、_____等。
3. 构造遮阳的形式可分为_____、_____、_____、_____四种。

二、选择题

1. 门的开启方式中(　　)是目前使用最广泛的。
   A. 平开门　　　　B. 推拉门　　　　C. 旋转门　　　　D. 弹簧门
2. 住宅中起居室窗地比系数最小为(　　)。
   A. 1/6　　　　　B. 1/7　　　　　C. 1/8　　　　　D. 1/10

三、简答题

1. 门窗在建筑中的主要功能是什么？
2. 门和窗的组成部分有哪些？
3. 常用的木门扇有哪些？各有什么特点？
4. 木门框与墙的连接方法有哪些？
5. 夹板门的用途和构造特点是什么？
6. 镶板门的用途和构造特点是什么？
7. 钢窗与铝合金窗的特点和构造要点是什么？
8. 铝合金门窗框与墙体之间的隙缝如何处理？其构造如何？
9. 建筑遮阳的方法有哪些？

第 10 章

变 形 缝

🔩 学习目标

　　了解防震基本知识；熟悉建筑物变形缝的作用及分类；掌握伸缩缝、沉降缝、防震缝的设置条件和构造做法。

🔩 学习要求

能力目标	知识要点	相关知识	权重
熟悉建筑物变形缝的作用及分类	变形缝的作用及分类	变形缝的作用及分类	10
掌握伸缩缝的设置的条件和构造做法	伸缩缝的设置原则和构造做法	伸缩缝的设置原则和构造做法	30
掌握沉降缝的设置的条件和构造做法	沉降缝的设置原则和构造做法	沉降缝的设置原则和构造做法	30
掌握防震缝的设置的条件和构造做法	防震缝的设置原则和构造做法	防震缝的设置原则和构造做法	30

　　建筑物施工缝和变形缝是不是一回事呢？施工缝：受到施工工艺的限制，按计划中断施工而形成的接缝，称为施工缝。混凝土结构由于分层浇筑，在本层混凝土与上一层混凝土之间形成的缝隙，就是最常见的施工缝。所以施工缝并不是真正意义上的缝，而应该是一个面。图 10.1 所示就是建筑的变形缝，那什么是变形缝？什么情况下要设变形缝呢？

图 10.1　建筑物的变形缝

10.1　概　　述

　　由于受温度变化、地基不均匀沉降以及地震等因素的影响，建筑结构内部产生附加应力和变形，如处理不当，建筑物会产生裂缝，造成建筑物的破坏甚至倒塌，影响建筑物的正常使用和安全。其解决的方法有两种：一是加强建筑物的整体性，使之具有足够的强度与刚度来克服这些破坏应力，避免产生破坏；二是预先将这些变形敏感部位的结构断开，预留缝隙，使其成为若干个相对独立的单元，能够自由变形，而不会造成建筑物的破坏。这种将建筑物垂直分隔开来的预留缝隙称为变形缝。

　　变形缝可分为伸缩缝、沉降缝、防震缝三种。有很多建筑物对这三种接缝进行了综合考虑，即所谓的"三缝合一"。

10.2　伸　缩　缝

10.2.1　伸缩缝的作用

　　建筑物因受温度变化的影响而产生热胀冷缩，在结构内部产生温度应力，当建筑物长度超过一定限度、建筑平面变化较多或结构类型变化较大时，建筑物会因热胀冷缩变形而产生开裂。为预防这种情况发生，常常沿建筑物长度方向每隔一定距离或结构变化较大处预留缝隙，将建筑物断开。这种因温度变化而设置的缝隙就称为伸缩缝或温度缝。

10.2.2　伸缩缝的设置要求

　　伸缩缝要求把建筑物的墙体、楼板层、梁、屋顶等地面以上构件全部断开，基础部分因受温度变化影响较小，故不需断开。

　　建筑物设置伸缩缝的最大间距，应根据不同材料和结构而定，详见有关结构规范。砌体结构伸缩缝的最大间距见表 10-1；钢筋混凝土结构伸缩缝的最大间距见表 10-2。

表 10-1 砌体结构建筑伸缩缝的最大间距

砌体类别	屋盖或楼盖的类别		间距/m
各种砌体	整体式或装配整体式钢筋混凝土结构	有保温层或隔热层的屋盖、楼盖	50
		无保温层或隔热层的屋盖	40
	装配式无檩条体系钢筋混凝土结构	有保温层或隔热层的屋盖	60
		无保温层或隔热层的屋盖	50
	装配式有檩条体系钢筋混凝土结构	有保温层或隔热层的屋盖	75
		无保温层或隔热层的屋盖	60
普通粘土砖或空心砖砌体	粘土瓦或石棉水泥瓦屋面 木屋盖或楼盖		100
石和硅酸盐砌体	砖石屋盖或楼盖		80
混凝土砌块砌体			75

注：1. 层高大于 5m 的混合结构单层房屋，其伸缩缝间距可按表中数值乘以 1.3 采用，但当墙体采用硅酸盐砖、硅酸盐砌块和混凝土砌块砌筑时，不得大于 95m。
2. 温差较大且变化频繁地区和严寒地区不采暖的房屋及构筑物墙体的伸缩缝最大间距，应按表中数值予以适当减少后采用。

表 10-2 钢筋混凝土结构建筑伸缩缝的最大间距

结 构	类 型	室内或土中	露 天
排架结构	装配式	100	70
框架结构 框架-剪力墙结构	装配式	75	50
	现浇式	55	35
剪力墙结构	装配式	65	40
	现浇式	45	30
挡土墙及地下室墙壁等类结构	装配式	40	30
	现浇式	30	20

注：1. 如有充分依据或可靠措施，表中数值可以增减。
2. 当采用适当流出施工后浇带、顶层加强保温隔热等构造或施工措施时，可适当增大伸缩缝的间距。
3. 当屋面无保温或隔热措施时，或位于气候干燥地区、夏季炎热且暴雨频繁地区时，或施工条件不利(如材料的收缩较大)时，宜适当减小伸缩缝间距。

10.2.3 伸缩缝构造

伸缩缝要求在建筑的同一位置将基础以上的建筑构件，如墙体、地面、楼板层、屋顶等地面以上部分在垂直方向全部断开，并在两部分之间留出适当的缝隙，以达到伸缩缝两侧的建筑构件能在水平方向自由伸缩的目的。伸缩缝宽一般为 20～40mm，通常采用 30mm。

1. 伸缩缝的结构处理

1) 砖混结构

砖混结构的墙和楼板及屋顶结构布置可采用单墙承重方案，也可以采用双墙承重方案，如图 10.2(a)所示。变形缝最好设置在平面图形有变化处，以利于隐蔽处理。

2) 框架结构

框架结构的伸缩缝结构一般采用悬臂梁方案，如图 10.2(b)所示，也可采用双梁双柱方式，如图 10.2(c)所示，但这种结构方案施工较复杂。

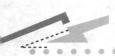
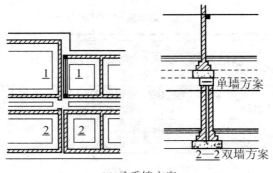

(a) 承重墙方案

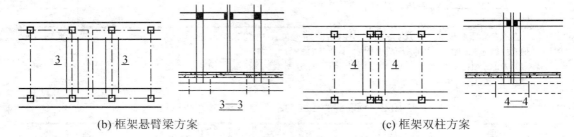

(b) 框架悬臂梁方案　　　　　　　(c) 框架双柱方案

图 10.2　伸缩缝的设置

2. 伸缩缝节点构造

为避免雨雪等对室内的影响，同时考虑建筑立面和室内空间的处理要求，需对伸缩缝做嵌缝和盖缝处理。

1) 墙体伸缩缝构造

(1) 伸缩缝的截面形式。在厚度为一砖的外墙上，应做成平缝，如图 10.3(a)所示。在厚度为一砖半以上的外墙上，应做成错口缝或企口缝，如图 10.3(b)、图 10.3(c)所示。

(2) 外墙伸缩缝构造。为保证外墙上伸缩缝两侧自由变形并防止风雨对室内的侵袭，在外墙一侧常用浸沥青的麻丝或木丝板及泡沫塑料条、橡胶条、油膏等有弹性的防水材料嵌缝。当缝隙较宽时，缝口可用镀锌铁皮、彩色薄钢板、铝皮等金属调节片做盖缝处理，如图 10.4(a)所示。为保证变形缝的正常工作，盖缝铁皮应有可调节的变形能力。

(3) 内墙伸缩缝构造。可用具有一定装饰效果的金属片、塑料片或木盖条覆盖，如图 10.4(b)所示。所有填缝及盖缝材料和构造应保证结构在水平方向自由伸缩而不产生破裂。

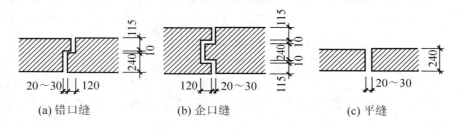

(a) 错口缝　　　　　　　(b) 企口缝　　　　　　　(c) 平缝

图 10.3　砖墙伸缩缝的截面形式

2) 楼地板层伸缩缝构造

楼板层伸缩缝的位置、大小，应与墙体、屋面变形缝一致，而地坪层伸缩缝的位置、大小应根据建筑物的使用情况而定。

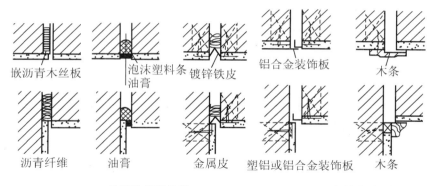

(a) 外墙伸缩缝构造　　　　　　　(b) 内墙伸缩缝构造

图 10.4　砖墙伸缩缝构造

　　楼板层伸缩缝的构造既要求面层、结构层在缝处全部脱开，又要求面层、顶棚均覆以盖缝板。盖缝板需以允许构件之间能自由变形为原则，缝内常用可压缩变形的材料(如油膏、沥青麻丝、橡胶或塑料调节片等)做封缝处理，上铺活动盖板或橡、塑地板等地面材料，以满足地面平整、光洁、防滑、防水及防尘等功能。地坪层伸缩缝只需做面层处理，在基层缝中填塞有弹性的松软材料即可，如图 10.5 所示。

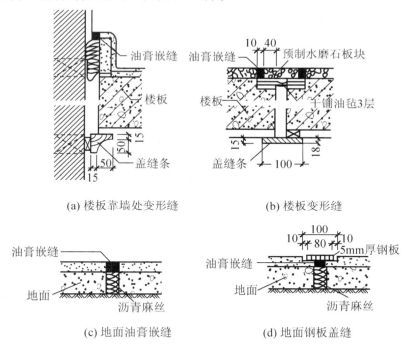

(a) 楼板靠墙处变形缝　　　　　　(b) 楼板变形缝

(c) 地面油膏嵌缝　　　　　　　　(d) 地面钢板盖缝

图 10.5　楼地面、顶棚伸缩缝构造

　3) 屋顶伸缩缝

　　屋顶上伸缩缝常见的位置有两边屋面在同一标高或高低屋面错落处。对于不上人屋面，一般在伸缩缝处加砌矮墙，并作好屋面防水和泛水处理，其基本要求同屋顶泛水构造，不同之处在于盖缝处应能允许自由伸缩而不造成渗漏。上人屋面则用嵌缝油膏嵌缝并做好泛水处理。常见的屋面伸缩缝构造如图 10.6、图 10.7 所示。

建筑构造与设计

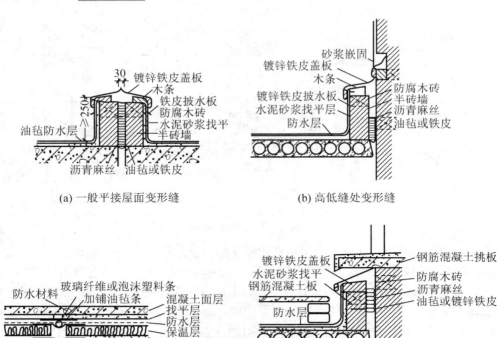

(a) 一般平接屋面变形缝

(b) 高低缝处变形缝

(c) 上人屋面变形缝

(d) 进出口处变形缝

图 10.6　卷材防水屋面伸缩缝构造

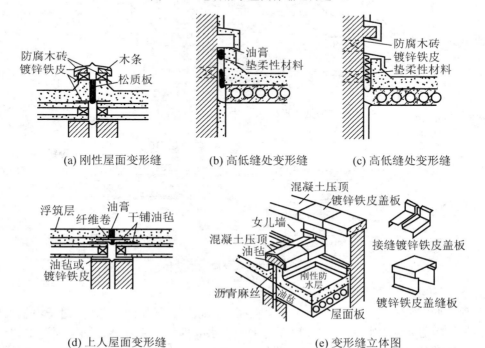

(a) 刚性屋面变形缝

(b) 高低缝处变形缝

(c) 高低缝处变形缝

(d) 上人屋面变形缝

(e) 变形缝立体图

图 10.7　刚性防水屋面伸缩缝构造

10.3　沉　降　缝

1. 沉降缝的作用

沉降缝是为了预防建筑物各部分由于不均匀沉降引起的破坏而设置的变形缝。凡属下列情况时均应考虑设置沉降缝，如图 10.8 所示。

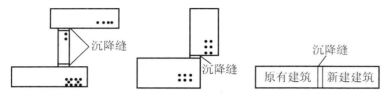

图 10.8　沉降缝的设置位置

(1) 当建筑物建造在不同的地基上，并难以保证均匀沉降时。

(2) 同一建筑物相邻部分的高度相差较大或荷载大小相差悬殊及结构类型变化之处，易导致地基沉降不均时。

(3) 当建筑物各部分相邻基础的形式、宽度及埋置深度相差较大，造成基础底部压力有很大差异，易形成不均匀沉降时。

(4) 建筑物体型比较复杂，连接部位又比较薄弱时。

(5) 新建建筑物与原有建筑物相毗邻时。

2. 沉降缝的设置要求

设置沉降缝时，必须将建筑物的基础、墙体、楼地层及屋顶等部分在垂直方向全部断开，使各部分形成能各自自由沉降的刚度单元。

3. 沉降缝的构造

沉降缝的宽度与地基情况及建筑物的高度有关，详情可参见表 10-3。

表 10-3　沉降缝的宽度

地基情况	建筑物高度	沉降缝宽度/mm
一般地基	$H<5m$	30
	$H=5\sim10m$	50
	$H=10\sim15m$	70
软弱地基	2～3 层	50～80
	4～5 层	80～120
	5 层以上	>120
湿陷性黄土地基	—	≥30～70

1) 墙体沉降缝的构造

墙体沉降缝的调节片或盖缝板应满足水平伸缩和垂直沉降变形的双重要求，如图 10.9 所示。

2) 楼板沉降缝的构造

楼板层应考虑沉降变形对地面交通和装修带来的影响；顶棚盖缝处理也应充分考虑变形方向，以仅可能减少变形后产生缺陷。

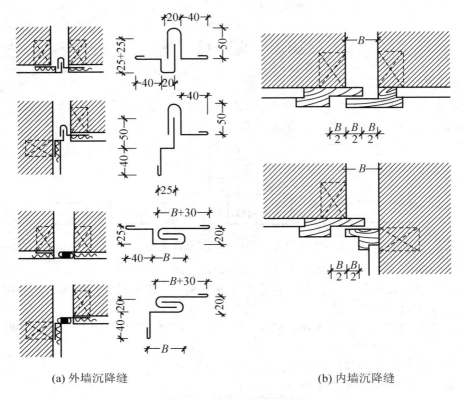

(a) 外墙沉降缝　　　　　　　　　　　　(b) 内墙沉降缝

图 10.9　墙体沉降缝的构造

3) 屋顶沉降缝的构造

屋顶沉降缝应充分考虑到不均匀沉降对屋面防水和泛水带来的影响，泛水金属皮或其他构件应考虑沉降变形与维修余地，如图 10.10 所示。

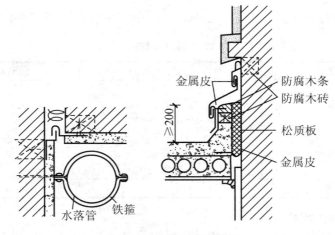

图 10.10　屋顶变形缝构造

4) 基础沉降缝的构造

由于沉降缝需将基础断开，基础沉降缝应另行处理。常见的砖墙条形基础处理方法有双墙偏心基础、挑梁基础和交叉式基础等三种方案，如图 10.11 所示。

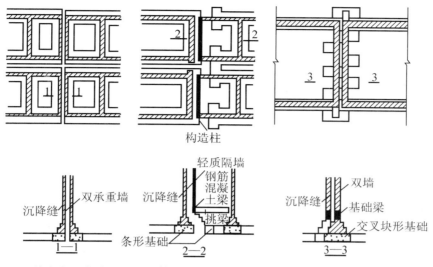

(a) 双墙方案沉降缝　　(b) 悬挑基础方案的沉降缝　(c) 双墙基础交叉排列方案的沉降缝

图 10.11　基础沉降缝处理示意

5) 地下室沉降缝的构造

地下室沉降缝的处理重点是做好地下室墙身及底板的防水构造。其措施是在结构施工时，在变形缝处预埋止水带。止水带有橡胶止水带、塑料止水带和金属止水带等，其构造做法有内埋式和可卸式两种。为了适应变形需要，这两种形式都要求止水带空心圆或弯曲部分对准变形缝，如图 10.12 所示。

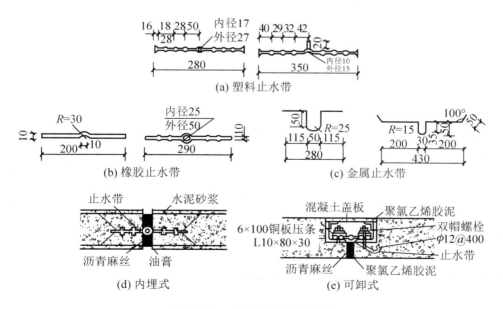

(a) 塑料止水带

(b) 橡胶止水带　　　　　(c) 金属止水带

(d) 内埋式　　　　　(e) 可卸式

图 10.12　地下室沉降缝的构造

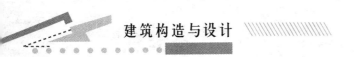

10.4 防 震 缝

1. 设防烈度

地震是由于地层深处所累积的弹性波的潜能，突然转变为动能的结果。震级是用来表示地震强度大小的等级，是衡量地震震源释放出来的能量大小的量度。地震烈度是表示地面及建筑物受到破坏的程度。一次地震只有一个震级，但在不同地区，烈度的大小是不一样的。一般距离地震中心越近，烈度越大，破坏性也越大。我国和世界上大多数国家都把烈度划分为 12 个等级，在 1 度到 6 度时，一般建筑物不受损失或损失很小。而地震烈度在 10 度以上的情况极少遇到，此时即使采取措施也难确保安全。因此，建筑工程设防重点在 7 度到 9 度地区。

抗震设计多采用的烈度称为设防烈度。决定设防烈度时必须慎重，应根据当地的基本烈度、建筑物的重要程度共同确定。设防烈度有时可比基本烈度提高 1 度；有时也可比基本烈度降低 1 度，但若基本烈度为 6 度时，一般不宜降低。

2. 防震缝的作用

防震缝的作用是将建筑物分成若干体型简单、结构刚度均匀的独立单元，防止建筑物各部分在地震时相互撞击引起破坏。

3. 防震缝的设置

防震缝的设置原则具体如下。

(1) 建筑物平面复杂，凹角长度过大或突出部分较多。

(2) 建筑物立面高差为 6m 以上时。

(3) 建筑物毗连部分的结构刚度或荷载相差悬殊。

(4) 建筑物有错层，且楼板错开距离较大时。

防震缝应与伸缩缝、沉降缝协调布置。

在多层砖混结构中按设计裂度不同，防震缝宽度取 50～70mm。

多层钢筋混凝土框架建筑中，应根据建筑物高度和抗震设防烈度来确定。建筑高度为 15m 及 15m 以下时，防震缝宽度取 70mm。

设防烈度为 7 度，建筑物每增高 4m，缝宽在 70mm 基础上增加 20mm。

设防烈度为 8 度，建筑物每增高 3m，缝宽在 70mm 基础上增加 20mm。

设防烈度为 9 度，建筑物每增高 2m，缝宽在 70mm 基础上增加 20mm。

高层钢筋混凝土结构房屋，由于建筑物高度大，地震影响也更加严重。总的来说应避免设缝，以提高整体性，当必须设缝时，则须考虑相邻结构在地震作用下的结构变形、平移所引起的最大侧向位移。根据规范规定，高层建筑防震缝的宽度可按表 10-4 确定。

表 10-4　防震缝的最小宽度

结构类型	设防烈度			
	6 度	7 度	8 度	9 度
框架结构	$H/240$	$H/200$	$H/150$	$H/100$
框架剪力墙结构	$H/270$	$H/240$	$H/180$	$H/120$
剪力墙结构	$H/340$	$H/280$	$H/210$	$H/150$

4. 防震缝的构造

防震缝应与伸缩缝和沉降缝统一布置，并满足抗震的设计要求。一般情况下，防震缝的基础可不断开，但在平面复杂的建筑中，或者建筑相邻部分刚度差别很大时，基础将断开。

特 别 提 示

如果防震缝也兼起沉降缝的作用，基础必须断开。

防震缝应做成平缝，防震缝在墙身、楼地层及屋顶各部分的构造基本上和伸缩缝、沉降缝相同，因缝隙较宽，盖缝防护措施尤应处理好。图 10.13、图 10.14 所示为墙体防震缝构造。

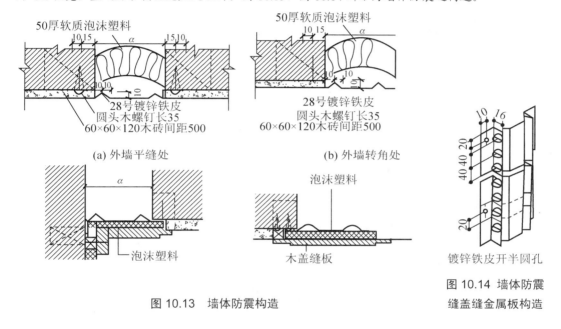

图 10.13　墙体防震构造

图 10.14　墙体防震缝盖缝金属板构造

本 章 小 结

(1) 变形缝包括伸缩缝、沉降缝和防震缝，其作用是将建筑物在敏感部位用垂直的缝断开，使其成为若干个相对独立的单元，保证各部分能独立变形、互不干扰。

(2) 伸缩缝和防震缝一般从基础以上将建筑物断开；沉降缝必须断开基础，这是沉降缝不同于伸缩缝和防震缝的主要区别。

(3) 在同一建筑中，伸缩缝、沉降缝和防震缝可以根据需要合并设置，但应分别满足不同缝隙的功能要求。

(4) 变形缝的嵌缝和盖缝处理，要满足防风、防雨、保温、隔热等要求，还要考虑到建筑立面的美观要求。

习　题

一、填空题

1. 变形缝包括＿＿＿＿、＿＿＿＿和＿＿＿＿。

2．伸缩缝要求将建筑物从＿＿＿＿分开；当既设伸缩缝又设防震缝时，缝宽按＿＿＿＿处理。

3．伸缩缝的缝宽一般为＿＿＿＿；沉降缝的缝宽为＿＿＿＿；防震缝的缝宽一般取＿＿＿＿。

4．我国现行建筑抗震规范规定以＿＿＿＿度作为设防起点，＿＿＿＿度地区的建筑物要进行抗震设计。

5．沉降缝要求从＿＿＿＿到＿＿＿＿所有构件均需设缝分开。

二、选择题

1．关于变形缝的构造做法，下列哪个是不正确的？（　　　）

A．当建筑物的长度或宽度超过一定限度时，要设伸缩缝

B．在沉降缝处应将基础以上的墙体、楼板全部分开，基础可不分开

C．当建筑物竖向高度相差悬殊时，应设防震缝

2．为防止建筑物在外界因素影响下产生变形和开裂导致结构破坏而设计的缝称为（　　　）。

A．分仓缝　　　　B．构造缝　　　　C．变形缝　　　　D．通缝

3．在八度设防区多层钢筋混凝土框架建筑中，建筑物高度在18m时，抗震缝的缝宽为（　　　）。

A．50mm　　　　B．70mm　　　　C．90mm　　　　D．110mm

4．防震缝缝宽不得小于（　　　）。

A．70mm　　　　B．50mm　　　　C．100mm　　　　D．20mm

5．为防止建筑物因温度变化而发生不规则破坏而设的缝为（　　　）。

A．分仓缝　　　　B．沉降缝　　　　C．抗震缝　　　　D．伸缩缝

6．为防止建筑物因不均匀沉降而导致破坏而设的缝为（　　　）。

A．分仓缝　　　　B．沉降缝　　　　C．抗震缝　　　　D．伸缩缝

7．抗震设防裂度为（　　　）地区应考虑设置防震缝。

A．6度　　　　B．6度以下　　　　C．7度到9度　　　　D．9度以上

三、简答题

1．什么是变形缝？伸缩缝、沉降缝、防震缝各有何特点？它们在构造上有何不同？

2．变形缝的宽度是多少？如何确定？

3．变形缝各自存在什么特点？哪些变形缝能相互替代使用？

4．图示表示地面变形缝构造。

5．画出内、外墙伸缩缝构造处理各一个。

第11章

民用建筑工业化体系

学习目标

通过本章的学习，了解民用建筑工业化的意义、特征和类型；掌握砌块建筑、板材装配式建筑、框架轻板建筑的特征、组成和构造；熟悉大模板建筑、滑模建筑、升板升层建筑、盒子建筑的结构体系。

学习要求

能力目标	知识要点	相关知识	权重
了解民用建筑工业化的意义、特征和类型	民用建筑工业化的意义、特征和类型	建筑工业化的基本特征、实现的途径、工业化建筑的类型	10
掌握砌块建筑的特征、组成和构造	砌块建筑的特征、组成和构造	砌块建筑的特征、构造、砌块排列的原则	20
掌握板材装配式建筑的特征、组成和构造	板材装配式建筑的特征、组成和构造	板材装配式建筑的特征、主要类型、节点构造	20
掌握框架轻板建筑的特征、组成和构造	框架轻板建筑的特征、组成和构造	框架轻板建筑的特征、类型、装配式钢筋混凝土框架构件的划分	10
熟悉大模板建筑的特征、组成	大模板建筑的特征、组成	大模板建筑的特征、类型、节点构造	10
熟悉滑模建筑的特征、组成	滑模建筑的特征、组成	滑模建筑的特征、布置类型	10
熟悉升板升层建筑的特征、组成	升板升层建筑的特征、组成	升板升层建筑的特征、类型、构造、施工	10
熟悉盒子建筑的特征、组成	盒子建筑的特征、组成	盒子建筑的特征、类型、组成方式	10

引 例

随着建筑科学的发展，建筑工业化已经成为我国建筑业发展的主要趋势，从传统的以手工操作为主的小生产方式逐步向社会生产方式过渡，采用先进的、适用的技术和装备，在建筑标准化的基础上，发展建筑构配件、制品和设备的生产。它改变了以往手工劳动的工作方式所带来的劳动强度大、建造速度慢、质量难以保证的缺点，加快了建设速度，提高了生产效率和施工质量，同时使人们的工作、学习、生活环境更加舒适和安全，如图 11.1 所示。

图 11.1　建筑工业化

11.1　民用建筑工业化的意义和类型

1. 建筑工业化的意义

建筑工业化是利用现代化的生产方式和管理手段代替传统的、分散的手工业生产方式来建造房屋，进行大批量生产的一种建筑方式。它意味着要尽量利用先进的技术，在保证质量的前提下，用尽可能少的工时，在比较短的时间内用最合理的价格来建造适合各种使用要求的房屋。

实现建筑工业化，必须针对大量性建造的房屋及其产品实现建筑部件系列化、集约化和商品化，使之成为定型的工业产品或生产方式，提高建筑的建设速度和质量。

2. 建筑工业化的特征

建筑工业化的基本特征体现在以下几个方面。

1) 建筑设计标准化

设计标准化是建筑工业化的前提条件，它是将某一类型的建筑物、构配件和建筑制品采取标准化的设计，以便建筑产品能进行成批生产。

2) 构件生产工厂化

构件工厂化是建筑工业化的必要手段，它是将建筑的构配件生产由现场转入工厂制造，以提高建筑物的施工速度，保证产品的质量。

3) 施工现场机械化

施工机械化是建筑工业化的核心，它将标准化的设计和定型化的建筑构配件运用现代的机械化生产方式来组织生产，从而达到减轻工人劳动强度、提高施工速度和工程质量的目的。

4) 组织管理科学化

管理科学化是实现建筑工业化的保证，它将建筑工程中的各个环节、各个方面之间的矛盾通过统一的、科学的组织管理来加以协调，保证工程质量，缩短工期，提高投资效益。

3. 建筑工业化的类型

建筑工业化是实现建筑体系的转化，即从手工业建筑体系向工业化建筑体系的转化。以现代化大工业生产为基础，采用先进的工业化技术和管理方式，从设计到建成，配套地解决全部过程的生产体系。工业化建筑体系分专用体系和通用体系两种。

1) 专用体系

专用体系是指只能适用于某一种或几种定型化建筑使用的专用构配件和生产方式所建立的成套建筑体系。它有一定的设计专用性和技术先进性，但是缺少与其他体系配合的通用性和互换性。

2) 通用体系

通用体系是指预制构配件、配套制品和连接技术标准化、通用化，是使各类建筑所需的构配件和节点构造可互换通用的商品化建筑体系。

4. 实现建筑工业化的途径

目前，实现建筑工业化，主要采取以下两种途径。

1) 预制装配式建筑

预制装配式建筑是用工业化方法生产建造房屋用的构配件制品，如同工厂制造的产品一样，然后运到现场进行安装。目前，装配式建筑主要有砌块建筑、板材建筑、盒子建筑、框架轻板建筑。装配式建筑的主要优点是生产效率高，构件质量好，施工速度快，现场湿作业少，受季节性影响小。缺点是生产基地一次性投资大，生产需求量不稳定。

2) 全现浇和现浇与预制相结合的建筑

此类建筑中的主要承重构件，如墙体和楼板全部现浇或其中一部分现浇、部分预制装配。主要有大模板建筑、滑板建筑及升板升层建筑。其主要优点是结构整体性好，适应性强，运输费用省，生产基地的一次性投资比全装配少。缺点是现场湿作业多，工期长。

按建筑结构类型和生产施工工艺的综合特征，可将工业化建筑分为砌块建筑、板材装配式建筑、框架轻板建筑、大模板建筑、滑板建筑、升板建筑、盒子建筑等。

11.2　砌　块　建　筑

砌块建筑是用各种砌块砌筑墙体的一种建筑。由于砌块尺寸大于普通砖的尺寸，可提高生产效率。制作砌块的材料很多，有混凝土、加气混凝土、各种工业废料、粉煤灰及石渣等工业废料，既生产了建筑材料，又解决了环境污染，是国家推广的砌筑材料。

1. 砌块建筑的特点及适用范围

砌块建筑具有设备简单，施工速度快，便于就地取材，能大量利用工业废料及造价低廉等优点。一般砌块(特别是空心砌块)还可以墙体保温、隔热，同时砌块墙比粘土砖墙薄，可以增加房屋的使用面积约 9%，墙的自重可以减轻 60%左右。

因此，当前砌块广泛用于低层建筑上，也可用在多层、高层建筑中的隔墙、填充墙。

2. 砌块的排列

砌块的类型很多，按建筑物所用砌块的大小分为小型砌块、中型砌块、大型砌块。按砌块构造分有空心砌块和实心砌块。

由于砌块的尺寸较大，在砌筑时应设计出排列顺序，并绘制砌块的排列组合图，施工时按图进料和安装。砌块排列应遵循以下原则。

(1) 砌块排列要整齐规律。

(2) 正确选择砌块的规格尺寸，减少砌块的规格类型，提高主要砌块的使用率。

(3) 纵横牢固搭砌，避免通缝；注意内外墙的交接、咬砌以保证砌块墙的整体性和稳定性。

(4) 通过普通砖作镶砖来调整砌块的排列顺序，但要尽可能减少镶砖数量，镶砖应对称布置、分布均匀。

3. 砌块建筑构造

1) 砌块墙的接缝处理

砌块墙体的接缝不仅会影响砌体的保温、防渗和隔声，而且还是保证砌体整体性和稳定性的重要前提。砌块之间的接缝分为水平缝和垂直缝。水平缝有平接缝和双槽缝，如图 11.2(a)、(b)所示；垂直缝一般有平缝、单槽缝、高低缝、双槽缝等形式，如图 11.2(c)～(f)所示。砌块接缝应做到灰缝平直、砂浆饱满。小型砌块的缝宽为 10～15mm；中型砌块的缝宽为 15～20mm；加气混凝土块缝宽为 10～15mm，砂浆的强度等级不低于 M5。考虑到砌块制造误差等因素，必要时可调整灰缝宽度，垂直灰缝宽度若大于 40mm，须用 C20 细石混凝土灌缝。

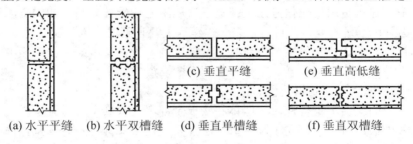

| (c) 垂直平缝 | (e) 垂直高低缝 |
| (a) 水平平缝 | (b) 水平双槽缝 | (d) 垂直单槽缝 | (f) 垂直双槽缝 |

图 11.2　砌块的接缝

2) 砌块墙的转角及内外墙的搭接

砌块砌体必须错缝搭接，上下皮的垂直缝要错开，搭接长度为砌块长度的 1/4，搭接高度为砌块高度的 1/3～1/2，小型砌块搭接长度小于 90mm 时，在灰缝中应设ϕ4 钢筋网片拉结。

3) 圈梁

为了增强砌块建筑的空间整体性和刚度，防止由于地基不均匀沉降对房屋引起的不利影响和地震可能引起的墙体开裂，在砌块墙中应设置圈梁。当圈梁与过梁位置接近时，可将圈梁与过梁合并在一起，以圈梁兼作过梁。对外墙及内纵墙应在屋顶处设置圈梁，楼层的楼板处可隔层设置；内横墙的圈梁设置与外墙、内纵墙相同，水平间距不宜大于 10m。当承重墙厚为≤200mm 的砌块建筑，宜每层设置圈梁一道。

　　4) 芯柱和构造柱

　　在地震防设地区，为了加强多层砌块房屋墙体竖向连接，增强房屋的整体刚度，应在小型混凝土空心砌块墙中设置芯柱，在粉煤灰中型砌块墙内设构造柱。空心砌块墙的芯柱，是在砌块孔内设置竖向插筋，并浇注混凝土细石。图 11.3 所示是砌块墙设置芯柱的示意。

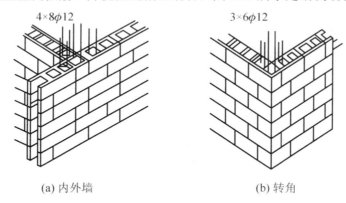

(a) 内外墙　　　　　　　(b) 转角

图 11.3　砌块墙的芯柱

11.3　板材装配式建筑

　　板材装配式建筑可分为中型板材建筑和大型板材建筑两大类，中型板材尺寸小，制作、运输和安装较方便，但接缝多，板材间不易平整。

　　大型板材装配式建筑也称大板建筑，是一种全装配式的工业化建筑，它由预制的外墙板、内墙板、楼板、楼梯、屋面板、阳台板等构件组合连接装配而成，如图 11.4 所示。通常板材由工厂预制生产，然后运到工地进行吊装。

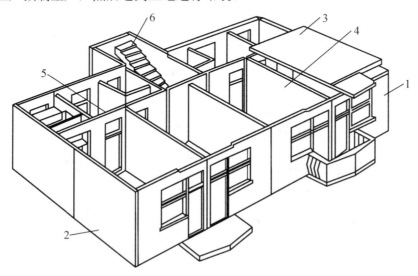

图 11.4　装配式板材建筑

1—外纵墙；2—外横墙板；3—楼板；4—内横墙板；5—内纵墙板；6—楼梯

11.3.1 大板建筑的特点及适用范围

能充分发挥预制工厂和吊装机械的作用，装配化程度高，能提高劳动生产率，改善工人的劳动条件。与砖混结构相比，可减轻自重 15%～20%，增加使用面积 5%～8%。但大板建筑的平面灵活性和多样化受到一定限制，钢材及水泥消耗较大，造价高，另外热工和防水等方面的处理相对复杂。

大板建筑适用于中、高层建筑。

11.3.2 大板建筑的主要类型与构造

大板建筑属于墙承重结构体系，按其结构系统的不同可分为：横向墙板承重、纵向墙板承重、双向墙板承重、部分梁柱承重四种形式。其主要由外墙板、内墙板、楼板、屋面板、楼梯以及阳台板等构件构成。

1. 外墙板

外墙板是大板建筑中的外围护结构，分承重外墙板和非承重外墙板两种，外墙板应满足保温隔热、防止风雨渗透等维护要求，同时也应考虑立面的装饰效果。外墙板应有一定的强度，能够承担一部分地震力和风力。

外墙板可以由单一材料构成，也可用复合材料构成。外墙板的材料一般用普通混凝土，也有用轻骨料混凝土和加气混凝土等材料。单一材料外墙板主要有实心板和空心板两种，如图 11.5 所示。复合材料外墙板是根据功能要求由防水层、保温层、结构层等组合而成的多层外墙板，如图 11.6 所示。

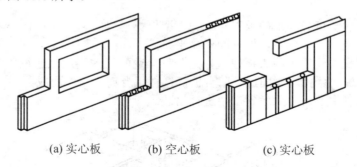

(a) 实心板　　　　(b) 空心板　　　　(c) 实心板

图 11.5　单一材料外墙板

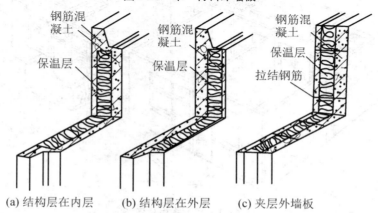

(a) 结构层在内层　　　(b) 结构层在外层　　　(c) 夹层外墙板

图 11.6　复合材料外墙板

2．内墙板

内墙板是大板建筑的主要承重构件，又是分隔构件，应具有足够的强度、刚度及隔音防火能力。内墙板一般为一间一块，一般是单一材料的实心板，多为混凝土或钢筋混凝土板。

内墙板可以是一个房间一块，或一间二至三块，高度与层高相适应(层高减去楼板厚度)。

3．楼板

大板建筑的楼板一般采用钢筋混凝土空心板或预应力混凝土空心板，楼板有三种尺寸类型：一是与砖混结构相同的小块楼板；二是半间一块(或半间带阳台板)的大楼板；三是整间一块(整间带阳台板)的大楼板，如图 11.7 所示。一般多采用整间一块的大楼板，其装配效率高，板面平整，且与其他板材重量相似，便于统一起吊设备。整间一块的大楼板有实心板、空心板和肋形板三种类型，如图 11.8 所示。

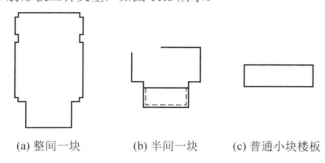

(a) 整间一块　　　　　(b) 半间一块　　　(c) 普通小块楼板

图 11.7　大板建筑楼板的平面形式

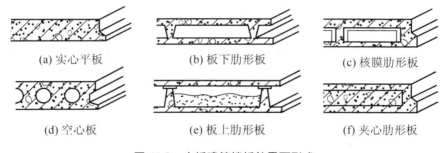

(a) 实心平板　　　　　(b) 板下肋形板　　　　　(c) 核膜肋形板

(d) 空心板　　　　　(e) 板上肋形板　　　　　(f) 夹心肋形板

图 11.8　大板建筑楼板的平面形式

4．楼梯

大板建筑的楼梯通常是梯段和平台板分开预制，以方便施工。为了减轻构件的重量，梯段可预制成空心楼梯段。当有较强的起重能力时，也可将梯段和平台预制成整体构件，如图 11.9 所示。楼梯段一般支承在带肋的平台板上，平台板支承在焊于侧墙板的钢牛腿上，如图 11.10 所示。

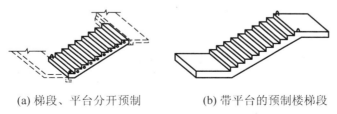

(a) 梯段、平台分开预制　　　　　(b) 带平台的预制楼梯段

图 11.9　预制楼梯段

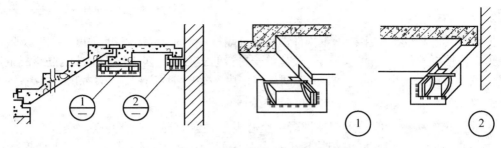

图 11.10　楼梯平台板与侧墙板焊接

5. 屋面板

屋面板是屋顶的承重结构,除要求有足够的强度和刚度外,还应能适应屋顶的防水、排水、保温(隔热)、天棚平整和外形美观的要求。

6. 阳台板

一般阳台板为钢筋混凝土槽形板,两个肋边的挑出部分压入墙内,并与楼板预埋件焊接,然后浇筑混凝土。阳台上的栏杆和栏板也可以做成预制块,在现场焊接。阳台板也可以由楼板挑出,成为楼板的延伸。

11.3.3　大板建筑的节点构造

大板建筑的节点构造是设计、施工的关键,其性能直接影响整个建筑物的整体性、稳定性和使用年限。大板建筑的节点要满足强度、刚度、延性,以及抗腐蚀、防水、保温等构造要求。

1. 内墙板的连接

在内墙板十字接头部位,墙板顶面预埋钢板用钢筋焊接起来,中间和下部设置锚环和竖向插筋,与墙板伸出的钢筋绑扎或焊接在一起,然后在阴角支模板,现浇 C20 混凝土,使墙板竖缝中形成现浇的构造柱,将墙板连成整体,如图 11.11 所示。

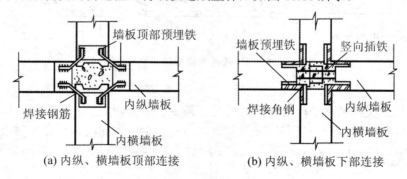

(a) 内纵、横墙板顶部连接　　　　(b) 内纵、横墙板下部连接

图 11.11　内墙板连接构造

2. 楼板的连接

由于大板建筑一般采用内墙支承楼板,外墙要比内墙高出一个楼板厚度。通常把外墙板顶部做成高低口,上口与楼板板面相平,下口与楼板底平齐,并将楼板伸入外墙板下口,如图 11.12(a)所示。

左右楼板之间的连接是将楼板伸出的锚环与墙板的吊环穿套在一起,缝间用混凝土浇灌,使所有楼板的四周形成现浇的圈梁,如图 11.12(b)所示。

3. 外墙板连接及板缝防水

上下外墙板连接的水平缝位于楼板标高处，应与楼板的连接同时处理。左右外墙板连接的垂直缝位于承重横墙位置，要与横墙板的连接同时处理，如图 11.13 所示。

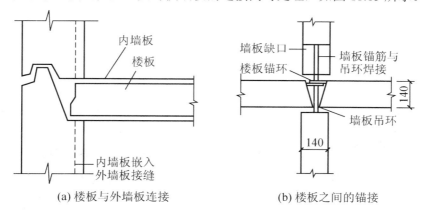

(a) 楼板与外墙板连接　　　　　　　(b) 楼板之间的锚接

图 11.12　楼板的连接构造

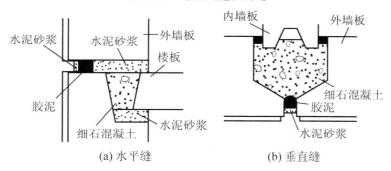

(a) 水平缝　　　　　　　(b) 垂直缝

图 11.13　外墙板连接

板缝的防水方法有材料防水、构造防水、材料与构造防水相结合三种。

1) 材料防水

材料防水是以填嵌缝隙的方法防止雨水进入缝内，嵌缝材料应具有弹性好、附着性强、高温不流淌、低温不脆裂，并有很好的黏结性和抗老化性。常用的防水材料有砂浆、细石混凝土、胶泥、防水油膏等。材料防水构造如图 11.14 所示。

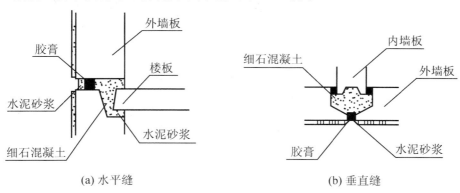

(a) 水平缝　　　　　　　(b) 垂直缝

图 11.14　外墙板材料防水构造

2) 构造防水

构造防水即在板缝外口作合适线型构造或采取不同形式的挡水处理,切断雨水的通路。构造防水允许少量雨水渗入,但应能保证将渗入的雨水顺利地导出墙外。构造防水可做成敞开式的,缝内不镶嵌防水材料,但不利于保温;也可做成封闭式的,用水泥砂浆或油膏嵌缝形成压力平衡空腔。外墙板水平缝构造防水,如图 11.15 所示;外墙板垂直缝构造防水,如图 11.16 所示。

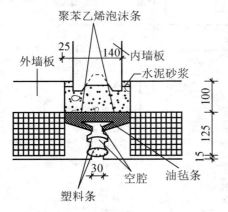

图 11.15　水平缝企口缝构造

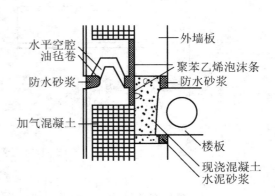

图 1.16　垂直双腔缝构造

3) 材料与构造防水相结合

在构造防水的基础上,用弹性材料等嵌缝,进行双重防护,对于保温要求高的严寒地区尤其适合,如图 11.17 所示。

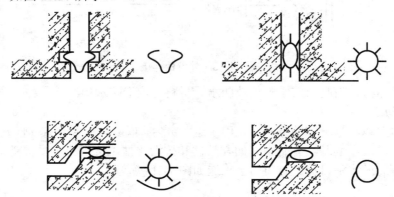

图 11.17　材料防水与构造防水相结合构造

11.4　框架轻板建筑

框架轻板建筑,是一种新型的建筑体系,是由钢筋混凝土框架承重,用各种轻质墙板做分隔和围护结构的建筑,即承重结构与建筑墙体有明确的分工,如图 11.18 所示。

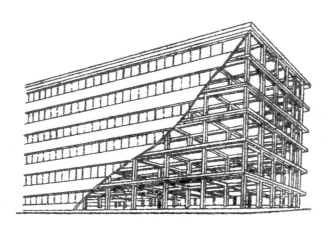

图 11.18 框架板材建筑

11.4.1 框架轻板建筑的特点和适用范围

框架轻板建筑的承重结构和围护结构分工明确，可充分发挥材料的不同特性，且具有开间、进深大，空间分隔灵活，湿作业少，不受季节限制，施工进度快，面积利用率高等优点。但这类建筑的钢材和水泥用量大，构件吊装次数多，梁与柱的接头复杂，造价较高。

框架轻板建筑适用于要求有较大空间的多层和高层建筑，如住宅、办公楼和公共建筑等。

11.4.2 框架轻板建筑的类型

框架轻板建筑的框架结构按所用的材料，可分为钢框架和钢筋混凝土框架两种。前者自重轻，施工速度快，适用于多层或超高层建筑；后者的梁、柱、板均用钢筋混凝土制作，具有坚固耐久、刚度大、防火性能好等优点，多用于 20 层以下的建筑物。

钢筋混凝土框架按施工方法的不同分为现浇整体式、装配整体式和全装整体式三种形式。现浇整体式框架抗震性能好，但现场湿作业量大，工期长，不利于雨季和寒冷地区的冬季施工。

钢筋混凝土框架按主要构件组成分为梁板柱框架体系、板柱框架体系和剪力墙框架体系，如图 11.19 所示。

1. 梁板柱框架体系

梁板柱框架体系是由梁与柱组成横向或纵向框架，用楼板或连续梁将框架进行连接，这是目前通常采用的框架形式，如图 11.19(a)所示。

2. 板柱框架体系

板柱框架体系是由楼板和柱组成的框架，楼板可以是梁板合一的肋型板，也可用实心楼板，如图 11.19(b)所示。它的特点是室内楼板下没有梁，空间通畅简洁，平面布置灵活，能降低建筑物层高。适用于多层厂房、仓库、公共建筑的大厅，也可用于办公楼和住宅等。

3. 剪力墙框架体系

剪力墙框架体系是在以上两种框架中，增设剪力墙而构成的结构形式，如图 11.19(c)所示。框架只承受垂直荷载，增设的剪力墙承受大部分的水平荷载，原框架的刚度大大增加，这种结构体系被高层建筑普遍采用。

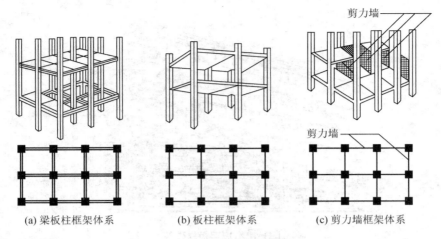

图 11.19　框架结构类型

11.4.3　装配式钢筋混凝土框架构件的划分

框架是由若干个基本构件组合而成的，构件的划分应遵循以下原则：有利于构件的生产、运输、安装；有利于增强结构刚度；有利于简化节点构造。通常有以下三种划分方式。

1. 单梁单柱式

即按建筑的开间、进深和层高划分单个构件。通过此种方法划分，其构件外形简单，质量轻，便于生产、运输和安装，但构件的数量多，施工复杂，如图 11.20(a)所示。

2. 框架式

框架式是把整个框架划分成若干个 H 形、十字形等形状的小框架。其优点是扩大了构件的预制范围，接头数量减少，并能增加整个框架的刚度，但构件制作、运输、安装较复杂，如图 11.20(b)所示。

3. 混合式

同时采用单梁单柱和框架两种形式，可根据具体情况采用，如图 11.20(c)所示。

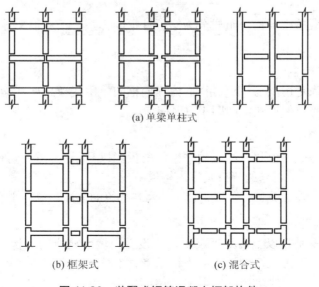

(a) 单梁单柱式

(b) 框架式　　　　　　(c) 混合式

图 11.20　装配式钢筋混凝土框架构件

11.4.4 框架轻板建筑的墙板

框架轻板建筑的内墙板一般采用空心石膏板、加气混凝土板和纸面石膏板。框架轻板建筑的外墙板要承受自重和风荷载，所以要求有足够的强度和刚度，同时还要满足保温、隔热、密闭、美观等要求。外墙板根据材料的不同，可分为混凝土类外墙轻板和幕墙类外墙轻板，幕墙类外墙轻板有金属幕墙、玻璃幕墙等。

1. 混凝土类外墙轻板

混凝土类外墙轻板常用的有加气混凝土板和陶粒混凝土板。其安装可采用下承式，即板的下端支承在下面的楼板或梁上，上端与上面楼板或左右框架柱连接固定的一种方法，如图 11.21 所示。也可将混凝土轻板悬挂在上面的楼板边缘上，下部仅做一般拉结。

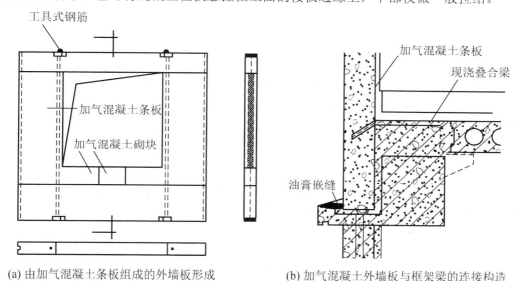

(a) 由加气混凝土条板组成的外墙板形成   (b) 加气混凝土外墙板与框架梁的连接构造

图 11.21 加气混凝土外墙板及其与框架梁的连接

2. 幕墙类外墙轻板

1) 金属幕墙

金属幕墙墙板由外表层、保温层和内表层三个层次组成。金属幕墙可采用现场组装的方式安装，即先将金属墙板的外层安装到骨架上，再依次安装保温层和内表层；也可以在幕墙厂按金属幕墙墙板层次组装成型，现场再按单元板材安装。

2) 玻璃幕墙

玻璃幕墙是一种广泛应用的轻型围护板材，常用的有吸热玻璃、热反射镀膜玻璃、夹层玻璃、中空玻璃等。玻璃幕墙一般采用铝合金杆件组成格子状骨架，骨架用螺栓连接固定在框架上。

11.5 大模板建筑

大模板建筑是指用工具式大型模板现浇混凝土楼板和墙体的一种建筑。大模板建筑的模板常有一定的专业性，可作为工具重复使用。工具式模板与操作台常结合在一起，由大模板板面、支架和操作台三个部分组成，如图 11.22 所示。

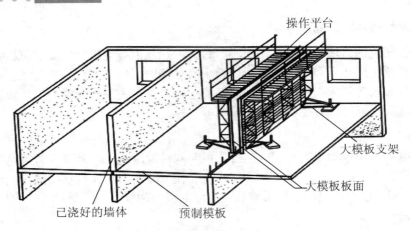

图 11.22　大模板建筑施工示意图

1. 大模板建筑的特点及适用范围

大模板建筑的结构整体性强，刚度大，抗震性能好，工艺简单，劳动强度低，施工速度快，减少了室内外抹灰工程，施工设备投资少。但是这类建筑的现场浇筑工程量大，施工组织较复杂，不利于冬季施工。

大模板建筑适用于多层和高层的住宅及公共建筑。

特 别 提 示

大模板建筑在结构方面属于剪力墙体系，剪力是水平力，在水平力中又以地震力为主，这种体系强调横墙对正，纵墙拉通，以共同抵御地震力。

2. 大模板建筑的类型

大模板建筑的类型主要区分在外墙做法上。常见的类型有以下几种。

1) 现浇与预制相结合

这种做法的内墙为现场浇筑的钢筋混凝土墙板，外墙采用预制墙板，这种做法称为外板内模，俗称"内浇外挂"。它的优点是外墙的装修和保温隔热处理可在预制厂完成，缩短现场工期，简化了工艺，主要用来建造高层建筑。

2) 现浇与砌砖相结合

这种做法的内墙为现场浇筑的钢筋混凝土墙板，外墙采用粘土砖砌筑砖墙，这种做法称为外砖内模，俗称"内浇外砌"。它的优点是砖墙造价低，具有保温隔热性能，但砖墙自重大，现场工作量多，主要用来建造多层建筑。

3) 全现浇做法

这种做法是内、外墙板均采用现场浇筑的钢筋混凝土墙板。它主要用来建造高层住宅，这是当前的主导做法。

3. 大模板建筑的节点构造

大模板建筑的节点构造是指墙体与墙体的连接、墙体与楼板的连接。

1) 现浇内墙与外挂墙板的连接

在"内浇外挂"的大模板建筑中，外墙板是在现浇内墙板之前先安装就位，并将预制外墙板的甩筋与内墙钢筋绑扎在一起，在外墙板缝中插入竖向钢筋。上下墙板的甩筋也相互搭接焊牢，浇筑内墙混凝土后，这些接头连接钢筋便将内外墙锚固成整体，如图 11.23 所示。

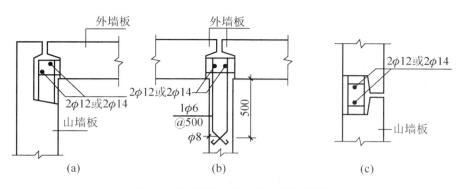

图 11.23   现浇内墙与外挂墙板连接

2) 现浇内墙与外砌砖墙的连接

在"内浇外砌"的大模板建筑中，砖砌外墙必须与现浇内墙相互拉结才能保证结构的整体性。施工时，先砌砖外墙，在与内墙板交接处将砖墙砌成凹槽，并在砌墙中边砌边放入拉结筋，同时按结构要求设置竖向钢筋，并与内墙钢筋绑扎在一起。浇筑内墙混凝土后，砖墙的预留凹槽便形成混凝土构造柱将内外墙牢固地连接在一起，山墙转角处则应专门现浇钢筋混凝土构造柱，如图 11.24 所示。

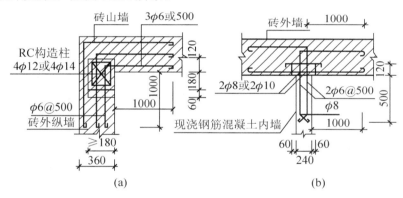

图 11.24   现浇内墙与砖砌外墙连接

11.6   滑 模 建 筑

滑模建筑即滑升模板建筑，它是在混凝土工业化生产的基础上，预先将工具式模板组合好，利用墙体内特制的钢筋作导杆，以油压千斤顶作提升动力，有间隔节奏地边浇筑混凝土，边提升模板，是一种连续施工的房屋建造方法。

1. 滑模建筑的特点及适用范围

滑模建筑的结构整体性好，机械化程度高，施工速度快，占用场地少，模板的数量少且利用率高，但墙体的垂直度不易掌握。

滑模建筑适用于建筑外形简单整齐，上下壁厚相同，墙面没有突出横线条的高层建筑。

2. 滑模建筑的布置类型

按滑模部位的不同，可分为内外墙滑板、内墙滑板外墙滑板、外框架核心筒体滑板，如图 11.25 所示。

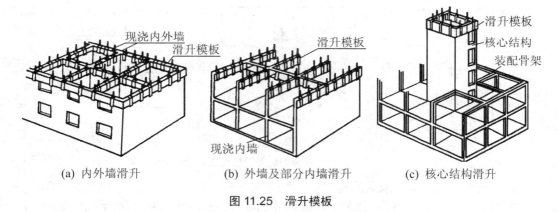

(a) 内外墙滑升　　　　(b) 外墙及部分内墙滑升　　　　(c) 核心结构滑升

图 11.25　滑升模板

3. 滑模建筑的楼板施工

滑模建筑楼板的安装和浇筑方法有多种，有预制楼板在浇筑墙体后，由下而上逐层安装；或搭起悬挂式楼板模板，由上而下逐层现浇；也可采用边滑墙体边安装或现浇楼板的方法等。

11.7　升板升层建筑

升板升层建筑是在房屋做完基础或底层地坪后，在底层地坪上重叠浇筑各层楼板和屋面板，插立柱子，并以柱子作导杆，用提升设备逐层提升。只提升楼板的叫升板，连同墙体一起提升的叫升层，如图 11.26 所示。

1. 升板升层建筑的特点及适用范围

升板升层建筑将大量的高空作业变为地面操作，施工设备简单，机械化程度高，工序简化，工效高，模板用量少，所需施工场地小，楼面面积大，空间可以自由分隔，且四周外围结构可做到最大限度的开放和通透。

升板升层建筑主要用于体型简单，层高统一的建筑物，如商场、办公楼、教学楼等。

2. 升板升层建筑的构造及施工

升板升层建筑的楼板可以是钢筋混凝土平板、双向密肋板，或预应力钢筋混凝土板。其外墙为砖墙、砌块墙或预制墙板等，最好选用轻质材料墙体。

升板升层建筑的施工顺序：首先做好基础，并在基础上立柱子；其次是打地坪、叠成浇筑楼板；最后是逐层提升就位。

盒子建筑是以在工厂预制成整间的盒子状结构为基础，运至施工现场吊装组合而成的建筑。完善的盒子构件不仅有结构部分和维护部分，而且内部装饰、设备、管线、家具和外部装修等均可在工厂生产完成。

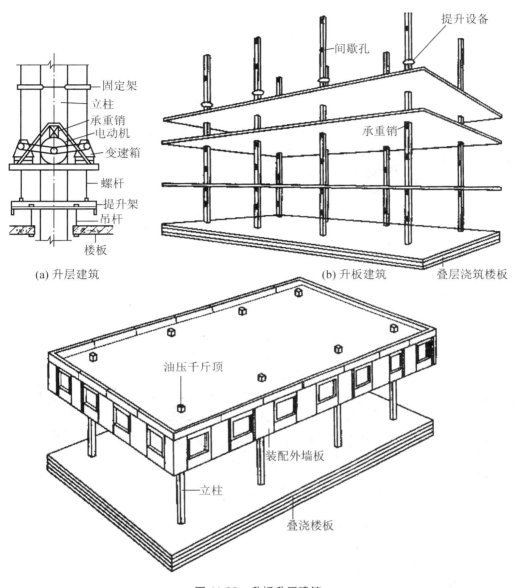

图 11.26　升板升层建筑

11.8　盒　子　建　筑

1. 盒子建筑的特点和适用范围

盒子建筑工厂生产化程度高，现场工作量小。一般盒子建筑工厂内的工厂量大约可占到 80%，现场工程量仅 20% 左右，大大缩短了现场工期，降低了劳动强度，减少了现场湿作业量。另外盒子建筑有较好的刚度，自重较小，但由于盒子构件尺寸大，对生产设备、运输设备、现场吊装设备，以及生产施工技术要求较高。

盒子建筑主要应用于住宅、旅馆等低层和多层建筑。

2. 盒子构件的类型

单个盒子的结构组成有钢筋混凝土整浇式和预制板材组装式，如图 11.27 所示。按板材的数量分有六面体、五面体、四面体盒子等。

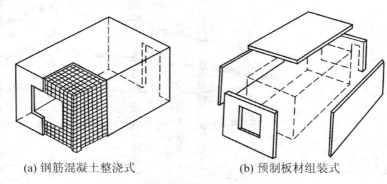

(a) 钢筋混凝土整浇式   (b) 预制板材组装式

图 11.27　盒子的制作方法

3. 盒子建筑的组成方式

由单元盒子组装成整幢建筑的方式大体分为重叠组装式、交错组装式、与大型板材联合组装式、与框架结合组装式、与筒体结合组装式等，如图 11.28 所示。

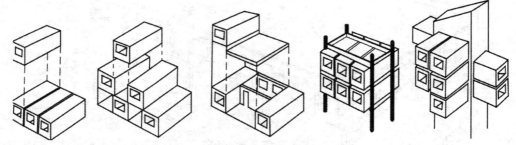

(a) 重叠组装式　(b) 交错组装式　(c) 与大型板材联合组装　(d) 与框架结合组装　(e) 与筒体结合

图 11.28　盒子建筑的组装方式

1) 重叠组装式

上下盒子重叠组装，因其构造简单，应用较广。

2) 交错组装式

上下盒子交错组装，可避免盒子相邻两侧面的重复，较经济。

3) 与大型板材联合组装

将小开间的房间(厨房、卫生间等)做成承重盒子，在盒子间架大楼板，它可以节约材料，内部房间分隔较灵活。

4) 与框架结合组装

盒子支承和悬挂在刚性框架上，盒子构件不承重，组装较灵活。

5) 与筒体结合组装

将盒子悬挑在建筑物的核心筒体外壁上。

应用案例

参观所在城市的建筑物，按其建筑工业化体系的类型进行分类，并说出其特征、构造。

本章小结

(1) 建筑工业化是用现代工业生产方式和科学管理手段来建造房屋，其特征是设计标准化、生产工厂化、施工机械化、组织管理科学化。

(2) 砌块建筑是用各种砌块砌筑墙体的一种建筑。砌块建筑按材料分有普通混凝土砌块、加气混凝土砌块以及利用各种工业废料制成的砌块。砌筑时应按一定的原则进行排列。

(3) 大板建筑即大型板材建筑，是一种全装配式的工业化建筑，由预制外墙板、内墙板、楼板、屋面板、楼梯，以及阳台板等构件构成。

(4) 框架轻板建筑是以梁、柱、板组成的框架为承重结构，以轻型墙板为维护与分隔构件的新型建筑形式。

(5) 大模板建筑是用工具式大型模板现浇混凝土楼板和墙体的一种现浇体系，它所使用的工具式模板可重复使用。

推荐阅读资料

1. 《民用建筑设计通则》(GB 50352—2005)
2. 《建筑设计防火规范》(GB 50016—2006)

习 题

一、简答题

1. 建筑工业化的意义和特征是什么？
2. 砌块墙体中砌块排列的原则是什么？
3. 大板建筑板缝的防水处理有哪几种方法？
4. 框架轻板建筑的外墙有哪几种类型？各有什么特点？
5. 大模板建筑节点构造的做法有哪些？
6. 什么是滑模建筑？有哪些特点？
7. 什么是升板升层建筑？有哪些特点？
8. 盒子建筑的组成方式有哪些？

第12章

工业建筑简介

引 例

工业建筑在 18 世纪后期最先出现于英国，后来在美国以及欧洲一些国家，也兴建了各种工业建筑。苏联在 20 世纪 20~30 年代，开始进行大规模工业建设。我国在 20 世纪 50 年代开始大量建造各种类型的工业建筑。随着现代工业和经济的发展，对工业建筑结构的要求也越来越多，其结构体系也逐渐地趋于多样化。现代的建筑不仅在外型上越来越复杂、要求越来越难，在其布置方面也变得复杂，因此，在设计时要求也越来越高，如图 12.1 所示。

图 12.1　某厂区规划图

12.1　工业建筑概述

12.1.1　工业建筑的特点

工业建筑是指为从事各类工业生产及直接为工业生产需要服务而建造的建筑物，直接用于工业生产的建筑物称为工业厂房或车间。工业建筑具有以下特点。

1）满足生产工艺要求

厂房的设计以生产工艺设计为基础，必须满足不同工业生产的要求，并为工人创造良好的劳动卫生条件。

2）厂房内有较大的通敞面积和空间

厂房内生产设备多、体量大，并且需有各种起重运输设备的通行空间，这就决定了厂房内须有较大的通敞的面积和空间。

3）厂房的荷载大

厂房内一般都有相应的生产设备、起重运输设备和原材料、半成品、成品等，加之生产时可能产生的振动和其他荷载的作用，因此多数厂房采用钢筋混凝土骨架或钢骨架承重。

4）构造复杂，技术要求高

厂房的面积、体积较大，有时采用多跨组合，工艺联系密切，不同的生产类型对厂房提出不同的功能要求。因此，在空间、采光通风和防水排水等建筑处理上，以及结构、构造上都比较复杂，技术要求高。

12.1.2　工业建筑的分类

工业建筑在建筑设计中常按用途、生产状况、层数和跨度尺寸进行分类。

1. 按厂房的用途分类

1) 主要生产厂房

指用于完成主要产品从原料到成品的整个生产过程的各类厂房，如机械制造厂的铸造车间、机械加工车间、装配车间等。

2) 辅助生产厂房

指为主要生产车间服务的各类厂房，如机械制造厂的机修车间、工具车间等。

3) 动力用厂房

指为全厂提供能源的各类厂房，如发电站、锅炉房等。

4) 储藏用建筑

指用来储存原材料、半成品、成品的仓库，如金属材料库、木料库、油料库、成品库等。

5) 运输用建筑

指用于停放、检修各种运输工具的房屋，如汽车库等。

6) 其他建筑

如水泵房、污水处理站等。

2. 按厂房的生产状况分类

1) 热加工车间

指在高温或融化状况下进行生产的车间，如铸造、冶炼等车间。

2) 冷加工车间

在正常温度、湿度条件下生产的车间，如机械加工车间、装配车间、机修车间等。

3) 洁净车间

指根据产品的要求，需在无尘无菌无污染的高度洁净状况下进行生产的车间，如集成电路车间、药品生产车间、食品车间等。

4) 恒温恒湿车间

指为保证产品的质量，需在恒定的温度、湿度条件下生产的车间，如纺织车间、精密仪器车间等。

3. 按厂房的层数分类

1) 单层厂房

指层数为一层的厂房。适用于大型设备及加工件，有较大动荷载和大型起重运输设备、需水平方向组织生产工艺流程和运输的生产项目，如重型机械制造业、冶金业等。单层厂房又分为单跨和多跨，如图 12.2 所示。

2) 多层厂房

指二层及以上的厂房。适用于产品重量轻，并能进行垂直运输生产的厂房，如仪表、电子、食品、服装等轻型工业的厂房，如图 12.3(a)所示。

3) 混合层次厂房

指同一厂房内既有单层，又有多层的厂房。适用于化工业、电力业等的主厂房，如图 12.3(b)所示。

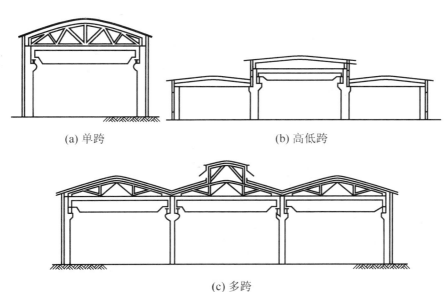

(a) 单跨　　　　　　　　　　　(b) 高低跨

(c) 多跨

图 12.2　单层厂房

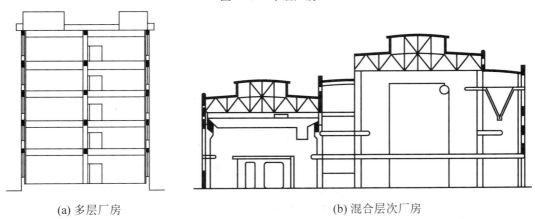

(a) 多层厂房　　　　　　　　　　　(b) 混合层次厂房

图 12.3　多层与混合层次厂房

4. 按厂房的跨度尺寸分类

1) 小跨度工业厂房

指跨度小于或等于 15m 的单层工业厂房。这类厂房多以砖混结构为主，多用于中小型企业或大型企业的非主要生产厂房。

2) 大跨度工业厂房

指跨度为 15～36m 及 36m 以上的单层工业厂房。其中跨度为 15～30m 的厂房以钢筋混凝土结构为主，跨度在 36m 及 36m 以上时，一般以钢结构为主。

12.1.3　单层工业厂房的结构组成

单层工业厂房的结构支承方式有墙承重结构和骨架承重结构两种。

1. 墙承重结构

指厂房的承重结构由墙和屋架(或屋面梁)组成。这种结构构造简单，造价经济，施工方便。但墙体材料多为实心粘土砖，承载能力和抗震性能较差，故只适用于跨度不超过15m，檐口标高低于8m，吊车起重吨位不超过5t的中小型厂房，如图12.4所示。

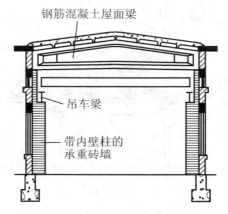

图 12.4 墙承重结构的单层厂房

2. 骨架承重结构

骨架承重结构的单层厂房一般采用装配式钢筋混凝土排架结构。它主要由承重结构和围护结构组成，如图12.5所示。

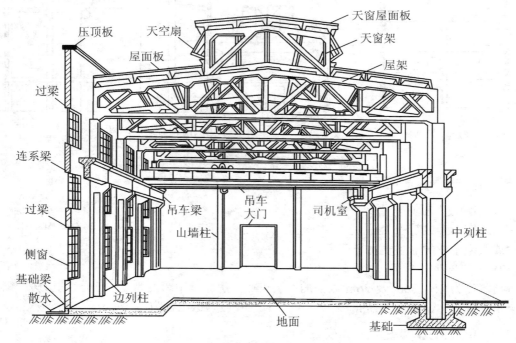

图 12.5 排架结构单层厂房的组成

1) 承重结构

装配式排架结构由横向排架、纵向连系构件和支撑构成。横向排架由屋架(或屋面梁)、柱和基础组成；纵向连系构件包括吊车梁、连系梁和基础梁，建立起了横向排架的纵向连系；支撑包括屋盖支撑和柱间支撑。

2) 围护结构

排架结构厂房的围护结构由屋顶、外墙、门窗和地面组成。

12.1.4 单层厂房的定位轴线

厂房的定位轴线是确定厂房主要承重构件的位置及其标志尺寸的基线，同时也是施工放线、设备定位和安装的依据。

1. 柱网选择

厂房柱子与确定其位置的纵横向定位轴线在平面上形成有规律的网格称为柱网。柱子纵向定位轴线间的距离称为跨度，横向定位轴线间的距离称为柱距。

在考虑厂房生产工艺、建筑结构、施工技术、经济效果等前提下，柱网尺寸还应符合《厂房建筑模数协调标准》(GB/T 5006—2010)的规定。单层厂房的跨度不超过 18m 时应采用扩大模数 30M 数列，超过 18m 时应采用扩大模数 60M 数列；单层厂房的柱距应采用扩大模数 60M 数列；山墙处抗风柱柱距应采用扩大模数 15M 数列(图 12.6)。

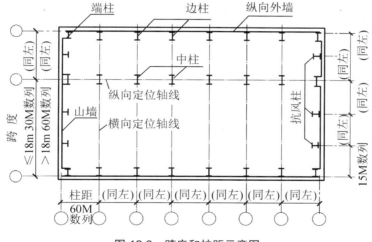

图 12.6 跨度和柱距示意图

2. 定位轴线划分

定位轴线的划分是在柱网布置的基础上确定厂房主要承重构件的平面位置及其标志尺寸的基准线。定位轴线的划分，应使厂房建筑主要构配件的几何尺寸做到标准化和系列化，减少构配件的类型，并使节点构造简单。

1) 横向定位轴线

厂房横向定位轴线主要用来标定纵向构件如屋面板、吊车梁、连系梁、基础梁等的位置，应位于这些构件的端部。

(1) 中间柱与横向定位轴线的关系。除靠山墙的端部柱和横向变形缝两侧柱外，厂房纵向柱列中的中间柱的中心线应与横向定位轴线相重合，且横向定位轴线通过屋架中心线与屋面吊车梁等构件的横向接缝，连系梁的标志长度以横向定位轴线为界。

(2) 横向变形缝两侧柱与横向定位轴线的关系。横向变形缝两侧柱应采用双柱及两条横向定位轴线，两条横向定位轴线应分别位于缝两侧屋面板的端部，柱的中心线均应自定位轴线向两侧各移 600mm，两条横向定位轴线间所需缝的宽度 a_e 应符合现行有关国家标准的规定[图 12.7(a)]。

(3) 山墙与横向定位轴线的关系。山墙为非承重墙时，墙内缘与横向定位轴线重合，且端部柱及端部屋架的中心线应自横向定位轴线向内移 600mm[图 12.7(b)]。山墙为砌体承重时，墙内缘与横向定位轴线间的距离，应按砌体的块材类别分别为半块或半块的倍数或墙厚的一半[图 12.7(c)]，以保证构件在墙体上有足够的结构支承长度。

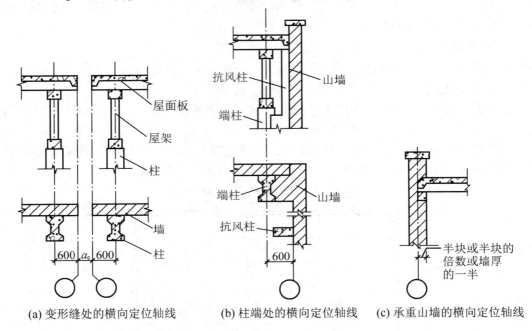

(a) 变形缝处的横向定位轴线   (b) 柱端处的横向定位轴线   (c) 承重山墙的横向定位轴线

图 12.7　墙、柱与横向定位轴线的联系

2) 纵向定位轴线

厂房纵向定位轴线用来标定横向构件屋架(或屋面梁)的位置，纵向定位轴线应位于屋架(或屋面梁)的端部。

(1) 边柱与纵向定位轴线的关系。

① 封闭结合。边柱外缘和墙内缘与纵向定位轴线相重合[图 12.8(a)]，屋架端头、屋面板外缘和外墙内缘均在同一条直线上，形成"封闭结合"的构造，适用于无吊车或只有悬挂吊车、柱距为 6m、吊车起重量不大的厂房。

② 非封闭结合。在有桥式吊车的厂房中，由于吊车运行及起重量、柱距或构造要求等原因，边柱外缘和纵向定位轴线间需加设连系尺寸 a_c(为 300mm 或其整数倍，但围护结构为砌体时，可采用 50mm 或其整数倍)。由于屋架标志端部与柱子外缘、外墙内缘不能重合，上部屋面板与外墙间便出现空隙，称为"非封闭结合"。上部空隙需加设补充构件盖缝[图 12.8(b)]。

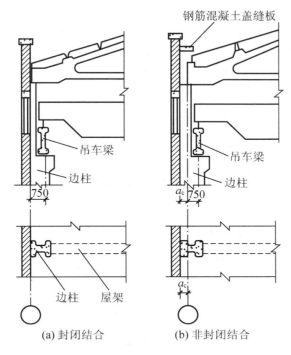

图 12.8　边柱与纵向定位轴线的联系

（2）承重墙与纵向定位轴线的关系。当厂房采用纵墙承重时，若为无壁柱的承重墙，其内缘与纵向定位轴线的距离宜为墙体所采用砌块的半块的倍数或墙厚的一半[图 12.9(a)]；若为带壁柱的承重墙，其内缘宜与纵向定位轴线重合，或与纵向定位轴线相距半块砌体或半块砌体的倍数[图 12.9(b)]。

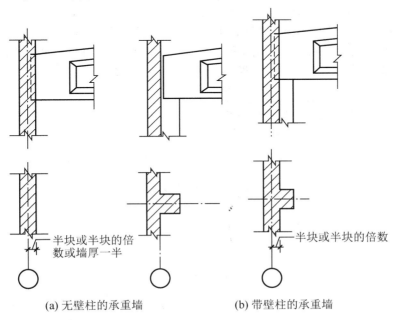

(a) 无壁柱的承重墙　　　　　(b) 带壁柱的承重墙

图 12.9　承重墙与纵向定位轴线

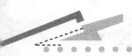

(3) 中柱与纵向定位轴线的关系。

① 等高跨中柱与定位轴线的关系。当没有纵向变形缝时,宜设单柱和一条纵向定位轴线,柱的中心线宜与纵向定位轴线相重合[图 12.10(a)]。若相邻跨内的桥式吊车起重量、厂房柱距较大或构造要求设插入距时,中柱可采用单柱和两条纵向定位轴线,插入距 a_i 应符合 3M 数列,柱中心线宜与插入距中心线重合[图 12.10(b)]。

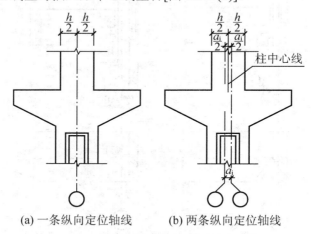

(a) 一条纵向定位轴线　　(b) 两条纵向定位轴线

图 12.10　等高跨中柱单柱(无纵向伸缩缝)

当设纵向伸缩缝时,宜采用单柱和两条纵向定位轴线。伸缩缝一侧的屋架(或屋面梁),应搁置在活动支座上,两条定位轴线间插入距 a_i 等于伸缩缝宽 a_e(图 12.11)。若属于纵向防震缝时,宜采用双柱及两条纵向定位轴线,并设插入距。两柱与定位轴线的定位与边柱相同,其插入距 a_i 视防震缝宽度及两侧是否为"封闭结合"而异(图 12.12)。

② 不等高跨中柱与纵向定位轴线的关系。不等高跨不设纵向变形缝时,中柱设单柱,把中柱看作是高跨的边柱,对于低跨,为简化屋面构造,一般采用封闭结合。根据高跨是否封闭及封墙位置有四种定位方式(图 12.13)。不等高跨处设纵向伸缩缝时,一般设单柱,将低跨的屋架(或屋面梁)搁置在活动支座上。不等高跨处应采用两条纵向定位轴线,并设插入距,插入距 a_i 根据封堵位置及高跨是否封闭而异(图 12.14)。

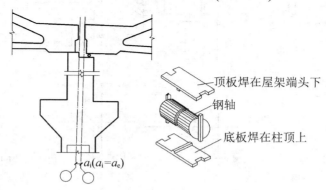

顶板焊在屋架端头下
钢轴
底板焊在柱顶上

图 12.11　等高跨中柱单柱(有纵向伸缩缝)

a_i—插入距;a_e—伸缩缝宽度;h—上柱截面高度

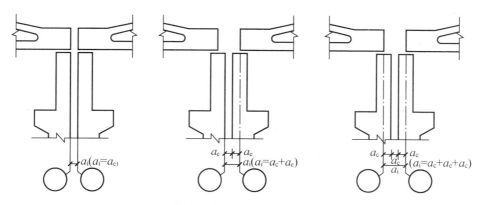

图 12.12　等高跨中柱设双柱时的纵向定位轴线

a_i—插入距；a_e—防震缝宽度；a_c—联系尺寸

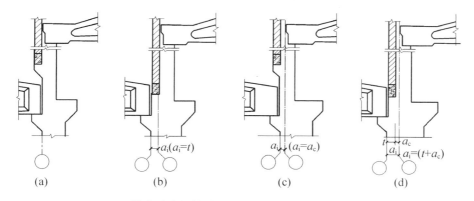

(a)　　　　　(b)　　　　　(c)　　　　　(d)

图 12.13　不等高跨中柱单柱(无纵向伸缩缝)与纵向定位轴线的定位

a_i—插入距；t—封墙厚度；a_c—联系尺寸

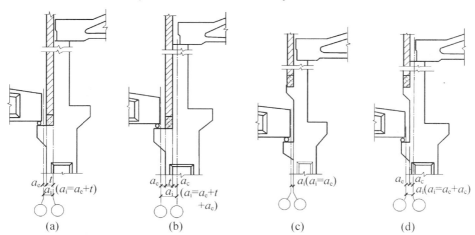

(a)　　　　　(b)　　　　　(c)　　　　　(d)

图 12.14　不等高跨中柱单柱(有纵向伸缩缝)与纵向定位轴线的定位

a_i—插入距；a_e—防震缝宽度；t—封墙厚度；a_c—联系尺寸

当不等高跨高差悬殊，或吊车起重量差异较大，或需设防震缝时，需设双柱和两条纵向定位轴线。两柱与纵向定位轴线的定位与边柱相同，插入距 a_i 视封墙位置和高跨是否封闭及有无变形缝而定(图 12.15)。

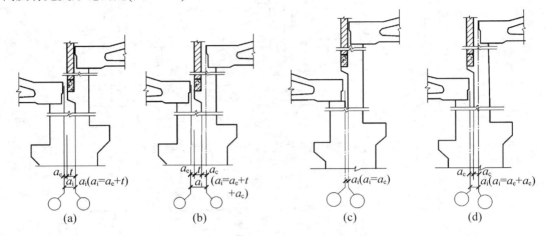

$$a_i(a_i=a_e+t) \qquad (a_i=a_e+t+a_c) \qquad a_i(a_i=a_e) \qquad a_i(a_i=a_e+a_c)$$

(a)　　　　　　(b)　　　　　　(c)　　　　　　(d)

图 12.15　不等高跨设中柱双柱与纵向定位轴线的定位

a_i—插入距；a_e—防震缝宽度；t—封墙厚度；a_c—联系尺寸

3) 纵横跨相交处柱与定位轴线的关系

有纵横跨度厂房，由于纵横跨的不同，设计时常在相交处设纵横跨变形缝，使纵横跨结构分开。纵横跨应有各自的柱列和定位轴线，对于纵跨，相交处的处理相当于山墙处；对于横跨，相交处的处理相当于边柱和外墙处的定位轴线。纵横跨相交处采用双柱单墙处理，相交处外墙不落地，做成悬墙，并属于横跨。纵横跨相交处柱与定位轴线的关系如图 12.16 所示。当封墙为砌体时，a_e 值为变形缝宽度；封墙为墙板时，a_e 值为变形缝的宽度或吊装墙板所需净空尺寸的较大者。

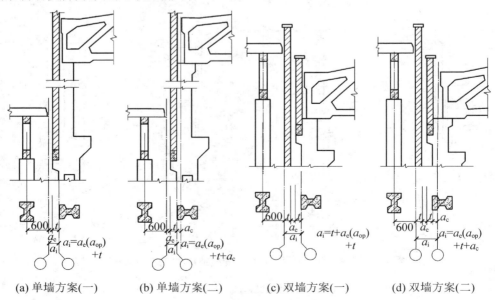

$$a_i=a_e(a_{op})+t \qquad a_i=a_e(a_{op})+t+a_c \qquad a_i=t+a_e(a_{op})+t \qquad a_i=a_e(a_{op})+t+a_c$$

(a) 单墙方案(一)　　(b) 单墙方案(二)　　(c) 双墙方案(一)　　(d) 双墙方案(二)

图 12.16　纵横跨相交处柱与定位轴线的联系

12.2 多层厂房简介

12.2.1 多层厂房的特点与适用范围

1. 多层厂房的特点

与单层厂房相比，多层厂房具有以下特点。

(1) 生产在不同标高的楼层进行，各层间除了解决好水平方向的联系外，还要重点解决好竖向层间的联系。

(2) 建筑物占地面积小，可节约土地，降低基础、屋顶的工程量，缩短道路管线长度，节省投资和维护管理费。

(3) 厂房进深较小，屋顶面积较小，一般不需设置天窗，故屋面构造简单，雨雪排除方便，有利于保温和隔热处理。

(4) 厂房一般为梁板柱承重，受梁、板结构经济合理性制约，柱网尺寸较小，生产工艺灵活性受到限制。对大荷载、大设备、大振动的适应性较差，须作特殊处理。

2. 多层厂房的适用范围

(1) 生产上需要垂直运输的企业。这类企业的原材料大部分为粒状和粉状的散料或液体。经一次提升(或升高)后，可利用原料的自重自上而下传送加工，直至产品成型。如面粉厂、造纸厂、啤酒厂的一些车间。

(2) 生产上要求在不同层高操作的企业。如化工厂的大型蒸馏塔、碳化塔等设备，高度比较大，生产又需在不同层高上进行。

(3) 生产上有特殊要求的企业。由于多层厂房层间房间体积小，容易解决生产所需的特殊环境，如恒温恒湿，净化、无尘无菌等。

(4) 生产上虽无特殊要求，但设备及产品较轻，运输量也不大的企业。

(5) 生产工艺上虽无特殊要求，但建设地点在市区，厂区基地受到限制或改扩建的企业。

12.2.2 多层厂房的平面特征

多层厂房的平面设计首先应满足生产工艺的要求；其次，运输设备和生活辅助用房的布置、场地的形状、厂房方位等都对平面设计有很大影响。

多层厂房的平面布置形式一般有内廊式、统间式、大宽间式和混合式。

内廊式中间为走廊，两侧布置生产房间的办公、服务房间。适用于各工段面积不大，生产上既需要相互紧密联系，但又不希望互相干扰的工段，如恒温恒湿、防尘、防振的工段可分别集中布置，以减少空调设施、降低建筑造价。

统间式中间只有承重柱，不设隔墙。适用于生产工艺紧密联系，不宜分隔成小间时。在生产过程中如少数特殊的工段需要单独布置，可将它们集中布置在车间的一端或一隅。

为使厂房平面布置更为经济合理，亦可加大厂房宽度，形成大宽间式平面形式。这时，可把交通运输枢纽及生活辅助用房布置在厂房中部采光条件较差的地区，以保证生产工段所需的采光与通风要求。对恒温恒湿、防尘净化等技术要求特别高的工段，亦可采用逐层套间的布置方法满足各种不同精度的要求。

混合式由内廊式与统间式混合布置而成。依生产工艺需要及使用面积不同，可采取多

种平面形式的组合，组成有机整体。它的优点是能满足不同生产工艺流程的要求，灵活性较大，缺点是施工较繁琐，结构类型较难统一，常易造成平面及剖面形式的复杂化，对防震也不利。

12.2.3　多层厂房的结构类型

厂房结构形式的选择首先应该结合生产工艺及层数的要求进行，其次还应考虑建筑材料的供应、当地的施工安装条件、构配件的生产能力以及基地的自然条件等。多层工业厂房承重结构按其所用材料一般分为混合结构、钢筋混凝土结构、钢结构三种。

1.　混合结构

混合结构为钢筋混凝土楼(屋)盖和砖墙承重的结构，分为墙承重和内框架承重两种形式。适用于楼面荷载不大，又无振动设备，层数在五层以下的中小型厂房。在地震区不宜选用。

2.　钢筋混凝土结构

钢筋混凝土结构的构件截面较小，强度较大，能适应层数较多、荷重较大、空间较大的需要，又大致分为框架结构、框架-剪力墙结构、无梁楼板结构。

1)　框架结构

框架结构以梁板柱构成的建筑物骨架，支承和传递建筑物全部荷载，其墙体仅起分隔内空间和围护作用。框架结构可分为横向承重框架、纵向承重框架及纵横向承重框架。横向承重框架刚度较好，适用于室内要求空间比较固定的厂房。纵向承重框架的横向刚度较差，一般适用于需要灵活分隔的厂房，需在横向设置抗风墙、剪力墙，但由于横向连系梁的高度较小，楼层净空较高，有利于管道的布置。纵横向承重框架采用纵横向均匀刚接的框架，厂房整体刚度好，适用于地震区及各种类型的厂房。

2)　框架-剪力墙结构

框架-剪力墙结构具有结构布置灵活、承受水平推力大的特点，是目前高层建筑常采用的结构形式，一般适用于 25 层以下的建筑。

3)　无梁楼板结构

无梁楼板结构由板、柱帽、柱和基础组成。楼面平整、室内净空可有效利用。它可布置大统间，也可灵活分间布置，一般适用于荷载较大及无较大振动的厂房。柱网尺寸以近似或构成正方形为宜。

3.　钢结构

钢结构具有质量小、强度高、施工方便、材料可焊性好、简化制造工艺等优点，是目前国内外采用较多的一种结构形式，但耐火性、耐腐蚀性较差。

本 章 小 结

本章简单介绍工业建筑的特点、类型，定位轴线的划分与确定。

(1) 工业建筑是指从事各类工业生产及直接为工业生产需要服务而建造的各类工业房屋。工业建筑属于生产性建筑，其特点由生产性质和实用功能决定。

(2) 定位轴线的划分是确定厂房主要承重构件的平面位置及其标志尺寸的基准线，是在柱网布置的基础上进行的，并与柱网一致。厂房定位轴线的划分应满足生产工艺的要求并注意减少厂房构件类型和规格，同时使不同厂房结构形式所采用的构件能最大限度地互换和通用，有利于提高厂房工业化水平。

(3) 单层工业厂房的承重结构有排架和刚架结构两种，主要结构构件有基础、基础梁、柱、吊车梁、连系梁、圈梁、屋面梁和屋架等。

(4) 多层工业厂房具有自身的特点：①生产在不同标高的楼层进行，各层间除了解决好水平方向的联系外，还要重点解决好竖向层间的联系；②建筑物占地面积小，可节约土地，降低基础、屋顶的工程量，缩短道路管线长度，节省投资和维护管理费；③厂房进深较小，屋顶面积较小，一般不需设置天窗，故屋面构造简单，雨雪排除方便，有利于保温和隔热处理；④厂房一般为梁板柱承重，受梁、板结构经济合理性制约，柱网尺寸较小，生产工艺灵活性受到限制。对大荷载、大设备、大振动的适应性较差，须作特殊处理。

(5) 多层厂房承重结构按其所用材料一般分为混合结构、钢筋混凝土结构、钢结构三种。

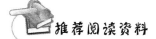
推荐阅读资料

1.《建筑模数协调统一标准》(GBJ 2—1986)
2.《厂房建筑模数协调标准》(GB/T 5006—2010)

习　题

一、选择题

1. 工业建筑按用途可分为(　　)厂房。
   A．主要、辅助、动力、运输、储存、其他
   B．单层、多层、混合层次
   C．冷加工、热加工、恒温恒湿、洁净
   D．轻工业、重工业等

2. 厂房高度是指(　　)。
   A．室内地面至屋面　　　　　　　B．室外地面至柱顶
   C．室内地面至柱顶　　　　　　　D．室外地面至屋面

3. 单层工业厂房非承重山墙处纵向端部柱的中心线应(　　)。
   A．在山墙内，并距山墙内缘为半砖或半砖的倍数
   B．与山墙内缘相重合
   C．自横向定位轴线内移 600mm
   D．自山墙中心线内移 600mm

4. 工业厂房中，矩形柱截面尺寸一般为(　　)。
   A．400mm×600mm　　　　　　　B．250mm×370mm
   C．300mm×500mm　　　　　　　D．400mm×800mm

5. 根据《厂房建筑模数协调标准》的要求，排架结构单层厂房的屋架跨度≤18m 时，采用(　　)的模数数列；≥18m 时，采用(　　)的模数数列。
   A．1M　3M　　　　B．6M　30M　　　　C．3M　6M　　　　D．30M　60M

6. 单层工业厂房的非承重山墙处的横向定位轴线应(　　)。
   A．自墙内缘内移 600mm
   B．在山墙内，并距山墙内缘为半砖或半砖的倍数或墙厚的一半
   C．与山墙内缘重合

7．柱网的选择，实际上是(　　　)。

    A．确定柱距　　　　　　　　　　　B．确定定位轴线

    C．确定跨度　　　　　　　　　　　D．确定柱距与跨度

8．单层厂房的横向定位轴线是(　　　)的定位轴线。

    A．平行于屋架　　　　　　　　　　B．垂直于屋架

    C．按 1、2……编号　　　　　　　　D．按 A、B……编号

9．装配式钢筋混凝土结构厂房的横向排架是由(　　　)等构件组成的。

①屋面板　　　②屋架　　　③吊车梁　　　④柱　　　⑤基础　　　⑥连系梁

    A．①②③④　　　B．②③⑥　　　C．②④⑤　　　D．①⑤⑥

二、填空题

1．我国单层厂房主要采用钢筋混凝土结构体系，其基本柱距是＿＿＿＿＿＿＿。

2．按生产状况，工业建筑可归纳为＿＿＿＿＿＿、＿＿＿＿＿＿、＿＿＿＿＿＿和＿＿＿＿＿＿四种基本类型。

3．单层厂房柱顶标高应符合＿＿＿＿＿＿＿M 的模数。

三、简答题

1．工业建筑有哪些特点？工业建筑是如何分类的？

2．什么是柱网？如何确定柱网的尺寸？扩大柱网有哪些特点？

3．多层厂房有哪些特点？适用于哪些情况？

4．多层厂房的平面布置形式有哪些？

参 考 文 献

[1] 中华人民共和国住房和城乡建设部. 房屋建筑制图统一标准(GB/T 50001—2010)[S]. 北京：中国建筑工业出版社, 2011.

[2] 中华人民共和国住房和城乡建设部. 住宅设计规范(GB 50096—2011)[S]. 北京：中国计划出版社, 2011.

[3] 卓维松. 房屋建筑构造[M]. 青岛：中国海洋大学出版社, 2011.

[4] 徐秀香, 刘英明. 建筑构造与识图[M]. 北京：化学工业出版社, 2010.

[5] 林小松, 舒光学. 房屋建筑构造与设计[M]. 北京：冶金工业出版社, 2011.

[6] 中华人民共和国建设部. 建筑设计防火规范(GB 50016—2006)[S]. 北京：中国计划出版社, 2006.

[7] 聂洪达. 房屋建筑学[M]. 2版. 北京：北京大学出版社, 2007.

[8] 裴刚. 房屋建筑学[M]. 广州：华南理工大学出版社, 2006.

[9] 钱坤. 房屋建筑学(上:民用建筑)[M]. 北京：北京大学出版社, 2009.

[10] 董黎. 房屋建筑学[M]. 北京：高等教育出版社, 2006.

[11] 何培斌. 民用建筑设计与构造[M]. 北京：北京理工大学出版, 2012.

[12] 中华人民共和国住房和城乡建设部. 建筑地基基础设计规范(GB 50007—2011)[S]. 北京：中国计划出版社, 2012.

[13] 中华人民共和国住房和城乡建设部. 建筑地基处理技术规范(JGJ 79—2012)[S]. 北京：中国建筑工业出版社, 2013.

[14] 王志清, 王枝胜, 张启香. 房屋建筑学[M]. 北京：北京理工大学出版社, 2009.

[15] 王秀兰, 王玮, 韩家宝. 地基与基础[M]. 2版. 北京：人民交通出版社, 2010.

[16] 丁梧秀. 地基与基础[M]. 郑州：郑州大学出版社, 2006.

[17] 王志清, 王枝胜, 张启香. 房屋建筑学[M]. 北京：北京理工大学出版社, 2009.

[18] 中华人民共和国住房和城乡建设部. 砌体结构工程施工质量验收规范(GB 50203—2011)[S]. 北京：中国建筑工业出版社, 2012.

[19] 北京市建筑节能与建筑材料管理办公室. 建筑门窗制作安装上岗培训教材[M]. 北京：中国建筑工业出版社, 2012.

[20] 孙玉红. 房屋建筑构造[M]. 2版. 北京：机械工业出版社, 2010.

[21] 裘晓林, 等. 塑钢门窗制作基本技能[M]. 北京：中国劳动社会保障出版社, 2011.

[22] 中国建筑标准设计研究院. 建筑节能门窗[M]. 北京：中国计划出版社, 2006.

[23] 中华人民共和国住房和城乡建设部. 墙体材料应用统一技术规范(GB 50574—2010)[S]. 北京：中国建筑工业出版社, 2011.

[24] 郑贵超, 赵庆双. 建筑构造与识图[M]. 北京：北京大学出版社, 2009.

[25] 施求麟. 门窗图集[M]. 北京：北京科学技术出版社, 2012.

北京大学出版社高职高专土建系列规划教材

序号	书名	书号	编著者	定价	出版时间	印次	配套情况	
基础课程								
1	工程建设法律与制度	978-7-301-14158-8	唐茂华	26.00	2012.7	6	ppt/pdf	
2	建设法规及相关知识	978-7-301-22748-0	唐茂华等	34.00	2013.8	1	ppt/pdf	
3	建设工程法规	978-7-301-16731-1	高玉兰	30.00	2013.8	13	ppt/pdf/答案/素材	★
4	建筑工程法规实务	978-7-301-19321-1	杨陈慧等	43.00	2012.1	4	ppt/pdf	★
5	建筑法规	978-7-301-19371-6	董伟等	39.00	2013.1	4	ppt/pdf	★
6	建设工程法规	978-7-301-20912-7	王先恕	32.00	2012.7	1	ppt/pdf	
7	AutoCAD 建筑制图教程(第2版)(新规范)	978-7-301-21095-6	郭慧	38.00	2013.8	2	ppt/pdf/素材	★
8	AutoCAD 建筑绘图教程(2010版)	978-7-301-19234-4	唐英敏等	41.00	2011.7	4	ppt/pdf	★
9	建筑CAD项目教程(2010版)	978-7-301-20979-0	郭慧	38.00	2012.9	1	pdf/素材	
10	建筑工程专业英语	978-7-301-15376-5	吴承霞	20.00	2013.8	8	ppt/pdf	★
11	建筑工程专业英语	978-7-301-20003-2	韩薇等	24.00	2012.1	1	ppt/pdf	★
12	建筑工程应用文写作	978-7-301-18962-7	赵立等	40.00	2012.6	3	ppt/pdf	★
13	建筑构造与识图	978-7-301-14465-7	郑贵超等	45.00	2013.5	13	ppt/pdf/答案	★
14	建筑构造(新规范)	978-7-301-21267-7	肖芳	34.00	2013.5	2	ppt/pdf	
15	房屋建筑构造	978-7-301-19883-4	李少红	26.00	2012.1	3	ppt/pdf	
16	建筑工程制图与识图	978-7-301-15443-4	白丽红	25.00	2013.7	9	ppt/pdf/答案	★
17	建筑制图习题集	978-7-301-15404-5	白丽红	25.00	2013.7	8	pdf	
18	建筑制图(第2版)(新规范)	978-7-301-21146-5	高丽荣	32.00	2013.2	1	ppt/pdf	★
19	建筑制图习题集(第2版)(新规范)	978-7-301-21288-2	高丽荣	28.00	2013.1	1	pdf	
20	建筑工程制图(第2版)(附习题册)(新规范)	978-7-301-21120-5	肖明和	48.00	2012.8	5	ppt/pdf	
21	建筑制图与识图	978-7-301-18806-4	曹雪梅等	24.00	2012.2	5	ppt/pdf	★
22	建筑制图与识图习题册	978-7-301-18652-7	曹雪梅等	30.00	2012.4	4	pdf	★
23	建筑制图与识图(新规范)	978-7-301-20070-4	李元玲	28.00	2012.8	4	ppt/pdf	★
24	建筑制图与识图习题集(新规范)	978-7-301-20425-2	李元玲	24.00	2012.3	4	ppt/pdf	★
25	新编建筑工程制图(新规范)	978-7-301-21140-3	方筱松	30.00	2012.8	1	ppt/pdf	★
26	新编建筑工程制图习题集(新规范)	978-7-301-16834-9	方筱松	22.00	2012.9	1	pdf	
27	建筑识图(新规范)	978-7-301-21893-8	邓志勇等	35.00	2013.1	2	ppt/pdf	
28	建筑识图与房屋构造	978-7-301-22860-9	贠禄等	54.00	2013.8	1	ppt/pdf/答案	★
29	建筑构造与设计	978-7-301-23506-5	陈玉萍	38.00	2014.1	1	ppt/pdf/答案	★
建筑施工类								
1	建筑工程测量	978-7-301-16727-4	赵景利	30.00	2013.8	10	ppt/pdf/答案	★
2	建筑工程测量(第2版)(新规范)	978-7-301-22002-3	张敬伟	37.00	2013.5	2	ppt/pdf/答案	★
3	建筑工程测量	978-7-301-19992-3	潘益民	38.00	2012.2	1	ppt/pdf	★
4	建筑工程测量实验与实训指导(第2版)	978-7-301-23166-1	张敬伟	27.00	2013.9	1	pdf/答案	
5	建筑工程测量	978-7-301-13578-5	王金玲等	26.00	2011.8	3	pdf	
6	建筑工程测量实训	978-7-301-19329-7	杨凤华	27.00	2013.5	4	pdf	★
7	建筑工程测量(含实验指导手册)	978-7-301-19364-8	石东等	43.00	2012.6	2	ppt/pdf/答案	★
8	建筑工程测量	978-7-301-22485-4	景铎等	34.00	2013.6	1	ppt/pdf	
9	数字测图技术(新规范)	978-7-301-22656-8	赵红	36.00	2013.6	1	ppt/pdf	★
10	数字测图技术实训指导(新规范)	978-7-301-22679-7	赵红	27.00	2013.6	1	ppt/pdf	★
11	建筑施工技术(新规范)	978-7-301-21209-7	陈雄辉	39.00	2013.2	2	ppt/pdf	★
12	建筑施工技术	978-7-301-12336-2	朱永祥等	38.00	2012.4	7	ppt/pdf	
13	建筑施工技术	978-7-301-16726-7	叶雯等	44.00	2013.5	5	ppt/pdf/素材	
14	建筑施工技术	978-7-301-19499-7	董伟等	42.00	2011.9	4	ppt/pdf	
15	建筑施工技术	978-7-301-19997-8	苏小梅	38.00	2013.5	3	ppt/pdf	
16	建筑工程施工技术(第2版)(新规范)	978-7-301-21093-2	钟汉华等	48.00	2013.8	2	ppt/pdf	★

序号	书名	书号	编著者	定价	出版时间	印次	配套情况	
17	基础工程施工(新规范)	978-7-301-20917-2	董伟等	35.00	2012.7	2	ppt/pdf	★
18	建筑施工技术实训	978-7-301-14477-0	周晓龙	21.00	2013.1	6	pdf	★
19	建筑力学(第2版)(新规范)	978-7-301-21695-8	石立安	46.00	2013.9	3	ppt/pdf	★
20	土木工程实用力学	978-7-301-15598-1	马景善	30.00	2013.1	4	pdf/ppt	★
21	土木工程力学	978-7-301-16864-6	吴明军	38.00	2011.11		ppt/pdf	★
22	PKPM软件的应用(第2版)	978-7-301-22625-4	王 娜等	34.00	2013.6	1	pdf	★
23	建筑结构(第2版)(上册)(新规范)	978-7-301-21106-9	徐锡权	41.00	2013.4	1	ppt/pdf/答案	★
24	建筑结构(第2版)(下册)(新规范)	978-7-301-22584-4	徐锡权	42.00	2013.6	1	ppt/pdf/答案	★
25	建筑结构	978-7-301-19171-2	唐春平等	41.00	2012.6	3	ppt/pdf	
26	建筑结构基础(新规范)	978-7-301-21125-0	王中发	36.00	2012.8	2	ppt/pdf	★
27	建筑结构原理及应用	978-7-301-18732-6	史美东	45.00	2012.8	1	ppt/pdf	★
28	建筑力学与结构(第2版)(新规范)	978-7-301-22148-8	吴承霞等	49.00	2013.12	2	ppt/pdf/答案	★
29	建筑力学与结构(少学时版)	978-7-301-21730-6	吴承霞	34.00	2013.12	2	ppt/pdf/答案	★
30	建筑力学与结构	978-7-301-20988-2	陈水广	32.00	2012.8	1	pdf/ppt	
31	建筑结构与施工图(新规范)	978-7-301-22188-4	朱希文等	35.00	2013.3	1	ppt/pdf	★
32	生态建筑材料	978-7-301-19588-2	陈剑峰等	38.00	2013.7	2	ppt/pdf	
33	建筑材料	978-7-301-13576-1	林祖宏	35.00	2012.6	9	ppt/pdf	★
34	建筑材料与检测	978-7-301-16728-1	梅 杨等	26.00	2012.11	8	ppt/pdf/答案	★
35	建筑材料检测试验指导	978-7-301-16729-8	王美芬等	18.00	2013.7	5	pdf	
36	建筑材料与检测	978-7-301-19261-2	王 辉	35.00	2012.6	3	ppt/pdf	★
37	建筑材料与检测试验指导	978-7-301-20045-2	王 辉	20.00	2013.1	3	ppt/pdf	★
38	建筑材料选择与应用	978-7-301-21948-5	申淑荣等	39.00	2013.3	1	ppt/pdf	★
39	建筑材料检测实训	978-7-301-22317-8	申淑荣等	24.00	2013.4	1	pdf	
40	建设工程监理概论(第2版)(新规范)	978-7-301-20854-0	徐锡权等	43.00	2013.7	3	ppt/pdf/答案	
41	建设工程监理	978-7-301-15017-7	斯 庆	26.00	2013.1	6	ppt/pdf/答案	★
42	建设工程监理概论	978-7-301-15518-9	曾庆军等	24.00	2012.12	5	ppt/pdf	
43	工程建设监理案例分析教程	978-7-301-18984-9	刘志麟等	38.00	2013.2	2	ppt/pdf	★
44	地基与基础(第2版)	978-7-301-23304-7	肖明和等	42.00	2014.1	1	ppt/pdf/答案	★
45	地基与基础	978-7-301-16130-2	孙平平等	26.00	2013.2	3	ppt/pdf	
46	地基与基础实训	978-7-301-23174-6	肖明和等	25.00	2013.10	1	ppt/pdf	
46	建筑工程质量事故分析(第2版)	978-7-301-22467-0	郑文新	32.00	2013.9	1	ppt/pdf	★
47	建筑工程施工组织设计	978-7-301-18512-4	李源清	26.00	2013.5	5	ppt/pdf	★
48	建筑工程施工组织实训	978-7-301-18961-0	李源清	40.00	2012.11	3	ppt/pdf	★
49	建筑施工组织与进度控制(新规范)	978-7-301-21223-3	张廷瑞	36.00	2012.9	2	ppt/pdf	★
50	建筑施工组织项目式教程	978-7-301-19901-5	杨红玉	44.00	2012.1	1	ppt/pdf/答案	
51	钢筋混凝土工程施工与组织	978-7-301-19587-1	高 雁	32.00	2012.5	1	ppt/pdf	
52	钢筋混凝土工程施工与组织实训指导(学生工作页)	978-7-301-21208-0	高 雁	20.00	2012.9	1	ppt	
53	建筑力学与结构	978-7-301-23348-1	杨丽君等	44.00	2014.1	1	ppt/pdf	
工 程 管 理 类								
1	建筑工程经济(第2版)	978-7-301-22736-7	张宁宁等	30.00	2013.11	2	ppt/pdf/答案	★
2	建筑工程经济	978-7-301-20855-7	赵小娥等	32.00	2013.7	2	ppt/pdf	
3	施工企业会计	978-7-301-15614-8	辛艳红等	26.00	2013.11	6	ppt/pdf/答案	★
4	建筑工程项目管理	978-7-301-12335-5	范红岩等	30.00	2012.4	9	ppt/pdf	★
5	建设工程项目管理	978-7-301-16730-4	王 辉	32.00	2013.5	5	ppt/pdf/答案	★
6	建设工程项目管理	978-7-301-19335-8	冯松山等	38.00	2013.11	3	pdf/ppt	
7	建设工程招投标与合同管理(第2版)(新规范)	978-7-301-21002-4	宋春岩	38.00	2013.8	5	ppt/pdf/答案/试题/教案	★
8	建筑工程招投标与合同管理(新规范)	978-7-301-16802-8	程超胜	30.00	2012.9	2	pdf/ppt	★
9	建筑工程商务标编制实训	978-7-301-20804-5	钟振宇	35.00	2012.7	1	ppt	★
10	工程招投标与合同管理实务	978-7-301-19035-7	杨甲奇等	48.00	2011.8	2	pdf	★
11	工程招投标与合同管理实务	978-7-301-19290-0	郑文新等	43.00	2012.4	2	ppt/pdf	★
12	建设工程招投标与合同管理实务	978-7-301-20404-7	杨云会等	42.00	2012.4	1	ppt/pdf/答案/习题库	

序号	书名	书号	编著者	定价	出版时间	印次	配套情况	
13	工程招投标与合同管理(新规范)	978-7-301-17455-5	文新平	37.00	2012.9	1	ppt/pdf	★
14	工程项目招投标与合同管理	978-7-301-15549-3	李洪军等	30.00	2013.11	8	ppt	★
15	工程项目招投标与合同管理(第2版)	978-7-301-22462-5	周艳冬	35.00	2013.7	1	ppt/pdf	★
16	建筑工程安全管理	978-7-301-19455-3	宋 健等	36.00	2013.5	3	ppt/pdf	
17	建筑工程质量与安全管理	978-7-301-16070-1	周连起	35.00	2013.2	5	ppt/pdf/答案	
18	施工项目质量与安全管理	978-7-301-21275-2	钟汉华	45.00	2012.10	1	ppt/pdf	
19	工程造价控制	978-7-301-14466-4	斯 庆	26.00	2013.8	9	ppt/pdf	★
20	工程造价管理	978-7-301-20655-3	徐锡权等	33.00	2013.8	2	ppt/pdf	
21	工程造价控制与管理	978-7-301-19366-2	胡新萍等	30.00	2013.1	2	ppt/pdf	★
22	建筑工程造价管理	978-7-301-20360-6	柴 琦等	27.00	2013.1	2	ppt/pdf	
23	建筑工程造价管理	978-7-301-15517-2	李茂英等	24.00	2012.1	4	pdf	
24	建筑工程造价	978-7-301-21892-1	孙咏梅	40.00	2013.2	1	ppt/pdf	★
25	建筑工程计量与计价(第2版)	978-7-301-22078-8	肖明和等	58.00	2013.8	2	pdf/ppt	★
26	建筑工程计量与计价实训（第2版）	978-7-301-22606-3	肖明和等	29.00	2013.7	1	pdf	★
27	建筑工程计量与计价综合实训	978-7-301-23568-3	龚小兰	28.00	2014.1	1	pdf	★
28	建筑工程估价	978-7-301-22802-9	张 英	43.00	2013.8	1	ppt/pdf	★
29	建筑工程计量与计价——透过案例学造价	978-7-301-16071-8	张 强	50.00	2013.9	7	ppt/pdf	★
30	安装工程计量与计价（第2版）	978-7-301-22140-2	冯钢等	50.00	2013.7	2	pdf/ppt	★
31	安装工程计量与计价实训	978-7-301-19336-5	景巧玲等	36.00	2013.5	3	pdf/素材	
32	建筑水电安装工程计量与计价(新规范)	978-7-301-21198-4	陈连姝	36.00	2013.8	2	ppt/pdf	
33	建筑与装饰装修工程工程量清单	978-7-301-17331-2	翟丽旻等	25.00	2012.8	3	pdf/ppt/答案	
34	建筑工程清单编制	978-7-301-19387-7	叶晓容	24.00	2011.8	1	ppt/pdf	★
35	建设项目评估	978-7-301-20068-1	高志云等	32.00	2013.6	2	ppt/pdf	★
36	钢筋工程清单编制	978-7-301-20114-5	贾莲英	36.00	2012.2	1	ppt / pdf	
37	混凝土工程清单编制	978-7-301-20384-2	顾 娟	28.00	2012.5	1	ppt / pdf	
38	建筑装饰工程预算	978-7-301-20567-9	范菊雨	38.00	2013.6	2	pdf/ppt	★
39	建设工程安全监理(新规范)	978-7-301-20802-1	沈万岳	28.00	2012.7	1	pdf/ppt	★
40	建筑工程安全技术与管理实务(新规范)	978-7-301-21187-8	沈万岳	48.00	2012.9	1	pdf/ppt	★
41	建筑工程资料管理	978-7-301-17456-2	孙 刚等	36.00	2013.8	3	pdf/ppt	
42	建筑施工组织与管理(第2版)(新规范)	978-7-301-22149-5	翟丽旻等	43.00	2013.4	1	ppt/pdf/答案	★
43	建设工程合同管理	978-7-301-22612-4	刘庭江	46.00	2013.6	1	ppt/pdf/答案	★
44	工程造价案例分析	978-7-301-22985-9	甄 凤	30.00	2013.8	1	pdf/ppt	★
建 筑 设 计 类								
1	中外建筑史	978-7-301-15606-3	袁新华	30.00	2013.9	9	ppt/pdf	★
2	建筑室内空间历程	978-7-301-19338-9	张伟孝	53.00	2011.8	1	pdf	★
3	建筑装饰CAD项目教程(新规范)	978-7-301-20950-9	郭 慧	35.00	2013.1	1	ppt/素材	
4	室内设计基础	978-7-301-15613-1	李书青	32.00	2013.5	3	ppt/pdf	
5	建筑装饰构造	978-7-301-15687-2	赵志文等	27.00	2012.11	5	ppt/pdf/答案	★
6	建筑装饰材料(第2版)	978-7-301-22356-7	焦 涛等	34.00	2013.5	4	ppt/pdf	
7	建筑装饰施工技术	978-7-301-15439-7	王 军等	30.00	2013.7	6	ppt/pdf	★
8	装饰材料与施工	978-7-301-15677-3	宋志春等	30.00	2010.8	2	ppt/pdf/答案	★
9	设计构成	978-7-301-15504-2	戴碧锋	30.00	2012.10	2	ppt/pdf	
10	基础色彩	978-7-301-16072-5	张 军	42.00	2011.9	2	pdf	★
11	设计色彩	978-7-301-21211-0	龙黎黎	46.00	2012.9	1	ppt	★
12	设计素描	978-7-301-22391-8	司马金桃	29.00	2013.4	1	ppt	★
13	建筑素描表现与创意	978-7-301-15541-7	于修国	25.00	2012.11	3	Pdf	★
14	3ds Max 效果图制作	978-7-301-22870-8	刘 晗等	45.00	2013.7	1	ppt	★
15	3ds Max 室内设计表现方法	978-7-301-17762-4	徐海军	32.00	2010.9	1	pdf	
16	3ds Max2011室内设计案例教程(第2版)	978-7-301-15693-3	伍福军等	39.00	2011.9	1	ppt/pdf	
17	Photoshop 效果图后期制作	978-7-301-16073-2	脱忠伟等	52.00	2011.1	1	素材/pdf	★
18	建筑表现技法	978-7-301-19216-0	张 峰	32.00	2013.1	2	ppt/pdf	
19	建筑速写	978-7-301-20441-2	张 峰	30.00	2012.4	1	pdf	★
20	建筑装饰设计	978-7-301-20022-3	杨丽君	36.00	2012.2	1	ppt/素材	
21	装饰施工读图与识图	978-7-301-19991-6	杨丽君	33.00	2012.5	1	ppt	
22	建筑装饰工程计量与计价	978-7-301-20055-1	李茂英	42.00	2013.7	2	ppt/pdf	

序号	书名	书号	编著者	定价	出版时间	印次	配套情况	
			规划园林类					
1	居住区景观设计	978-7-301-20587-7	张群成	47.00	2012.5	1	ppt	★
2	居住区规划设计	978-7-301-21031-4	张 燕	48.00	2012.8	2	ppt	★
3	园林植物识别与应用(新规范)	978-7-301-17485-2	潘利等	34.00	2012.9	1	ppt	★
4	城市规划原理与设计	978-7-301-21505-0	谭婧婧等	35.00	2013.1	1	ppt/pdf	★
5	园林工程施工组织管理(新规范)	978-7-301-22364-2	潘利等	35.00	2013.4	1	ppt/pdf	★
			房地产类					
1	房地产开发与经营(第2版)	978-7-301-23084-8	张建中等	33.00	2013.8	1	ppt/pdf/答案	★
2	房地产估价(第2版)	978-7-301-22945-3	张 勇等	35.00	2013.8	1	ppt/pdf/答案	★
3	房地产估价理论与实务	978-7-301-19327-3	褚菁晶	35.00	2011.8	1	ppt/pdf/答案	★
4	物业管理理论与实务	978-7-301-19354-9	裴艳慧	52.00	2011.9	1	ppt/pdf	★
5	房地产测绘	978-7-301-22747-3	唐春平	29.00	2013.7	1	ppt/pdf	★
6	房地产营销与策划(新规范)	978-7-301-18731-9	应佐萍	42.00	2012.8	1	ppt/pdf	★
			市政路桥类					
1	市政工程计量与计价(第2版)	978-7-301-20564-8	郭良娟等	42.00	2013.8	3	pdf/ppt	
2	市政工程计价	978-7-301-22117-4	彭以舟等	39.00	2013.2	1	ppt/pdf	★
3	市政桥梁工程	978-7-301-16688-8	刘 江等	42.00	2012.10	2	ppt/pdf/素材	
4	市政工程材料	978-7-301-22452-6	郑晓国	37.00	2013.5	1	ppt/pdf	★
5	路基路面工程	978-7-301-19299-3	偶昌宝等	34.00	2011.8	1	ppt/pdf/素材	
6	道路工程技术	978-7-301-19363-1	刘 雨等	33.00	2011.12	1	ppt/pdf	
7	城市道路设计与施工(新规范)	978-7-301-21947-8	吴颖峰	39.00	2013.1	1	ppt/pdf	★
8	建筑给水排水工程	978-7-301-20047-6	叶巧云	38.00	2012.2	1	ppt/pdf	
9	市政工程测量(含技能训练手册)	978-7-301-20474-0	刘宗波等	41.00	2012.5	1	ppt/pdf	
10	公路工程任务承揽与合同管理	978-7-301-21133-5	邱 兰等	30.00	2012.9	1	ppt/pdf/答案	
11	道桥工程材料	978-7-301-21170-0	刘水林等	43.00	2012.9	1	ppt/pdf	
12	工程地质与土力学(新规范)	978-7-301-20723-9	杨仲元	40.00	2012.6	1	ppt/pdf	★
13	数字测图技术应用教程	978-7-301-20334-7	刘宗波	36.00	2012.8	1	ppt	
14	水泵与水泵站技术	978-7-301-22510-3	刘振华	40.00	2013.5	1	ppt/pdf	★
15	道路工程测量(含技能训练手册)	978-7-301-21967-6	田树涛等	45.00	2013.2	1	ppt/pdf	
			建筑设备类					
1	建筑设备基础知识与识图	978-7-301-16716-8	靳慧征	34.00	2013.11	12	ppt/pdf	★
2	建筑设备识图与施工工艺	978-7-301-19377-8	周业梅	38.00	2011.8	3	ppt/pdf	★
3	建筑施工机械	978-7-301-19365-5	吴志强	30.00	2013.7	3	pdf/ppt	★
4	智能建筑环境设备自动化(新规范)	978-7-301-21090-1	余志强	40.00	2012.8	1	pdf/ppt	★

相关教学资源如电子课件、电子教材、习题答案等可以登录 www.pup6.com 下载或在线阅读。

扑六知识网(www.pup6.com)有海量的相关教学资源和电子教材供阅读及下载(包括北京大学出版社第六事业部的相关资源)，同时欢迎您将教学课件、视频、教案、素材、习题、试卷、辅导材料、课改成果、设计作品、论文等教学资源上传到 pup6.com，与全国高校师生分享您的教学成就与经验，并可自由设定价格，知识也能创造财富。具体情况请登录网站查询。

如您需要免费纸质样书用于教学，欢迎登录第六事业部门户网(www.pup6.cn)填表申请，并欢迎在线登记选题以到北京大学出版社来出版您的大作，也可下载相关表格填写后发到我们的邮箱，我们将及时与您取得联系并做好全方位的服务。

扑六知识网将打造成全国最大的教育资源共享平台，欢迎您的加入——让知识有价值，让教学无界限，让学习更轻松。

联系方式：010-62750667，yangxinglu@126.com，linzhangbo@126.com，欢迎来电来信咨询。